国家出版基金项目
NATIONAL PUBLICATION FOUNDATION

民机先进制造工艺技术系列

主 编 林忠钦

飞机喷管的
理论与实践

Аэродинамика Реактиных Сопел

【俄】G·N·拉夫鲁欣 著

李 志 黎 军 等译

胡立安 赵 霞 校对

李 天 主审

上海交通大学出版社
SHANGHAI JIAO TONG UNIVERSITY PRESS

内容提要

　　这本文集是俄罗斯及其他国家最近 50 年有关喷管航空气体动力学领域研究成果和文献资料的归纳总结。本书研究了圆形喷管、平面(二元)喷管和三元喷管。所给出的喷管研究资料适用于固壁喷管、引射喷管、斜切口喷管、双涵道喷管、高超声速飞行器喷管等,喷管特性涵盖推力反效、推力矢量偏转和消音等状态。书中对大量基础研究问题进行了归纳总结,其中包括从低速粘性流到超声速喷流在管道内的流动问题、浸没空间内喷流的流动问题等。对各种布局类型的喷管性能和流动特性进行了分析研究,根据基础研究和试验结果揭示了各种形式喷管的使用效能,比较分析了它们的优缺点,读者可以将本书的数据和结果用于现代飞行器的喷管研制。

© ФИЗМАТЛИТ，ФГУП «Центральный аэрогидродинамический институт»
имени профессора Н.Е. Жуковского，Лаврухин Геннадий Николаевич，2003
上海市版权局著作权合同登记号：09 - 2016 - 951

图书在版编目(CIP)数据

飞机喷管的理论与实践 / （俄罗斯）G·N·拉夫鲁欣著;
李志等译. —上海: 上海交通大学出版社，2016
大飞机出版工程
ISBN 978 - 7 - 313 - 16436 - 0

Ⅰ.①飞… Ⅱ.①G… ②李… Ⅲ.①飞机-尾喷管-
研究 Ⅳ.①V235

中国版本图书馆 CIP 数据核字(2016)第 311944 号

飞机喷管的理论与实践

著　　者：[俄] G·N·拉夫鲁欣　　　　　译　　者：李　志　黎　军　等
出版发行：上海交通大学出版社　　　　　地　　址：上海市番禺路 951 号
邮政编码：200030　　　　　　　　　　　电　　话：021 - 64071208
出 版 人：郑益慧
印　　制：上海盛通时代印刷有限公司　　经　　销：全国新华书店
开　　本：787 mm×1092 mm　1/16　　　印　　张：21
字　　数：396 千字
版　　次：2016 年 12 月第 1 版　　　　　印　　次：2016 年 12 月第 1 次印刷
书　　号：ISBN 978 - 7 - 313 - 16436 - 0/V
定　　价：128.00 元

版权所有　侵权必究
告读者：如发现本书有印装质量问题请与印刷厂质量科联系
联系电话：021 - 61453770

大飞机出版工程

丛书编委会

总主编

顾诵芬（中国航空工业集团公司科技委副主任、中国科学院和中国工程院院士）

副总主编

金壮龙（中国商用飞机有限责任公司董事长）

马德秀（上海交通大学原党委书记、教授）

编　　委（按姓氏笔画排序）

王礼恒（中国航天科技集团公司科技委主任、中国工程院院士）

王宗光（上海交通大学原党委书记、教授）

刘　　洪（上海交通大学航空航天学院副院长、教授）

许金泉（上海交通大学船舶海洋与建筑工程学院教授）

杨育中（中国航空工业集团公司原副总经理、研究员）

吴光辉（中国商用飞机有限责任公司副总经理、总设计师、研究员）

汪　　海（上海市航空材料与结构检测中心主任、研究员）

沈元康（中国民用航空局原副局长、研究员）

陈　　刚（上海交通大学原副校长、教授）

陈迎春（中国商用飞机有限责任公司常务副总设计师、研究员）

林忠钦（上海交通大学常务副校长、中国工程院院士）

金兴明（上海市政府副秘书长、研究员）

金德琨（中国航空工业集团公司科技委委员、研究员）

崔德刚（中国航空工业集团公司科技委委员、研究员）

敬忠良（上海交通大学航空航天学院常务副院长、教授）

傅　　山（上海交通大学电子信息与电气工程学院研究员）

民机先进制造工艺技术系列

编 委 会

主 编

林忠钦（上海交通大学常务副校长、中国工程院院士）

副主编

姜丽萍（中国商飞上海飞机制造有限公司总工程师、研究员）

编 委（按姓氏笔画排序）

习俊通（上海交通大学机械与动力学院副院长、教授）

万 敏（北京航空航天大学飞行器制造工程系主任、教授）

毛荫风（中国商飞上海飞机制造有限公司原总工程师、研究员）

孙宝德（上海交通大学材料科学与工程学院院长、教授）

刘卫平（中国商飞上海飞机制造有限公司副总工程师、研究员）

汪 海（上海市航空材料与结构检测中心主任、研究员）

陈 洁（中国商飞上海飞机制造有限公司总冶金师、研究员）

来新民（上海交通大学机械与动力工程学院机械系主任、教授）

陈 磊（中国商飞上海飞机制造有限公司副总工程师、航研所所长、研究员）

张 平（成飞民机公司副总经理、技术中心主任、研究员）

张卫红（西北工业大学副校长、教授）

赵万生（上海交通大学密歇根学院副院长、教授）

倪 军（美国密歇根大学机械工程系教授、上海交通大学密歇根学院院长、教授）

黄卫东（西北工业大学凝固技术国家重点实验室主任、教授）

黄 翔（南京航空航天大学航空宇航制造工程系主任、教授）

武高辉（哈尔滨工业大学金属基复合材料与工程研究所所长、教授）

总　序

国务院在 2007 年 2 月底批准了大型飞机研制重大科技专项正式立项,得到全国上下各方面的关注。"大型飞机"工程项目作为创新型国家的标志工程重新燃起我们国家和人民共同承载着"航空报国梦"的巨大热情。对于所有从事航空事业的工作者,这是历史赋予的使命和挑战。

1903 年 12 月 17 日,美国莱特兄弟制作的世界第一架有动力、可操纵、比重大于空气的载人飞行器试飞成功,标志着人类飞行的梦想变成了现实。飞机作为 20 世纪最重大的科技成果之一,是人类科技创新能力与工业化生产形式相结合的产物,也是现代科学技术的集大成者。军事和民生对飞机的需求促进了飞机迅速而不间断的发展和应用,体现了当代科学技术的最新成果;而航空领域的持续探索和不断创新,为诸多学科的发展和相关技术的突破提供了强劲动力。航空工业已经成为知识密集、技术密集、高附加值、低消耗的产业。

从大型飞机工程项目开始论证到确定为《国家中长期科学和技术发展规划纲要》的十六个重大专项之一,直至立项通过,不仅使全国上下重视起我国自主航空事业,而且使我们的人民、政府理解了我国航空事业半个世纪发展的艰辛和成绩。大型飞机重大专项正式立项和启动使我们的民用航空进入新纪元。经过 50 多年的风雨历程,当今中国的航空工业已经步入了科学、理性的发展轨道。大型客机项目其产业链长、辐射面宽、对国家综合实力带动性强,在国民经济发展和科学技术进步中发挥着重要作用,我国的航空工业迎来了新的发展机遇。

大型飞机的研制承载着中国几代航空人的梦想,在 2016 年造出与波音 B737 和空客 A320 改进型一样先进的"国产大飞机"已经成为每个航空人心中奋斗的目标。然而,大型飞机覆盖了机械、电子、材料、冶金、仪器仪表、化工等几乎所有工业门类,集成了数学、空气动力学、材料学、人机工程学、自动控制学等多种学科,是一个复杂的科技创新系统。为了迎接新形势下理论、技术和工程等方面的严峻挑战,迫切需要引入、借鉴国外的优秀出版物和数据资料,总结、巩固我们的经验和成果,编著一套以"大飞机"为主题的丛书,借以推动服务"大型飞机"作为推动服务整个航空科学的切入点,同时对于促进我国航空事业的发展和加快航空紧缺人才的培养,具有十分重要的现实意义和深远的历史意义。

2008 年 5 月,中国商用飞机有限公司成立之初,上海交通大学出版社就开始酝酿"大飞机出版工程",这是一项非常适合"大飞机"研制工作时宜的事业。新中国第一位飞机设计宗师——徐舜寿同志在领导我们研制中国第一架喷气式歼击教练机——歼教 1 时,亲自撰写了《飞机性能及算法》,及时编译了第一部《英汉航空工程名词字典》,翻译出版了《飞机构造学》《飞机强度学》,从理论上保证了我们飞机研制工作。我本人作为航空事业发展 50 年的见证人,欣然接受了上海交通大学出版社的邀请担任该丛书的主编,希望为我国的"大型飞机"研制发展出一份力。出版社同时也邀请了王礼恒院士、金德琨研究员、吴光辉总设计师、陈迎春副总设计师等航空领域专家撰写专著、精选书目,承担翻译、审校等工作,以确保这套"大飞机"丛书具有高品质和重大的社会价值,为我国的大飞机研制以及学科发展提供参考和智力支持。

编著这套丛书,一是总结整理 50 多年来航空科学技术的重要成果及宝贵经验;二是优化航空专业技术教材体系,为飞机设计技术人员培养提供一套系统、全面的教科书,满足人才培养对教材的迫切需求;三是为大飞机研制提供有力的技术保障;四是将许多专家、教授、学者广博的学识见解和丰富的实践经验总结继承下来,旨在从系统性、完整性和实用性角度出发,把丰富的实践经验进一步理论化、科学化,形成具有我国特色的"大飞机"理论与实践相结合的知识体系。

"大飞机"丛书主要涵盖了总体气动、航空发动机、结构强度、航电、制造等专业方向,知识领域覆盖我国国产大飞机的关键技术。图书类别分为译著、专著、教材、工具书等几个模块;其内容既包括领域内专家们最先进的理论方法和技术成果,也包括来自飞机设计第一线的理论和实践成果。如：2009 年出版的荷兰原福克飞机公司总师撰写的 *Aerodynamic Design of Transport Aircraft*（《运输类飞机的空气动力设计》），由美国堪萨斯大学 2008 年出版的 *Aircraft Propulsion*（《飞机推进》）等国外最新科技的结晶；国内《民用飞机总体设计》等总体阐述之作和《涡量动力学》《民用飞机气动设计》等专业细分的著作；也有《民机设计 1 000 问》《英汉航空双向词典》等工具类图书。

该套图书得到国家出版基金资助，体现了国家对"大型飞机项目"以及"大飞机出版工程"这套丛书的高度重视。这套丛书承担着记载与弘扬科技成就、积累和传播科技知识的使命，凝结了国内外航空领域专业人士的智慧和成果，具有较强的系统性、完整性、实用性和技术前瞻性，既可作为实际工作指导用书，亦可作为相关专业人员的学习参考用书。期望这套丛书能够有益于航空领域里人才的培养，有益于航空工业的发展，有益于大飞机的成功研制。同时，希望能为大飞机工程吸引更多的读者来关心航空、支持航空和热爱航空，并投身于中国航空事业做出一点贡献。

2009 年 12 月 15 日

民机先进制造工艺技术系列

序

　　制造业是国民经济的主体,是立国之本、兴国之器、强国之基。《中国制造2025》提出,坚持创新驱动、智能转型、强化基础、绿色发展,加快从制造大国转向制造强国。航空装备,作为重点发展的十大领域之一,目前正处于产业深化变革期;加快大型飞机研制,是航空装备发展的重中之重,也是我国民机制造技术追赶腾飞的机会和挑战。

　　民机制造涉及新材料成形、精密特征加工、复杂结构装配等工艺,先进制造技术是保证民机安全性、经济性、舒适性、环保性的关键。我国从运-7、新支线 ARJ21-700 到正在研制的 C919、宽体飞机,开展了大量的工艺试验和技术攻关,正在探索一条符合我国民机产业发展的技术路线,逐步建立起满足适航要求的技术平台和工艺规范。伴随着 ARJ21 和 C919 的研制,正在加强铝锂合金成形加工、复合材料整体机身制造、智能自动化柔性装配等技术方面的投入,以期为在宽体飞机等后续型号的有序可控生产奠定基础。但与航空技术先进国家相比,我们仍有较大差距。

　　民机制造技术的提升,有赖于国内五十多年民机制造的宝贵经验和重要成果的总结,也将得益于借鉴国外的优秀出版物和数据资料引进。因此有必要编著一套以"民机先进制造工艺技术"为主题的丛书,服务于在研大型飞机以及后续型号的开发,同时促进我国制造业技术的发展和紧缺人才的培养。

　　本系列图书筹备于2012年,启动于2013年,为了保证本系列图书的品质,先后召开三次编委会会议和图书撰写会议,进行了丛书框架的顶层设计、提纲样章的评审。在编写过程中,力求突出以下几个特点:① 注重时效性,内容上侧重在目前民机研制过程中关键工艺;② 注重前沿性,特别是与国外先进技术差距大的方面;③ 关注设计,注重民机结构设计与制造问题的系统解决;④ 强调复合材料制造工艺,体现民机先进材料发展的趋势。

该系列丛书内容涵盖航空复合材料结构制造技术、构件先进成形技术、自动化装配技术、热表特种工艺技术、材料和工艺检测技术等面向民机制造领域前沿的关键性技术方向,力求达到结构的系统性,内容的相对完整性,并适当结合工程应用。丛书反映了学科的近期和未来的可能发展,注意包含相对成熟的内容。

本系列图书由中国商飞上海飞机制造有限公司、中航工业成都飞机工业(集团)有限责任公司、沈阳飞机设计研究所、北京航空制造工程研究所、中国飞机强度研究所、沈阳铸造研究所、北京航空航天大学、南京航空航天大学、西北工业大学、上海交通大学、西安交通大学、清华大学、哈尔滨工业大学和南昌航空航天大学等单位的航空制造工艺专家担任编委及主要撰写专家。他们都有很高的学术造诣,丰富的实践经验,在形成系列图书的指导思想、确定丛书的覆盖范围和内容、审定编写大纲、确保整套丛书质量中,发挥了不可替代的作用。在图书编著中,他们融入了自己长期科研、实践中获得的经验、发现和创新,构成了本系列图书最大的特色。

本系列图书得到 2016 年国家出版基金的资助,充分体现了国家对"大飞机工程"的高度重视,希望该套图书的出版能够真正服务到国产大飞机的制造中去。我衷心感谢每一位参与本系列图书的编著人员,以及所有直接或间接参与本系列图书审校工作的专家学者,还有上海交通大学出版社的"大飞机出版工程"项目组,正是在所有工作人员的共同努力下,这套图书终于完整地呈现在读者的面前。我衷心希望本系列图书能切实有利于我国民机制造工艺技术的提升,切实有利于民机制造行业人才的培养。

2016 年 3 月 25 日

序

    2014年6月,此书系作者拉夫鲁斯先生委托来中国访问的俄莫斯科航空学院飞机设计教授儒拉夫廖夫送给我。作者是俄中央空气流体动力研究院(现称国家航空中心)气动力专家,长期从事内流空气动力学的研究。上一次与俄方专家会面时,他们还给了我多种专著。我拿回办公室的时候,恰巧沈阳飞机设计研究所总设计师王永庆同志也在场,他翻了一下,立即拿走了这本《飞机喷管的理论与实践》,他说他拿回去组织翻译。我个人觉得此书太专业,对飞机设计所不一定那么急需,所以也就没有再关心这件事。

    直到2016年11月,李志同志突然来电话说,此书所里已经组织翻译完了,而且上海交大出版社大飞机工程准备出版,李志同志要我写个序言。我说此书我都没有看过就被王总拿走了,我怎么写这个序言? 由于这个缘故,李志同志又把原书还给我。我仔细翻了一遍这本书,觉得对我国设计飞机的同志们确实有用。

    该书是俄中央空气流体动力研究院建立85周年纪念丛书中的一种,因此还是很重要的一本专著。

    喷管是推进飞机的很重要部件,我国没有这样的专著,西方出版的专著也没见过,一般都涵盖在喷气发动机设计的著述中。因此,针对喷管空气动力学方面的论述很少,而且也不深。此书实际上是总结了俄中央空气流体动力研究院上世纪60年代以来的研究成果,引用了大量俄中央空气流体动力研究院和苏联科学院的研究报告。

    本书的特点是详细介绍了各种喷管的流动特点、物理模型及其算法。该书结合飞机,比较实用,从收敛喷管、扩散喷管、二维喷管到轴对称喷管,以及引射喷管都讲到了,比较全面。特别是结合新一代战斗机的需求——考虑推力矢量和红外隐身,这方面的内容也讲到了。

    还有民机需要的反推力和降噪喷管设计,本书也进行了详细描述。最后还讲到了高超声速飞行器的喷管设计。

由此可见,此书不仅对设计战斗机有用,对设计民机也有用。不仅对飞机设计技术人员有用,对发动机设计人员也有参考作用。

上海交大出版社能够安排这本书的出版,是为发展航空科学技术工作做了一件好事。

2016 年 12 月

译 者 序

俄罗斯中央空气流体动力研究院(现称国家航空中心)是著名学者、空气动力学奠基人茹科夫斯基教授创建的,已经有将近100年的历史。早期研究院的研究范围涵盖空气动力学、强度、飞行动力学、航空发动机、风洞试验和飞行试验等,而且还有自己的设计团队,其中包括图波列夫、苏霍伊等著名设计师。俄罗斯航空发动机研究院、飞行研究院都是从中央空气流体动力研究院独立出去的航空科研机构。但在动力装置空气动力学理论和试验基础方面,中央空气流体动力研究院仍具有雄厚的实力。

《飞机喷管的理论与实践》一书就是由中央空气流体动力研究院的专家编写的。2014年末,李天院士找到我,交给我一本俄文版《飞机喷管的理论与实践》,要求我组织翻译这本书。一开始只是准备内部出版,供相关专业参考。

2016年底,上海交大出版社的钱方针主任给我打电话,希望我能推荐几本有关民机研制的外文书,在她们那里出版。我就推荐了《飞机喷管的理论与实践》和《大飞机飞行控制律的原理与应用》两本书。出版社虽然认可这两本书的内容,但面临一个问题——如何能够联系作者、购买版权。去年她们曾经尝试购买《大飞机飞行控制律的原理与应用》的版权,但没有成功。

我找到俄罗斯无人机协会会长,请他帮忙联系作者。很幸运,他只用三天时间就帮助我们解决了问题。保证了这两本书的顺利出版。

为了保证这两本书的出版质量,顾诵芬院士亲自给我写信,要求让李天院士、李明院士分别作为两本书的终审。李天院士负责《飞机喷管的理论与实践》一书的终审。

本书不仅可以作为飞机设计机构研究人员的参考资料,也可以作为从事风洞试验、CFD计算科研人员的参考。

译 者

2016年12月

初 版 序 言

随着航空科学和技术的不断发展,研制复杂多状态飞行器的需求更加迫切,为此应当广泛开展一系列综合性的科学研究工作,其中包括深入研究喷气发动机、动力装置及其各部件的空气动力学现象。

动力装置在满足越来越高的经济性要求和最大推力情况下,还需同飞机机体融合以减小外部阻力,这样就导致必须详细研究排气装置,其主要部分就是喷管,它是发动机或动力装置的一个最重要的元件。实质上就是形成喷管研制所涉及的各研究方向或分支,例如内流燃气动力学、带喷管飞机的尾部或后部的空气动力学,并且采用数值计算和试验手段研究喷管的空气动力学。

在国内外出版物中,存在大量关于喷管空气动力学方面问题的研究结果,包括理论研究、数值计算和各种试验。这方面的问题与所有物理科学一样,理论与试验之间存在紧密的联系。在各种用途飞机喷管的研究、试验和试制过程中,已经积累了大量经验,这些经验表明,在选择喷管时,需要满足一系列提出的要求,因此需要解决一整套彼此关联的燃气动力学问题:研究管道中的湍流流动;研究亚声速、跨声速、超声速气流中物体的绕流;研究底部区的流动;研究飞机外部绕流与喷管喷流之间的相互影响——复杂外形分离区域的流动。当然还有其他方面的问题。

由于存在三维流动,存在湍流和各种形式的分离区,因此,决定了喷管燃气动力学参数和几何参数多种多样,喷管的布局形式也多种多样,喷管的调节规律也多种多样,但是,决定喷管布局形式的最主要条件是获得最大推力,且喷管的外部阻力最小。目前使用理论方法并不能完全解决现代飞机和目前规划中飞机喷管设计实践中出现的各种问题。

在理论研究方面,起最大促进作用的是与喷管内部燃气流动相关问题的解决,以及简单(独立)物体平面流动或轴对称收敛物体无黏流问题的解决,最近这些年还解决了黏性来流问题。对于解决飞机设计过程中动力装置喷管气动力问题,主要还是依靠试验手段:设计试验模型进行风洞试验。

　　尽管如此,在一系列学术专著和教材中,还是足够详细地研究了喷管的燃气动力学问题,但时至今日,还没有出现一部将喷管空气动力学各方面主要问题的解决办法综合在一起的专著,内容包括喷管内流特性的确定、外部阻力和底阻的确定、喷管在飞机上实际布局情况下有效推力的确定及其他方面的问题。各种出版物上所讲述的喷管气动力问题都带有局部色彩,缺乏全面性和系统性,尤其是没有将各种情况下的喷管气动特性与所研究物理现象的复杂性和方法的多样性联系在一起,而且给出的结果形式也给各类研究人员增加了难度,很难接受、分析和研究现有数据,甚至会导致结论错误。

　　本书所描述的喷管气动特性,是以中央空气流体动力学研究院 30 年期间所开展研究的成果为基础,还有部分材料则来自国内外出版的资料。各章节内容中还包括中央空气流体动力学研究院多年从事的喷管气动问题研究综述。

　　本书材料适用于喷管的实际研究和设计制造,可以作为航空院校学生,以及航空发动机制造领域工程师、科学技术人员的参考资料。

　　本书最后列举了各章节所使用的参考资料,前面是国内出版的,后面是国外的,按字母表顺序排列。

原 版 前 言

喷管是安装了喷气发动机的任何飞行器排气装置的一个主要的不可分割的元件。除了喷管外,现代飞机的排气装置,特别是多状态的超声速飞机和高超声速飞机,都是喷气发动机或动力装置的复杂元件,其中包括将空气输送到喷管的各种系统、推力矢量偏转和反推力系统(或装置)、降低噪声和红外辐射的系统等。

在喷气发动机和火箭发动机的研制实践中,喷管布局的选择、设计和研制目的如下:保证喷气发动机每个工作状态的所需推力最大,即保证燃气从喷管流出的过程最大程度接近理想化,而且尽可能使喷管的质量和外形最小。当飞行器的飞行状态不需要提供最大推力,而是只需要部分推力时,喷管还是要保证动力装置的外部阻力最小。

除了保证推力最大和外部阻力最小两项要求之外,还要加上喷管调节简单(如果需要调节)、喷管在飞机上的布局合理、对喷管进行热防护和冷却等要求。

喷管完善性水平和满足要求的程度,会在整体上对飞机的效率产生实质性的影响。例如,带加力涡轮喷气发动机的喷管质量可以占到发动机质量的20%~40%,而跨声速飞行时的发动机推力效率损失可能会提高30%[20,99,119]。

对于英法联合研制的"协和号"超声速客机,在起飞理想推力状态下,喷管推力损失每提高1%,飞机有效载重就减少5%,对于超声速飞行状态 $Ma_\infty \cong$ 2.7,即总航程约为 7 300 km 的状态,这将导致航程减少约 250 km,即约下降 3.5%[40,91]。

对于航程达到 10 000 km、喷管冲量达到 300 s 的巡航导弹,冲量损失1%,将导致导弹航程减少约 500 km,即减少了约 5%[64]。

喷管类型、布局形式和参数的选择应当采用求极值的方法,但是,由于一系列的客观原因,这类问题很难得到准确而严格的数学解,目前只能近似解决。这与一系列因素有关,首先,按照现有的科学理论,由于黏性流动和气流的各参数混杂,我们只能近似确定燃气热能转换成动能过程的特性,这种转换是喷管的主要用途,其次,在喷管流场中存在亚声速、跨声速和超声速流动,存在施加在喷管上的各种限制条件,存在喷流对附近飞机机体元件绕流的影响,这些都将影响动力装置的推力效率。

喷管类型或布局形式的选择首先取决于发动机的级别或类型——空气喷气发动机或火箭发动机,它们是为各种形式的飞行器而研制的。这两种级别的发动机可能具有不同形式的喷管,但很多特性是相当接近或者符合某些共同的变化规律,其中包括喷管的内流特性。

空气喷气发动机和火箭发动机的分类,在很多专著和书籍[1,3-5,52,58,77]中都有详细叙述,其中主要研究的问题就是与这些发动机的喷管有关。在这些文献中,研究的大部分问题是喷管内部燃气的动力学,而喷管对外部气动力影响的研究偏少,特别是喷管对飞机气动力的影响问题,研究得更少。

本书主要致力于研究空气喷气发动机的喷管,以及它们在飞机上的布局形式,还研究喷管燃气动力学特性及空气动力学特性的确定方法。另外研究的一系列问题包括喷管的内流特性、有无尾喷流情况下的飞行器的外部阻力和底阻等,这部分内容对于空气喷气发动机和火箭发动机都能使用。

例如,空气喷气发动机和火箭发动机都可以使用最简单的火药式或液体喷射式锥形超声速喷管或拉瓦尔喷管,因此,在研究各种喷气发动机时,进行内流特性换算是合适的。

接下来,对于不同来流速度情况下尾部收缩部分的外阻力和底阻的确定问题,类似问题需要分析不同用途的飞机,其中也包括无人机。

飞行器的种类或形式千差万别,其用途和完成的任务各有千秋,所使用的喷气发动机也不一样,因此,喷管类型、布局形式的选择需要根据飞行器的布局形式而定。决定喷管形式选择的因素包括:

(1) 飞行器的用途:战斗机、军用运输机、客机还是无人机。

(2) 飞行器的速度:亚声速、超声速或高超声速。

(3) 喷气发动机的类型:不带加力的涡轮喷气发动机,双涵道发动机(涵道分开或者在一个喷管内混合流动),带加力燃烧室的发动机,高超声速冲压发动机,变循环发动机或火箭发动机。

总体讲,上面列举的因素是彼此有联系的,因为飞行器的用途及其飞行速度就已经决定了它们将采用的发动机类型及其喷管形式。

随着飞行器逐渐复杂,所完成的任务数量逐步提高,它们对安装在上面的喷气发动机提出的要求也越来越高,当然,对这些发动机上喷管的要求也水涨船高。

现代及未来飞行器对喷管提出的主要要求包括如下几种:

(1) 满足飞行器的战术技术要求。

(2) 喷管、动力装置与飞行器机体或壳体需要正确连接(融合)。

(3) 保证发动机和飞行器具有较高的推力特性和气动特性,包括喷管内阻和外阻小,利用叠加效应。

(4) 发动机和喷管受热部分的红外辐射信号的有效散射面积水平低,尾喷流红外辐射信号的有效散射面积水平也低。

(5) 在起飞和着陆状态,以及在战斗机动条件下(用于战斗机),可以偏转推力矢量。

(6) 着陆时可以使用推力反向,包括战斗机、运输机和客机,战斗机进行空战时也可以使用反推力。

(7) 按照相应标准具有较低的噪声水平。

(8) 可接受的喷管重量。

(9) 喷管结构强度、调节、冷却和使用都可靠。

(10) 可接受的生产造价。

喷管研制要求的提高一直与飞机技术、导弹(火箭)技术和发动机技术的发展密不可分。尽管导弹和喷气技术早在20世纪20年代初就已经建立起来,但喷管技术发展最快、喷管气动力问题积累最多、喷管在飞行器上的布局解决方案问题最多的情况,都发生在20世纪50年代以后。在最近的30~40年的时间里,在喷管的研究和试制领域里积累了丰富的知识储备,科研成果大量发表在国内外出版物上。

所积累的这些知识和经验,都在研制各种现代飞机上得以实现,其中包括米格-29、米格-31、苏-27、图-160、F-14/15/16、B-1及其他飞机,在这些飞机上安装了复杂可调的超声速喷管,它们在动力装置系统内与飞机机体或机身高度融合。在这些飞机上安装的喷管,保证了发动机能够在各种状态下工作,飞机能够在各种状态下飞行,同时使飞机气动布局具有很高的效率。

但是,在国内外文献中出现的各种喷管研究成果和经验,并没有进行归纳总结,因此应用起来很困难,并且在喷管气动力方面会遇到各种各样的问题。

有鉴于此,本书将试图归纳总结国内外在喷管空气动力学研究方面取得的最新成果,以飨读者。

目　　录

1 喷管空气动力学的
主要概念和定义

1.1 主要物理量

喷管燃气动力学是空气动力学与管道流动动力学、航空发动机和火箭发动机理论、飞行器的空气动力学不可分割的组成部分。

一般情况下，尤其是动力装置与飞行器高度融合在一起以后，再单独分析喷管的内部和外部流动就变得十分困难，实际上也不可能实现，这时，必须将所有这些流动现象放在一起进行研究，也就是在与发动机外部喷流相互作用的情况下，对飞行器的绕流进行分析。但是，在某些情况下可以单独研究喷管内的燃气流动，确定喷管的燃气动力学特性和外流特性，从而确定带喷管的飞行器的尾部空气动力学特性。

在文献[1]～[5]、[24]、[32]、[52]～[65]中所描述的航空发动机理论和火箭发动机理论，都是喷管内燃气流动的基本理论，它们研究的是管道流动，是喷管内燃气动力学的某些特殊问题。

在这些文献中，引用的主要方程描述了喷管内的燃气运动，给出了确定喷管空气动力学和燃气动力学的主要概念和最典型的参数。

所引进的主要方程中，使用了适用于燃气喷流微元的喷流气体的质量（流量）守恒定律、能量守恒定律和动量（冲量）守恒定律。

作为一门科学，空气动力学研究的是燃气流动的压缩性特性，而且在很多情况下还伴随着也很重要的黏滞特性、热传导特性、喷流化学做功特性等。根据连续介质理论，利用介质流动和分子相互作用模型研究给定容积内燃气的连续分布和平均值，在这个容积内的所有分子的主要物理和数学特性包括：

— 燃气质量：$m = V\rho$；

— 冲量（动量）：$mw = V\rho w$；

总能量：$E = V\left[\dfrac{1}{2}\rho w^2 + \varepsilon\right]$，式中：$\rho$ 为平均质量密度；w 为平均速度；ε 为所研究的燃气体积容量 V 的平均内能。

描述燃气在点（矢量）x 和时间 t 的三维空间内运动的主要物理量如下：

— 速度矢量 $w = w(x, t)$；

— 密度 $\rho = \rho(x, t)$；

— 压力 $p = p(x, t)$；

— 平均内能 $\varepsilon = \varepsilon(x, t)$。

所研究的运动燃气容量是一个单一的物理体，而且燃气的运动用一系列典型物理量表示，它们是燃气流动的综合特性，由于具有相加性，可以通过对如下的喷流微元特性进行求和的方式得到：

— 质量：$\int_V \rho \, dV$；

— 冲量（矢量）：$\int_V \rho w \, dV$；

— 总能量等于燃气运动能和内能的总和：$\int_V \rho \left(\dfrac{1}{2} w^2 + \varepsilon \right) dV$；

— 质量流（质量流量）：$G = \int_A \rho(w \cdot n) dA$；

— 冲量流：$J = \int_A \left[pn + \rho w(w \cdot n) \right] \rho dA$（矢量），式中：$n$ 为单位矢量，垂直于容积为 V 的流体团的表面 A，dA 为这个表面的单元。

— 总热焓流：$J_0 = \int_A \left(\varepsilon + \dfrac{w^2}{2} + \dfrac{p}{\rho} \right) dA = \int_A i_0 \, dA$，式中：$i_0$ 为单位质量燃气的热焓。

1.2　流动简化模型

应当指出，喷管内的流动一般情况下是十分复杂的，它们都是三维的脉动湍流，具有很高的温度，存在压缩激波，可能还存在分离区等。因此，在这种情况下求解主要方程是十分困难的，为此必须研究那些更简单、理想化的流动模型。使用比较简单的模型可以得到描述燃气运动的有解方程，减少数值计算的工作量。为此，描述或评价这些模型能够反映喷管内实际发生的燃气流动过程的相似程度是极其重要的。而使用这些方法时，需要在所研究的每个情况下，都进行专门的详细分析和试验验证。

所得到的计算结果与试验数据的比较表明，在某些情况下，即使是最简单的流动模型也可以描述喷管内的全部流动现象。

下面将简单列举出经常遇到的一些燃气流动简化模型。

(1) 如果各切面的燃气所有参数与时间无关，则认为气流是稳态的(定常的)；

(2) 如果气流的温度是恒定的($T = $ const)，则认为气流是等温的；

(3) 如果气流的压力是恒定的($p = $ const)，则认为气流是等压的；

(4) 如果气流的密度是恒定的($\rho = $ const)，则认为气流是无压缩流，即认为燃气或液体是不可压缩的；

　　(5) 如果气流与周围介质没有热交换，则认为气流是绝热的；

　　(6) 如果气流内没有摩擦，则认为气流是无黏性的；

　　(7) 如果气流的熵是不变的，则认为气流是等熵的；

　　(8) 如果气流满足状态方程 $\dfrac{p}{\rho} = RT$，则认为燃气是完全气体；

　　(9) 如果各切面的所有参数都是单值变化的，这种稳态完全气体流动称为一维气流，气流速度方向与喷流轴线平行，所有燃气参数只是纵向坐标的函数；

　　(10) 如果燃气粒子的运动具有有序(层流性质)，则燃气黏性气流称为层流；

　　(11) 如果燃气气流中的粒子运动具有无序性质，并且气流具有纵向和横向脉动速度，则气流称为湍流；

　　(12) 如果燃气气流内各点的均值与各点的位置无关，则这种气流或流场称为单一流场；

　　(13) 如果燃气气流内没有势能变化、没有摩擦力做功(无黏气体)，内部存在绝热过程，并且熵值恒定，则这种气流称为理想气体。

　　根据理想气体的定力，可给出理想喷管的定义。所谓理想喷管可以理解为这样一种喷管，燃气在它的里面的扩张过程是理想的，即沿着整个流线的每个点是等熵的，不与周围介质进行能量交换。在理想喷管的出口切面上，喷出的气流与喷管轴线平行。

　　换句话说，理想喷管内燃气的扩张没有任何能量损失。

1.3　主要的运动方程

　　对于小尺寸燃气喷流微元所使用的主要运动方程，其中的所有主要参数在横截面上都是常值，如燃气压力、速度、密度、温度等，也就是如同液体一样。如果在喷流的横截面上的燃气参数是变化的，则需要取截面的均值。此时，可以认为喷管内的燃气是一维流动，只是纵向坐标的函数。由于认为流动是稳态的，因此任何截面上的燃气参数都不随时间变化。此时质量守恒定律是适用的，因此，经过喷流任何一个截面的质量流量都是相同的，由此可以得到连续方程：

$$m = \rho w F = \text{const} \tag{1-1}$$

式中：m 为每秒燃气流量，单位 kg/s；ρ 为质量密度，等于比重与重力加速度的比值 $(\rho = \gamma/g)$，kg/mm^3；w 为速度，m/s；F 为喷流的横截面面积，m^2。

　　对于不可压缩流体 $(\rho = \text{const})$，连续方程可以采用下面形式：

$$m = w F = \text{const} \tag{1-1a}$$

　　如果认为喷管内是一维流动，研究每一个稳态的喷流微元，或者研究每一个截面的均值参数，则方程(1-1)和方程(1-1a)可以扩展到喷管的所有流动。

可以用式(1-2)表示每秒经过喷管的燃气质量流量和阻滞燃气的参数：

$$M = \sqrt{\frac{k}{R}\left(\frac{2}{k+1}\right)^{\frac{k+1}{k-1}}} \cdot \frac{q(\lambda)Fp_0}{\sqrt{T_0}}, \left(\frac{kg}{s}\right) \tag{1-2}$$

式中：λ 为换算速度，$q(\lambda)$ 为燃气动力学函数，在这个表达式中是一个系数值，对于空气等于 0.040 4($R=287$ J/kg·K，$k=1.4$)，对于燃烧物为 0.039 7($R=283$ J/kg·K，$k=1.33$)。

相应地，重量秒流量 G(kgf/s)等于质量秒流量乘以重力加速度(g)，包含在式(1-2)中的系数值分别等于 0.396($k=1.4$)和 0.389($k=1.33$)。

很显然，式(1-2)适用于喷管的任意横截面，其中包括临界截面和出口截面。

能量方程是从能量守恒定律推导得出的。如果评估能量平衡情况，亦即研究同一质量的燃气微团在无穷小的时间间隔内从一个微小体积变成另一个微小体积的能量变换，没有质量力对微团做功，也没有与周围介质进行热量交换，即没有能量输入和输出，势能没有改变，则最后形式的能量方程为：

$$i + \frac{w^2}{2} = \text{const} \tag{1-3}$$

式中，燃气的熵或热焓为

$$i = c_P T = c_V T + RT = c_V + \frac{p}{\rho} \tag{1-4}$$

能量方程(1-3)和热焓方程(1-4)给出了温度与运动速度之间的关系。

能量方程的力学形式(伯努利方程)建立了燃气气流中运动速度和压力之间的关系：

$$p + \frac{\rho w^2}{2} = \text{const} \tag{1-5}$$

对于理想阻滞的燃气流动(绝热流动、等熵流动、一维流动)，伯努利方程可以用如下形式给出：

$$\frac{k}{k-1}\frac{p}{\rho}\left|\left(\frac{p_0}{p}\right)^{\frac{k-1}{k}} - 1\right| = \frac{w^2}{2} \tag{1-6}$$

由此可以得出

$$\frac{p_0}{p} = \left(1 + \frac{k-1}{2}M^2\right)^{\frac{k}{k-1}} \tag{1-7}$$

在确定喷管推力时，必须知道绕流体方面作用在燃气气流上的力和力矩，或者是燃气气流作用在绕流物体上的力和力矩。

这些力和力矩可以利用动量变化(守恒)方程——欧拉方程求解。

根据这个方程,对于分离出的一个微元喷流(或者是流管),在稳态流动中没有质量力,均匀作用在这块微元体表面上的所有液体动力之和等于每秒流出的所有燃气产生的动量(或者冲量)增量(变化),即

$$P = mw_2 - mw_1 \tag{1-8}$$

对于圆柱形的喷流,如果不考虑摩擦力和外力作用,积分形式的方程具有如下形式:

$$p_2 - p_1 = \rho_1 w_1 (w_1 - w_2) \tag{1-9}$$

或者

$$\rho + \rho w^2 = \text{const} \tag{1-10}$$

这个方程表达了燃气流动的最重要的特性:在没有摩擦和外力情况下,气流速度的提高只是引起了静压的下降,在相反情况下,气流减速将伴随静压的提高,而且与内部过程变化和其他参数的改变无关。

依靠动量方程可以在已知控制面参数的情况下计算作用力,而不用深入了解控制面内部燃气体积发生的实质变化过程。使用这个方程最关键的环节是选择好控制面。

1.4　喷射力(推力)的定义

安装了喷气发动机的飞行器的飞行是依靠喷射力(喷射推力)实现的,这个力是由喷管内排出的燃气(或者工作介质)所产生的。喷气发动机或推力装置可以分为两种类型:

(1)发动机所获得的部分能量或全部能量、工作介质均来自于周围环境,这种类型的发动机称为空气喷气发动机。因此,空气喷气发动机属于燃气机,所产生的推力是发动机元件与运动空气之间相互作用的结果,发动机将能量传递给运动空气:通过与燃油燃烧产生热能,又通过压气机做功产生机械能。

(2)发动机自身工作既不从周围环境中获取能量,也不作为工作介质使用,这类发动机属于火箭发动机。因此,火箭发动机属于这样一种机器(装置),它将任何形式的能量(来源于飞行器上储存的工作介质)转换成工作介质的运动能,然后经过喷管排出到周围环境中,从而产生推力。

火箭发动机与空气喷气发动机的本质区别在于前者具有独立自主工作的特点,不需要使用周围环境介质,也与飞行器的运动速度无关。

火箭发动机工作的自主性并不意味着它完全与周围环境参数无关,因为火箭发动机的出口参数,其中包括推力,在很大程度上取决于周围介质的压力。

从广义上讲,喷气发动机也是一种发动机装置或动力装置,它是产生喷射力(推力)的源泉。

飞机上的动力装置包括空气喷气发动机本身,进气装置和排气装置(进气道和喷管),还包括必要的辅助系统和附件,它们用于发动机与飞机机体或机身的连接。

发动机或动力装置的喷气推力(简称推力)与排出的燃气运动方向相反,这个力通过发动机固定接头传递给飞行器。

一般情况下,由于外部阻力造成的动力装置各元件的推力损失,动力装置的喷流推力(或单纯推力)与发动机各组成元件产生的推力是不相同的。为了评估单独发动机的特性和动力装置系统的效率,需要考虑系统内各元件的外部阻力,国内外文献中研究了两种类型的推力:发动机内部推力和发动机或动力装置的有效推力。

"发动机有效推力"和"动力装置有效推力"两个概念实际上是一个意思,有时候代表的是同一个推力值。一般情况下,差别只是因为计算时所包含的动力装置元件数量有所不同(计算有效推力时要考虑这些元件的阻力)。

国内外文献中提到这两种类型的推力时,大多数情况下使用"总推力"(gross thrust),等效于"内部推力",以及"静推力"(net thrust),等效于发动机(或动力装置)的有效推力。

发动机内部推力是指根据气流流过发动机的内部过程中产生的推力,没有考虑发动机(动力装置)元件的外部阻力。发动机(动力装置)有效推力是指用于克服飞机的外部阻力的部分内部推力,即扣除了发动机(动力装置)外部阻力后的发动机内部推力。这个有效推力是推动飞机向前运动的力,由此产生了"静推力"这一术语。在飞机稳定平飞过程中,发动机产生的推力等于飞机外部阻力。

发动机(动力装置)有效推力是燃气气流从内部作用在发动机(动力装置)表面上及外部气流从外侧环绕发动机(动力装置)时,所有压力和摩擦力的总和。这些力可以人为地分成内力和外力。尽管这种区分形式具有主观性,并且在无法准确考虑动力装置各元件对其外部绕流的影响以及外部气流对发动机元件中的燃气流动的影响时,可能造成有效推力的计算产生明显误差,但从方法学角度考虑,这种划分方法还是有好处的,因为这样可以更简单地估算各种因素对这两种力的影响。

对于单独的空气喷气发动机或火箭发动机,给出推导的内推力计算公式时,要么确定为作用在发动机内外表面的总压力,要么在所选择的控制面上使用动量方程(冲量方程),如图 1-1 所示。

如果流过发动机和喷管的燃气运动是一维稳态流动,则可以认为是理想燃气[1,58,64]。

空气喷气发动机的内部推力(或推力)表达式具有下面形式:

$$P_发 = m_{空气}(w_c - w_\infty) + m_{燃料} w_c + (p_c - p_\infty) \cdot F_c[N] \qquad (1-11)$$

式中:$m_{空气}$ 为每秒时间流过发动机的空气质量,kg/s;$m_{燃料}$ 为每秒时间消耗的燃料

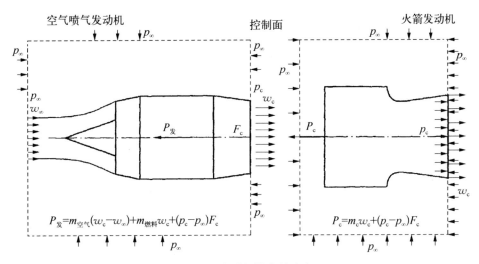

图 1-1　发动机推力的确定

质量,kg/s;w_∞ 为发动机前方的未扰动来流速度,m/s;w_c 为喷管出口截面燃气流出的速度,m/s;F_c 为喷管出口截面横截面积,m^2;p_c,p_∞ 分别是喷管截面和周围空气的静压,N/m^2。

由此可以得到空气喷气发动机喷管流出的燃气质量:

$$m_c = m_{空气} + m_{燃料}$$

在表达式(1-11)中,前两项代表动力学分量,最后一项是静推力分量。

还应当指出,根据 1.1 节给出的冲量流定义,按式(1-11)的发动机内部推力就是离开喷管的燃气冲量流与进入发动机的未扰动冲量来流之间的差值,即

$$P_{发} = J_c - J_\infty \tag{1-11a}$$

如果在式(1-11)中忽略每秒燃料消耗量 $m_{燃料}$,它对于空气喷气发动机是一个不大的量,只占进入发动机的空气流量 $m_{空气}$ 的百分之几,则空气喷气发动机内推力的表达式具有下面形式($m_{空气} = m_c$):

$$P_{发} = m_c(w_c - w_\infty) + (p_c - p_\infty) \cdot F_c \tag{1-12}$$

火箭发动机不使用大气中的空气产生推力,因此,在 $w_\infty = 0$ 情况下,得到其推力关系式:

$$P_c = m_c w_c + (p_c - p_\infty) \cdot F_c \tag{1-13}$$

式中:m_c 为从喷管流出的所有燃烧物(燃料和氧气)的总流量。

根据式(1-12)和式(1-13),可以用火箭发动机的推力值表示空气喷气发动机的推力值:

$$P_\text{发} = p_\text{c} - m_\text{c}\, w_\infty \tag{1-14}$$

在计算喷管喷流流出状态时,喷管出口截面的静压等于周围大气的静压($p_\text{c} = p_\infty$),因此,空气喷气发动机和火箭发动机所对应的公式(1-12)和公式(1-13)具有如下形式:

$$P_{\text{发}p} = m_{\text{空气}}(w_\text{c} - w_\infty) \tag{1-15}$$

$$p_{\text{c}p} = m_\text{c}\, w_\text{c} \tag{1-16}$$

如果在真空($p_\infty = 0$)中研究的火箭发动机推力,则在式(1-13)中,根据1.1节给出的冲量流定义,真空中的火箭发动机推力值,即为从喷管喷出的冲量流

$$J_\text{c} = m_\text{c}\, w_\text{c} + p_\text{c}\, F_\text{c} \tag{1-17}$$

或者利用关系式(1-13)和式(1-16)得到:

$$J_\text{c} = p_\text{c} + p_\infty\, F_\text{c} \tag{1-18}$$

$$J_{\text{c}p} = p_{\text{c}p} + p_\text{c}\, F_\text{c} \tag{1-19}$$

在不同的文献中,利用式(1-13)~式(1-19)所确定数值的名称有所不同。例如,在文献[1]中,利用式(1-13)确定的火箭发动机推力称为喷管喷出的燃气喷流的排气冲量,而根据式(1-16)计算的喷流设计状态的火箭发动机推力,称为喷管的总冲量。在文献[3]中,喷管总冲量用式(1-17)给出,而在文献[57]中,这个值称为喷管冲量。

给出喷管冲量 J_c 的式(1-17)使用最频繁,喷管冲量也是本书所使用的术语。

各种文献中广泛使用的术语还有"喷管推力",它是用式(1-13)确定的火箭发动机的推力,尽管这个术语并不确切。实际上,根据喷管的用途,它是通过排出燃烧物而产生喷射力(推力),但这个力的作用位置要么是火箭发动机燃烧室的垂直壁面,要么是空气喷气发动机的前部,要么是空气喷气发动机的扩散段[1,5],如图1-1和1-2所示。尽管在火箭技术装备上,有时候喷气推力作用在喷管的超声速段,这样可以提高施加在燃烧室的前垂直壁面上的主要推力分量值,其特点是燃气在喷管内的扩散度高[5],一般情况下,喷管不是其产生的合成推力作用的位置。图1-2给出的声速(收缩)喷管火箭发动机燃烧室的示例中,可以直观地看出这一点。根据文献[5]所进行的分析,这种燃烧室产生的推力(火箭发动机的推力)包括两部分:作用在燃烧室垂直壁面上(头部)的喷气推力,它是喷管喷出燃气在喷管临界截面投影面积上施加作用力与压差作用在喷管头部环形部分剩余面积($F_{\text{环形}} - F_{\text{临界}}$)上的力[占总力($p_{\text{环形}} F_{\text{环形}}$)的20%~25%]的合力($p_{\text{环形}} F_{\text{临界}}$)。此时,力 F_c 作用在燃烧室的收缩段,也就是作为单独连接燃烧室元件的喷管上,它等于作用在喷管内部的压力与周围气压积分的差值,其作用方向与飞机的阻力方向重合(或者与火箭

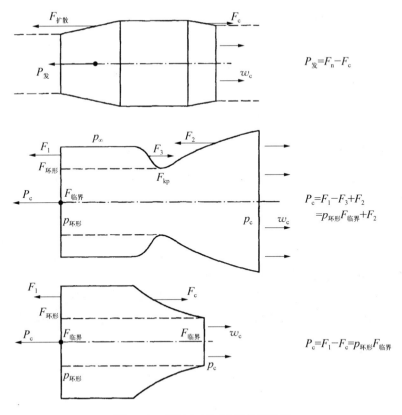

$$P_发 = F_n - F_c$$

$$P_c = F_1 - F_3 + F_2$$
$$= p_{环形}F_{临界} + F_2$$

$$P_c = F_1 - F_c = p_{环形}F_{临界}$$

图 1-2 喷射力(推力)的作用位置

发动机推力的作用方向相反)。这些条件也同样适用于空气喷气发动机。因此,由式(1-13)确定的"喷管喷气推力(或推力)"实质上是火箭发动机的推力,不能正确反映喷气推力(或发动机推力)的产生过程,多半是约定使用的术语。尽管如此,国内外文献中,分别按照式(1-13)和式(1-17)确定的"喷管推力"和"喷管冲量",作为表示喷管作为燃气动力装置产生喷气推力(或推力)的效率的数值,还是得到了广泛的应用,下面也将继续使用这些术语。

应当指出,根据式(1-13)和式(1-17)确定的 p_c 和 J_c 值的量纲,同它们的动态和静态分量一样,都是牛顿(N),因为

$$[mw] = \left[\frac{kg}{s} \cdot \frac{m}{s}\right] = [N]$$

$$[pF] = \left[\frac{N}{m^2} \cdot m^2\right] = [N]$$

1.5 喷管主要内部流动的综合特性

喷气发动机或喷管的最重要特性是比冲(单位推力)值,它等于喷管冲量(推

力)与每秒通过喷管的燃气质量流量的比值

$$J_{单位} = \frac{J}{m} \left[\frac{\text{N} \cdot \text{s}}{\text{kg}} \right] = \left[\frac{\text{m}}{\text{s}} \right] \tag{1-20}$$

$$P_{单位} = \frac{P}{m} \left[\frac{\text{N} \cdot \text{s}}{\text{kg}} \right] = \left[\frac{\text{m}}{\text{s}} \right] \tag{1-21}$$

有时候,将推力与每秒燃气质量流量的比值 $\frac{P}{m}$ 称为喷气发动机的比冲[52]或火箭发动机的比冲[5]。在这种情况下,火箭发动机的推力与燃气(或燃烧物)的重量流量之比称为比推力:

$$P_{单位} = \frac{P}{mg} = [\text{s}] \tag{1-22}$$

因此,火箭发动机单位参数是[s],单位参数[m/s]是其9.81倍。

在喷管喷流流出计算状态($p_c = p_\infty$)下,根据式(1-15)和式(1-16)可知,空气喷气发动机的单位推力等于喷管出口上的燃气速度与未扰动气流速度之差:

$$P_{发单位} = w_c - w_\infty \tag{1-23}$$

而火箭发动机的单位推力等于燃气在喷口截面内的速度:

$$P_{c单位} = w_c \tag{1-24}$$

为了评估喷管作为使用燃气动能产生喷气推力(发动机推力)的装置的完善性水平,使用喷管流出的燃气理想速度 $w_{理想}$、通过喷管的理想流量 $Q_{理想}$、理想推力 $P_{理想}$、理想冲量 $J_{理想}$ 等概念,它们对应的是理想燃气流或从理想喷管中流出的燃气流。

根据式(1-24),火箭发动机(或理想喷管)的理想推力等于燃气的理想流出速度。理想流出速度 $w_{理想}$ [及式(1-16)、式(1-17)计算的理想推力值或理想冲量值],对应绝热扩散过程,在燃油完全燃烧的过程中,没有摩擦损失和热量损失。有时候,理想流出速度又称为绝热速度 $w_{绝热}$[57]。

如果燃油在发动机燃烧室内的燃烧过程不对应绝热过程(亦即因热量损失,或者存在燃烧不充分,最后燃烧室内燃气温度低于绝热温度),但燃气在喷管内的扩散过程是等熵和均衡流,则喷管出口上的燃气速度有时被称为理论速度 $w_{理论}$[52]这个速度低于理想流出速度 $w_{理想}$,两者相差一个系数 φ_k,它考虑了燃烧室内实际循环与理想状态相比的损失:

$$w_{理论} = \varphi_k \, w_{理想} \tag{1-25}$$

燃气在喷管内的实际扩散过程并不是等熵的,这一过程相当复杂,伴随着各种各样的损失,如摩擦、气流不均匀、喷管出口气流变锥形等,因此,喷管排出燃气的

实际速度 w_c 不同于理想速度 $w_{理想}$ 和理论速度 $w_{理论}$，在数值上相差一个系数 φ_c：

$$w_c = \varphi_c\, w_{理论} = \varphi_c \varphi_k\, w_{理想} \tag{1-26}$$

在这个表达式中，系数 φ_k 代表燃烧室中燃油燃烧的不完全程度，而 φ_c 代表喷管的完善性（或不完善性）程度。

对于空气喷气发动机的喷管，实际循环中经常忽略损失，即认为 $\varphi_k = 1$，因此 $w_{理论} = w_{理想}$，喷管出口截面处燃气喷出的实际速度：

$$w_c = \varphi_c\, w_{理论} = \varphi_c\, w_{理想} \tag{1-27}$$

φ_c 值被称为喷管速度系数，它可以由三个分量组成：

$$\varphi_c = \varphi_{摩擦}\, \varphi_{均匀}\, \varphi_{倾斜} \tag{1-28}$$

式中：$\varphi_{摩擦}$ 为考虑喷管壁摩擦损失的系数；$\varphi_{均匀}$ 为考虑喷管各截面气流不均匀度的系数；$\varphi_{倾斜}$ 为考虑喷管出口截面喷出气流不平行造成的损失系数。

如果对于理想的喷出气流速度 $w_{理想}$，根据式(1-16)和式(1-17)得到了理想推力（单位理想推力）表达式，并研究喷流设计状态的实际推力（该状态下的理想推力）与理想推力的比值：

$$\frac{P_{c计算}}{P_{c理想}} = \frac{m_c\, w_c}{m_c\, w_{理想}} = \frac{w_c}{w_{理想}} = \frac{P_{c单位}}{P_{c单位理想}} = \varphi_c \tag{1-29}$$

由于式(1-29)中的推力值取自喷流流出的计算状态，则 φ_c 值对应最大相对推力值及最大相对单位推力值。有时候，推力比和单位推力比分别称为推力系数和单位推力系数。

除了喷管排出的气流将压力能转换成运动能（用喷管出口截面上燃气喷出速度 w_c 表示或者用喷管速度系数 φ_c 表示）的效率，喷射力（或推力）值还取决于喷管的流通能力，它用流过喷管的实际燃气流量值 $m_c(G_c)$ 或下面的喷管流量系数表示：

$$\mu_c = \frac{m_c}{m_{理想}} = \frac{G_c}{G_{理想}} \tag{1-30}$$

其为喷管的燃气实际质量（或重量）流量与理想流量或理论流量之间的比值（前面曾经假设空气喷气发动机喷管的 $w_{理论} = w_{理想}$）。

根据式(1-2)，按照喷管临界截面参数和已知的流量系数确定的每秒空气质量流量等于

$$m_c = \varphi_c\, m_{理想} = \sqrt{\frac{k}{R}\left(\frac{2}{K+1}\right)^{\frac{K+1}{K-1}}}\, \frac{\mu F_{临界}\, q(\lambda_{临界})\, p_{0临界}}{\sqrt{T_{0临界}}} \tag{1-31}$$

（为在描述公式时更加简洁，式中下标"喷管"在后面的公式中将省略，特此注明）。

理想推力表达式所对应的是理想的燃气扩散过程（绝热、等熵过程），或者燃气是从理想喷管中喷出的，即理想推力是按照喷管的理想燃气流量计算的，具有如下形式：

$$P_{理想T} = m_{理想} \, w_{理想} = \left[k \left(\frac{2}{k+1} \right)^{\frac{k}{k-1}} \right] p_{0临界} \, F_{临界} \, \lambda_{理想}(\pi_c)$$

$$= K_P \, p_{0临界} \, F_{临界} \, \lambda_{理想}(\pi_c) \tag{1-32}$$

式中：$\pi_c = p_{0临界} / p_{\infty}$。

应当指出，按照这种方式确定的喷管理想流量 $m_{理想}$ 和理想流出速度 $w_{理想}$ 的数值，可以代表理论值，因此其下标采用"T（理论）"。

对于真实的喷管，其流量系数 $\mu_c < 1$，因此，理想推力需要考虑实际的空气流量，［按式（1-31）］，亦即

$$P_{c理想} = m_c \, w_{理想} = \mu_c \, m_{理想} \, w_{理想} = \mu_c \, P_{理想T}$$

$$\left[k \left(\frac{2}{k+1} \right)^{\frac{k}{k-1}} \right] p_{0临界} \, \mu_c \, F_{临界} \, \lambda_{理想}(\pi_c) = K_P \, p_{0临界} \, \mu_c \, F_{临界} \lambda_{理想}(\pi_c) \tag{1-33}$$

类似地，还可以从式（1-17）推导出喷管理想理论冲量的计算公式，即从理想喷管中喷出理想燃气情况下的冲量

$$J_{理想T} = m_{理想} \, w_{理想} + p_c \, F_c = \left[k \left(\frac{2}{k+1} \right)^{\frac{k}{k-1}} \right] p_{0临界} \, F_{临界} \, z(\lambda_c)$$

$$= K_J \, p_{0临界} \, F_{临界} \, z(\lambda_c) \tag{1-34}$$

$$z(\lambda_c) = \frac{1}{\lambda_c} + \lambda_c \tag{1-35}$$

式中：λ_c 为喷管出口截面换算速度，它根据一维理论利用式（1-36）确定

$$q(\lambda_c) = \frac{F_{临界}}{F_c} \tag{1-36}$$

式中：$F_{临界}$ 和 F_c 分别是喷管临界截面和出口截面的几何面积。

同式（1-33）类似，对于实际流量为 $m_c = \mu_c m_{理想}$，$\mu_c < 1$ 的真实喷管，其理想冲量值可以按照下式计算：

$$J_{c理想} = m_c w_{理想} + p_c F_c = \mu_c m_{理想} w_{理想} + p_c F_c$$

$$= \left(\frac{2}{k+1} \right)^{\frac{1}{k-1}} \cdot p_{0临界} \mu_c F_{临界} \cdot z(\lambda_c) = K_J p_{0临界} \mu_c F_{临界} \cdot z(\lambda_c) \tag{1-37}$$

式中：$z(\lambda_c)$ 按照式（1-35）确定，而单位流量 $q(\lambda_c)$ 则按照式（1-38）计算

$$q(\lambda_c) = \frac{\mu_c F_{临界}}{F_c} \tag{1-38}$$

在某些理论专著中，喷管理想冲量可以利用喷管的实际流量计算，即按式 (1-37) 计算，而喷管出口截面的换算速度值 λ_c 则不用临界截面的有效相对面积 $\mu_c F_{临界}$ 计算，而是按式 (1-36) 的几何面积计算。

针对流过喷管的燃气的比热容的不同数值，包含在式 (1-32)、式 (1-33)、式 (1-34)、式 (1-37) 中的理想推力系数 K_P 和理想冲量系数 K_J 值，在表 1-1 中给出。

表 1-1　理想推力系数 K_P 和理想冲量系数 K_J 值

k	1.4	1.33	1.25	1.1
K_P	0.74	0.718	0.693	0.643
K_J	0.634	0.630	0.624	0.611
K_P/K_J	1.167	1.140	1.110①	1.052

为评估喷管作为获取喷射力（或推力）装置的效率，引进下面几个概念：

— 喷管推力系数

$$\bar{P}_c = \frac{P_c}{P_{c理想}} \tag{1-39}$$

— 单位推力系数

$$\bar{P}_{c单位} = \frac{P_c/m_c}{P_{c理想}/m_{c理想}} = \frac{1}{\mu}\bar{P}_c \tag{1-40}$$

式中：P_c 为实际（测量或计算）的喷管推力，一般情况下按照式 (1-13) 确定，$P_{c理想}$ 为喷管理想推力，按照式 (1-33) 的实际燃气流量 m_c 计算。

— 喷管推力损失

$$\Delta \bar{P}_c = 1 - \bar{P}_c \tag{1-41}$$

— 喷管单位推力损失

$$\Delta \bar{P}_{c单位} = 1 - \bar{P}_{c单位} \tag{1-42}$$

与"推力系数"和"推力损失"这样的概念类似，表示的都是喷管冲量的相对值[27]。

— 喷管冲量系数

$$\bar{J}_{cT} = \frac{J_c}{J_{理想T}} \tag{1-43}$$

---

① 原书为 1.14，应为 1.11。——译者注。

式中：J_c 为喷管实际（测量或计算）的冲量，一般情况下按式（1-17）确定，而 $J_{理想T}$ 为理论上的理想冲量，根据式（1-34）～式（1-36）确定。

—— 比冲系数

$$\bar{J}_{c单位} = \frac{J_c/m_c}{J_{理想T}/m_{理想}} = \frac{1}{\mu_c}\bar{J}_{cT} \qquad (1-44)$$

式中：$\bar{J}_{cT}$ 按照式（1-43）确定。

—— 相对冲量系数

$$\bar{J}_c = \frac{J_c}{J_{c理想}} \qquad (1-45)$$

式中：$J_{c理想}$ 根据喷管实际燃气流量确定的理想冲量，按式（1-37）计算，而喷管出口截面的换算速度 λ_c 则根据喷管临界截面实际有效面积 $\mu_c F_{临界}$［式（1-38）］计算。

冲量损失、比冲和相对冲量则用式（1-43）、式（1-44）和式（1-45）进行计算

$$\Delta\bar{J}_{cT} = 1 - \bar{J}_{cT} \qquad (1-46)$$

$$\Delta\bar{J}_{c单位} = 1 - \bar{J}_{c单位} \qquad (1-47)$$

$$\Delta\bar{J}_c = 1 - \bar{J}_c \qquad (1-48)$$

如果没有专门的说明，则喷管特性都是按照式（1-41）、式（1-45）和式（1-48）给出。

上述关系式既表示空气喷气发动机的喷管效率，也适用于火箭发动机喷管。由于空气喷气发动机的喷管具有特殊性，可以使用带可向喷管供送冷却空气的引气管的喷管布局，该布局将在下一章进行详细讨论，其每秒流量为 m_2，或者使用双涵道发动机的喷管布局，其中两个涵道气流各自独立，这些涵道中具有不同的燃气参数（m_1，p_{01}，T_{01} 及 m_2，p_{02}，T_{02}）。在这种情况下，喷管的实际推力（实际冲量）是测得的主涵道燃气气流和冷却空气产生的推力之和，或者是内、外涵道的实际推力之和，而喷管的理想推力（或理想冲量）是每个涵道内气流的理想推力（理想冲量）之和，它们根据各截面的实际通过流量进行计算。

这样，确定推力和冲量（损失）系数的式（1-39）～式（1-48），包含了内外涵道两股气流的实际和理想推力（理想冲量）。例如

$$\Delta\bar{P}_c = 1 - \frac{P_c}{P_{理想1} + P_{理想2}} \qquad (1-41a)$$

和

$$\Delta\bar{J}_c = 1 - \frac{J_c}{J_{理想1} + J_{理想2}} \qquad (1-48a)$$

式中：P_c 和 J_c 为Ⅰ、Ⅱ涵道的总推力和总冲量。

如果研究计算状态下的喷流喷出产生的喷管推力式(1-16)，则应当关注式(1-24)、式(1-27)和式(1-29)，即在这种状态下的推力损失将最小，根据式(1-41)或式(1-42)引入的代号，对于每个具体的喷管，推力损失如下：

$$\Delta \overline{P}_{c\min} = 1 - \frac{P_{c计算}}{P_{c理想}} = 1 - \frac{w_c}{w_{理想}} = 1 - \varphi_c = \Delta \varphi_c \tag{1-49}$$

经过相应变换后，就可以相当容易地确定喷管速度系数 φ_c（或者最小推力损失 $\Delta \overline{P}_{c\min}$，即对应喷流流出计算状态的推力损失 $p_c = p_\infty$），与喷管相对冲量值 $\overline{J}_c$ 或相对冲量损失值 $\Delta \overline{J}_c$ 之间的关系。

为此，必须根据式(1-19)，将实际冲量用计算状态下的排出喷流推力值表示 $J_{c计算} = P_{c计算} + p_c F_c$，而对于理想冲量，则有 $J_{c理想} = P_{c理想} + p_c F_c$，式中，$P_{c计算}$ 是根据式(1-16)计算的喷流计算状态下（$p_c = p_\infty$）的喷管推力，而 $P_{c理想}$ 和 $J_{c理想}$ 分别是按式(1-33)和式(1-37)得到的理想推力和理想冲量，将这些数值代入到式(1-48)中，并考虑式(1-49)，则有

$$\Delta \overline{J}_c = 1 - \overline{J}_{c计算} = 1 - \frac{J_{c计算}}{J_{c理想}} = \frac{J_{c理想} - J_{c计算}}{J_{c理想}}$$

$$= \frac{P_{c理想} + p_c F_c - P_{c计算} + p_c F_c}{J_{c理想}}$$

$$= \frac{P_{c理想} - P_{c计算}}{J_{c理想}} = \frac{P_{c理想}(1 - P_{c计算}/P_{c理想})}{J_{c理想}}$$

$$= \Delta P_{c\min} \frac{P_{c理想}}{J_{c理想}} = \Delta \overline{P}_{c\min} \frac{\lambda_{理想}(\pi_{c计算}) K_P}{z(\lambda_c) K_J}$$

$$= \Delta \overline{P}_{c\min} \frac{\lambda_c}{z(\lambda_c)} \frac{K_P}{K_J} = \Delta \overline{P}_{c\min} \frac{\lambda_c^2}{1 + \lambda_c^2} \frac{K_P}{K_J}$$

$$= (1 - \varphi_c) \frac{\lambda_c^2}{1 + \lambda_c^2} \frac{K_P}{K_J}$$

在这个表达式中，K_P 和 K_J 都是已知的系数，它们包含在式(1-33)和式(1-37)中，针对的是理想推力和理想冲量，针对某些 K_c 系数的值示于表1-1中。

这里还需要利用一个很明显的等式，如果已知喷管出口截面面积 F_c，接下来就知道了出口截面的换算速度 λ_c 和计算状态下（$p_c = p_\infty$）的理想换算速度 $\lambda_{理想}(\pi_{c计算}) = \lambda_c$，因为喷管是针对给定压差状态的，以保证扩散喷流的推力损失最小。

前面这个公式的最后形式为

$$\Delta \overline{J}_c = \frac{\lambda_c^2}{1 + \lambda_c^2} \frac{K_P}{K_J} \Delta \overline{P}_{c\min} = A(1 - \varphi_c) \tag{1-50}$$

式中

$$A = \frac{\lambda_c^2}{1+\lambda_c^2} \frac{K_P}{K_J} \tag{1-51}$$

从式(1-50)和式(1-51)可以得出,对于中等扩张程度的喷管(当 $K_c = 1.4$ 时, $\overline{F}_{c计算} \cong 5, \lambda_c = 2$),喷管相对冲量的损失值接近于推力的最小损失值,或者接近于喷管速度系数的损失值 $\Delta \varphi_c$,因为系数 A 的值约等于0.94,而当 $\overline{F}_c = 2$ 时(当 $K_c = 1.4$ 时, $\lambda_c = 1.7$), $A = 0.87$。如果考虑到空气喷气发动机和火箭发动机具有很高的效率,因此,相对冲量损失只占理想值的 $1\% \sim 2\%$,由于此时 A 的值大约等于1,因此 $\Delta \overline{J}_c$ 与 $\Delta \overline{P}_{cmin}$ 的差异,只占理想推力(冲量)的 0.5% 以内。

1.6 有效推力

发动机内部推力部分是用于推动飞行器向前运动的力,它是喷气力或推力的有用的部分,等于喷气推力(发动机内部推力 $P_发$)和动力装置总外部阻力($\sum X_外$)之间的差值,被称为发动机的有效推力

$$P_{发有效} = P_发 - \sum X_外 \tag{1-52}$$

类似地,也可以给出喷管有效推力的概念

$$P_{c有效} = P_c - \sum X_总 \tag{1-53}$$

式中: $\sum X_总$ 为飞机上动力装置布局中喷管所有相关阻力之和。

根据式(1-11)和式(1-13)确定 $P_发$ 和 P_c 的数值。动力装置阻力的主要组成成分包括进气道的阻力(流线阻力)、发动机舱的压差阻力和摩擦阻力、喷管的外部阻力等。

喷管的外部阻力包括喷管外鱼鳞板的阻力,在某些情况下,是发动机舱从最大面积开始收缩到喷管所在的截面,在此收缩段上形成的底阻;喷管和发动机舱后段形成的底阻;因机体构件对喷管绕流的影响产生的阻力等。

同代表喷管燃气动力学效率特性的式(1-39)和式(1-41)中的相对参数相类似,下面引入发动机和喷管推力的相对系数概念:

$$\overline{P}_{发有效} = \frac{P_{发有效}}{P_{发理想}} \tag{1-54}$$

式中:
$$P_{发理想} = P_{c理想} - m_\infty w_\infty \tag{1-55}$$

$$\overline{P}_{c有效} = \frac{P_{c有效}}{P_{c理想}} \tag{1-56}$$

发动机和喷管的有效推力损失为

$$\Delta \bar{P}_{\text{发有效}} = 1 - \frac{P_{\text{发有效}}}{P_{\text{发理想}}} = \Delta \bar{P}_{\text{发}} + \Delta \bar{P}(X_{\text{外}}) \tag{1-57}$$

$$\Delta \bar{P}_{c\text{有效}} = 1 - \frac{P_{c\text{有效}}}{P_{c\text{理想}}} = \Delta \bar{P}_c + \Delta \bar{P}(X_c) \tag{1-58}$$

发动机和喷管有效推力损失可以分成两种损失，正如式（1-57）和式（1-58）所表示的那样：发动机或喷管的内部损失，以及与发动机（动力装置）或喷管外部阻力有关的推力损失。每一部分损失可以分开研究，彼此无关，这样就可以将复杂问题简单化。尽管这种分割方法可能会在计算上因内部流动和外部流动之间存在的相互作用而产生一定的误差。

式（1-57）和式（1-58）给出的、与动力装置元件或喷管外部阻力有关的有效推力损失分量，可以作为飞机的气动力对待，用阻力系数来表示，即等于阻力 X 除以外部来流速压 $\frac{\rho_\infty w_\infty^2}{2}\left(\frac{k_\infty}{2}M_\infty^2 p_\infty\right)$ 和参考几何面积，在分析动力装置喷管特性时，一般取发动机舱或机身的最大迎风面积 $F_{\text{迎风}}$ 或者机体的面积 S 作为参考面积。

一般形式下的阻力系数表示成：

$$C_x = \frac{X}{\dfrac{k_\infty}{2}M_\infty^2 p_\infty F_{\text{迎风}}} \tag{1-59}$$

或者

$$C_x = \frac{X}{\dfrac{k_\infty}{2}M_\infty^2 p_\infty S} \tag{1-60}$$

式中：X 可以是后机身收缩段的阻力（$X_{\text{后机身}}$）、喷管阻力（X_c）、底阻（$X_{\text{底}}$）、机体各部件之间的干扰阻力（$X_{\text{干扰}}$），或者等于这些阻力之和。

按照式（1-59），将阻力系数换算成喷管推力损失（或者进行反向变换），需要借助表示速压与参考面积乘积的系数（除以喷管的理想推力）：

$$\Delta \bar{P}(C_x) = \frac{k_\infty}{k_c}\left(\frac{1}{k_c+1}\right)^{\frac{-k_c}{k_c-1}}\frac{M_\infty^2 \bar{F}_{\text{迎风}}}{\pi_c \lambda_{\text{理想}}(\pi_c)}C_x = \frac{k_\infty}{2K_P}\frac{M_\infty^2 \bar{F}_{\text{迎风}}}{\pi_c \lambda_{\text{理想}}(\pi_c)}C_x \tag{1-61}$$

式中：$\bar{F}_{\text{迎风}} = \dfrac{F_{\text{迎风}}}{\mu F_{\text{临界}}}$。

1.7 发动机推力损失与喷管损失之间的联系

为了计算发动机或喷管的推力或理想推力，可以利用式（1-14）、式（1-33）、式

(1-41)、式(1-55)、式(1-57)、式(1-58)，通过一系列变换后，将 $P_c = (1 - \Delta \overline{P}_c)P_{c理想} = (1 - \Delta \overline{P}_c)m_c w_{理想}$ 代入，可以得到

$$\Delta \overline{P}_发 = 1 - \frac{P_发}{P_{发理想}} = 1 - \frac{P_c - m_{进气}w_\infty}{P_{c理想} - m_{进气}w_\infty} = 1 - \frac{(1 - \Delta \overline{P}_c)m_c w_{理想} - m_{进气}w_\infty}{m_c w_{理想} - m_{进气}w_\infty}$$

$$= 1 - \frac{(1 - \Delta \overline{P}_c)m_c w_{理想}}{m_c w_{理想}\left(1 - \dfrac{m_{进气}w_\infty}{m_c w_{理想}}\right)} + \frac{m_{进气}w_\infty}{m_c w_{理想}\left(1 - \dfrac{m_{进气}w_\infty}{m_c w_{理想}}\right)} \quad (1-62)$$

在将喷管推力损失转换成发动机推力损失过程中，可以引入喷管放大系数 $K_{c放大}$，其具有如下形式：

$$K_{c放大} = \frac{1}{1 - \dfrac{m_{进气}w_\infty}{m_c w_{理想}}} \quad (1-63)$$

则式(1-62)具有下面形式

$$\Delta \overline{P}_发 = 1 - K_{c放大}(1 - \Delta \overline{P}_c) + K_{c放大} \frac{m_{进气}w_\infty}{m_c w_{理想}}$$

$$= K_{c放大}\Delta \overline{P}_c + 1 - K_{c放大} + K_{c放大} \frac{m_{进气}w_\infty}{m_c w_{理想}}$$

$$= K_{c放大}\Delta \overline{P}_c + 1 - K_{c放大} + \left(1 - \frac{m_{进气}w_\infty}{m_c w_{理想}}\right)$$

$$= K_{c放大}\Delta \overline{P}_c + 1 - K_{c放大} + \frac{1}{K_{c放大}} = K_{c放大}\Delta \overline{P}_c$$

亦即最终的发动机推力损失与喷管推力损失之间的关系式为

$$\Delta \overline{P}_发 = K_{c放大}\Delta \overline{P}_c \quad (1-64)$$

类似地，可以得到有效推力损失的换算关系式

$$\Delta \overline{P}_{发有效} = K_{c放大}\Delta \overline{P}_{c有效} \quad (1-65)$$

由式(1-63)可见，$\Delta \overline{P}_{发有效} \geqslant 1$，因此，关系式(1-64)或关系式(1-65)(亦即 $K_{c放大}$ 的数值)，表明了发动机的推力损失是喷管推力损失的多少倍。

无论是单涵道的发动机，还是双涵道的发动机，表达式(1-64)和表达式(1-65)都是正确的，如果认为，此时双涵道发动机的放大系数等于第1和第2涵道的放大系数的平均值，此时发动机或喷管的总理想推力等于第1和第2涵道的理想推力的总和。

如果存在从外部气流中(依靠压气机或专门的集气装置)向喷管中抽引的冷却空气，则类似地，可以得到下式：

$$\Delta \bar{P}_{发有效} = K_{c放大} \left(\Delta \bar{P}_{c有效} + \vartheta \bar{Q}_{冷却} \frac{\lambda_{\infty}}{\lambda_{理想}} \right) \qquad (1-66)$$

式中：$\vartheta \bar{Q}_{冷却}$ 为冷却空气的换算相对流量，$\bar{Q}_{冷却} = \dfrac{Q_{冷却}}{Q_{c}}$，而 $\vartheta = \sqrt{\dfrac{T_{0c}}{T_{0冷却}}}$。

总体上，在飞机布局中，同时考虑喷管内部的燃气动力学完善性、外部绕流质量和喷管布局的完善性后，喷管的最主要特性，也是最能全面表现喷管特点的是有效推力损失值，它可以用式（1-58）计算，也可以用式（1-57）、式（1-65）或式（1-66）计算。

喷管或发动机的有效推力损失值是大量几何参数的函数，其中包括喷管、后机身（发动机舱、机身或机体）的几何参数，还是来流和喷流的燃气动力学参数的函数。

对有效推力损失产生明显影响的是喷管周围各机体构件的几何尺寸和相对位置，包括机翼、机身、尾翼、安定面和成型架等。

一般情况下，存在喷流时，喷管在飞机布局中的有效推力损失值 $\Delta \bar{P}_{有效}$，以及喷管外部阻力 $C_{x后体}$ 和底部阻力值 $C_{x底}$，都可以是下列主要参数的未知函数：

燃气动力学参数：

$$Ma_{\infty}、Re_{\infty}、\delta_{\infty}、\pi_{c}、M_{c}、Re_{c}、\delta_{c}、T_{0c}、k_{c}、R_{c}；$$

喷管参数（见第 2 章）：

$$\bar{\bar{F}}_{出口}、\theta_{出口}、\bar{F}_{c}、\theta_{c}、\bar{l}_{后体}、\theta_{后体}、\theta_{当量}、\theta_{a}、\bar{F}_{a}、l_{a}、R_{c临界}、l_{喷流}、\frac{b_{临界}}{h_{临界}}、\frac{b_{平均}}{h_{平均}}；$$

布局参数（见第 2 章）：

$$\bar{F}_{迎风}、\bar{F}_{c迎风}、\bar{F}_{发}、\bar{l}_{发动机间距}、\bar{l}_{垫圈}、N_{c}、\gamma、\alpha、\beta、\frac{B_{迎风}}{H_{迎风}}、\bar{l}_{尾翼}、\bar{S}_{尾翼}、\bar{h}_{尾翼}。$$

尽管喷管气动力特性与上述主要参数之间的变化关系是一个十分复杂的函数，为了能够计算方便，在很多情况下，从方法的角度，宜将有效推力损失值表示成考虑各主要参数影响的各分量之和：

$$\Delta \bar{P}_{c有效} = \Delta \bar{P}_{内部} + \Delta \bar{P}(C_{x}) + \Delta \bar{P}_{发} + \Delta \bar{P}_{干扰} + \Delta \bar{P}(b/h) +$$
$$\Delta \bar{P}(\alpha) + \Delta \bar{P}(\gamma) + \Delta \bar{P}_{特殊} \qquad (1-67)$$

式中：$\Delta \bar{P}_{内部}$——全部内部推力损失的总和；$\Delta \bar{P}(C_{x})$——同外部阻力 $\Delta \bar{P}_{外}(C_{x})$、底阻 $\Delta \bar{P}_{底}$ 有关的阻力分量；$\Delta \bar{P}_{干扰}$——机体各部件之间的干扰阻力分量；$\Delta \bar{P}(b/h)$ 表示喷管空间位置的阻力；$\Delta \bar{P}(\alpha)$，$\Delta \bar{P}(\gamma)$——分别是因存在迎角和喷管推力矢量倾角引起的推力损失；$\Delta \bar{P}_{特殊}$ 是由于对喷管提出各种特殊要求而产生的阻力分量，如要求喷管冷却、降低噪声、隐身要求等。

此时,在一阶近似情况下,可以分别独立研究有效推力损失的各个分量,以便清楚地了解对推力损失起决定作用的参数,并将这些损失量值最小化。

1.8 附面层参数

喷管中的内部流动和发动机舱尾部或喷管所在后机身的外部绕流,属于黏性流动,飞机从亚声速到超声速的飞行过程中,对于大多数喷气发动机的工作状态,这种黏性流动都是湍流的。代表流动特征的是雷诺数,其取决于流动参数和所选择的内部和外部流动的特征尺寸,例如,最常见的内部流动特征尺寸是喷管入口管道直径或临界截面直径,表示外部流动的特征尺寸是喷管最大直径或出口截面直径:

$$Re_D = \frac{wD}{\nu}\delta \tag{1-68}$$

在有些情况下,计算雷诺数时,所采用的特征尺寸不用管道(喷管)的直径 D,而是选择附面层的厚度 δ,其典型截面见第 2 章的图 2-5。附面层厚度及其他参数的确定将在下面给出,如图 1-3[95]所示。

图 1-3(a)中给出了喷管入口处速度的层流剖面和湍流剖面,以及湍流流动中流核与附面层的边界。确定这个边界或者确定附面层的厚度 δ 时,存在着某些不确定性。流动速度从附面层逐渐接近流核速度的变化过程是渐近线形式[见图 1-3(b)],从图中可知,在速度变化剖面中附面层的边界不是十分明显。因此,选择这个边界时,它应当处于距固壁的一定距离上,包含附面层内大部分的速度变化。附面层厚度 δ 通常取速度剖面的 δ_{99},即当 $w = 0.99W$ 时的厚度,式中,W 为流核中的速度,亦即此层内的流动速度与 W 的差别只有1%[见图 1-3(b)]。

还可以像某些文献中的做法那样,利用其他方式确定附面层的厚度:

$\delta_{98} = y$,此时 $w = 0.98W$;

$\delta_{95} = y$,此时 $w = 0.95W$;

$\delta_{\infty} = y$,此时 $w = W$。

因此,附面层厚度就是流动核心区域与速度变形所在区域之间的分界,如图 1-3(b)所示。

通过引入附面层位移厚度 δ^* 概念,可以将喷管管道内的实际(黏性)流动用假设的当量理想(无黏)流动表示。

根据图 1-3(b)中给出的附面层边界 δ,可以用下式表示附面层内的质量流(或质量流量):

$$m_{附面层} = 2\pi\rho W \int_{R-\delta}^{R} r\,\mathrm{d}r - 2\pi\rho \int_{R-\delta}^{R} (W-w)r\,\mathrm{d}r \tag{1-69}$$

这个表达式中的第一项对应的是理想流动情况,此时,整个附面层内的速度都

等于流核内的速度 W，第二项是修正项，反映了附面层内速度的变形 $(W-w)$。

附面层内质量流量的另一个表达式可利用附面层位移厚度 δ^* 表示，这个厚度代表某个假定的边界，这个边界距固壁有一定的距离，因此，为了确定留在附面层内的质量流量，可以利用流核内的气流速度 W[见图 1-3(c)]，即

$$m_{附面层} = 2\pi\rho W(\delta - \delta^*) \tag{1-70}$$

从式(1-69)和式(1-70)可以得出确定位移厚度的公式

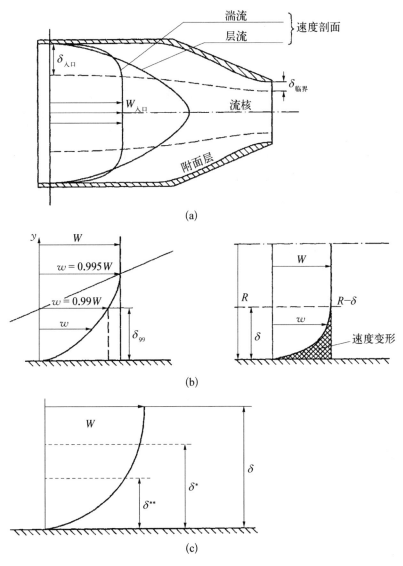

图 1-3　附面层参数的定义

(a) 喷管内的速度剖面　(b) 附面层厚度　(c) 附面层参数

$$\delta^* = \int_{R-\delta}^{R} \left(1 - \frac{w}{W}\right) \frac{r}{R} \mathrm{d}r \tag{1-71}$$

或者在压缩流中用无量纲形式表示

$$\frac{\delta^*}{R} = \int_{R-\delta}^{R} \left(1 - \frac{\rho w}{\rho_0 W}\right) \frac{r}{R} \mathrm{d}\left(\frac{r}{R}\right) \tag{1-72}$$

式中：ρ_0 为流核内的密度。

引入了附面层位移厚度 δ^* 概念后，经过管道整个横截面的气流质量（流量）可以写成下面形式：

$$m = \rho(\pi R^2) W \left(1 - \frac{2\delta^*}{R}\right) \tag{1-73}$$

在这个公式里，第一项 $\rho(\pi R^2)W$ 代表理想流动，其中流动速度等于流核的速度，第二项是反映管道附面层内速度变形的修正项。如果对上面内容进行一下总结，可以这样描述附面层位移厚度 δ^*，它与管道固壁轴线具有一个假设距离，这样就可以考虑附面层内的速度变形；而在其他流动区域内（$0 \leqslant r \leqslant R - \delta^*$），可以看做势流流动，速度与流核内的速度相同。

与速度变形和质量流量类似，可以引入冲量损失厚度值 δ^{**}，它代表冲量的变形[见图 1-3(c)]：

$$M_{变形} = \int_{R-d}^{R} (W - w)(rw2\pi r \mathrm{d}r) = W(2\pi R \rho W)\delta^{**} \tag{1-74}$$

对于压缩性流体

$$\frac{\delta^{**}}{R} = \int_{0}^{1} \frac{\rho w}{\rho_0 W} \left(1 - \frac{w}{W}\right) \frac{r}{R} \mathrm{d}\left(\frac{r}{R}\right) \tag{1-75}$$

根据这个公式，整个管道的冲量为

$$\dot{M} = \dot{m}W = \rho(\pi R^2) W^2 \left(1 - \frac{2\delta^*}{R} - \frac{2\delta^{**}}{R}\right) \tag{1-76}$$

代表速度变形、质量流和流动冲量的三个附面层参数 δ、δ^*、δ^{**}，可以对喷管内部和外部的主要特性值产生影响，应在分析喷管内流动时引起注意。

2　喷管布局及其关键性几何参数

国内外喷气技术的迅速发展,以及对所研制飞机要求的提高,飞机上所使用的喷管从最简单的不可调节的布局形式,转变成复杂的、具有大量可调节元件的布局形式。应当指出,所研制飞机的及其所使用的发动机的形式都是多种多样的,由此也导致各种类型喷管和各种布局喷管的出现,并且根据飞机工作状态而进行了喷管改型。由于不可能提供出安装在飞机上的各种类型的喷管,而且这些喷管的研究结果也存在于浩如烟海的国内外文献中。因此,本文下面只能给出部分具有代表性的喷管形式,其中既包括大家所熟悉的,也包括国内外文献中很少研究的。实践中,为使所研究的喷管满足前言中所提到的各种要求,航空领域的专家们研究并成功实现了三种类型的喷管布局形式:圆形(或轴对称)喷管、二元喷管和空间(三维)喷管。

2.1　喷管布局形式

这些具有代表性的喷管布局形式在图 2-1 和图 2-4 中给出。图中,可调节喷管布局有两种形式:调节元件(喷管鱼鳞板)分别处于最大打开位置和通过截面最小关闭位置。这两个位置分别对应不同的发动机工作状态:开加力状态,飞机推力最大;不开加力状态,即喷管通过截面尺寸最小的状态。

图 2-1 至图 2-4 中的粗箭头指示的是喷管内燃气的主要流动方向,小箭头指示的是辅助空气或冷却空气的运动方向。

在不可调节的喷管中,可以分成若干种广泛使用的布局形式,既有圆形的,也有平面形状的。

声速(收敛)喷管。喷管的收敛部分可以是锥形的,如图 2-1(a)所示,也可以是型面形状的,如图 2-1(b)所示。在这些喷管的出口处,燃气的喷出速度等于声速。

超声速连续通道喷管,这种类型的喷管也可以称作拉瓦尔喷管。有时候这种喷管也称作收敛-扩张喷管,这种说法可以表达出燃气经过的喷管部分横截面的变化情况,燃气气流一开始是亚声速的,然后在喷管出口截面加速到超声速速度。喷管的通道可以是锥形的[见图 2-1(c)],也可以是型面形状的[见图 2-1(d)]。也可以是锥形和型面混合形状的:亚声速段是锥形的,超声速段是型面形状的,或者

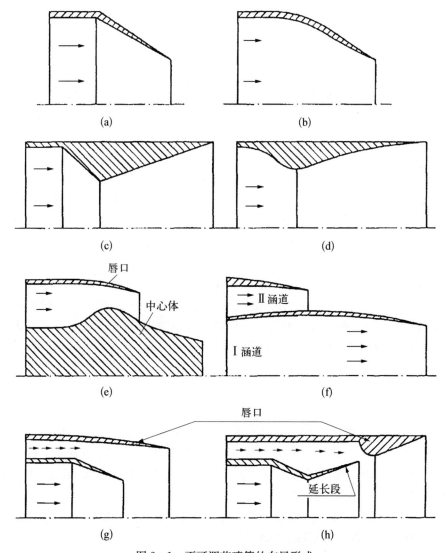

图 2-1　不可调节喷管的布局形式

(a) 声速锥形喷管　(b) 声速型面喷管　(c) 超声速锥形喷管　(d) 超声速型面喷管
(e) 带中心体的喷管　(f) 双涵道喷管　(g) 简单的引射喷管　(h) 复杂的引射喷管

相反。

　　带中心体的喷管[见图 2-1(e)]。中心体可以较短并形成端头台阶,如图 2-1(e)所示,也可以全尺寸的,没有台阶。中心体的外形可以具有型面形状,也可以是尖形或截短的锥形。喷管上壁还可以是型面形状、锥形或圆柱形。

　　双涵道喷管[见图 2-1(f)]。这种类型的喷管可以保证大涵道比发动机两个涵道过来的气流不经过事先混合,分开流动。喷管的型面通道及其几何参数的选择已经考虑了双涵道发动机第 1 和第 2 涵道内燃气参数的差别。

简单的引射喷管[见图 2-1(g)]。这种类型的喷管通常是声速锥形喷管[见图 2-1(a)]加上不可调节的外部锥形壁或型面形状唇口。在声速喷管和唇口之间的喷管引射通道内,某些二次空气或冷却空气将落入其中。

复杂的引射喷管[图 2-1(h)]。根据使用用途和特点,这种喷管接近于超声速锥形喷管或型面形状喷管[见图 2-1(c)或图 2-1(d)],但在喷管超声速段没有引入二次空气的超声速通道断口。用于通过主要燃气流的内喷管是超声速锥形喷管,喷管唇口还是锥形形状的,有扩散度(张开角度),分别等于或接近内喷管的扩散度。

图 2-1 给出的喷管布局形式分别是圆形的和平面形状的。

不可调节的喷管通常安装在亚声速飞机上,或者超过声速速度不高的飞机上。

不可调节的超声速喷管可以采用如下形式分类:具有圆形入口和临界截面而出口截面形状各异的喷管:卵形或椭圆形[见图 2-2(a)],三角形[见图 2-2(b)],正方形[见图 2-2(c)],矩形[见图 2-2(d)]等。在这些喷管的超声速部分的流动实际上是三维的,因此,这类喷管属于三维喷管或空间喷管。

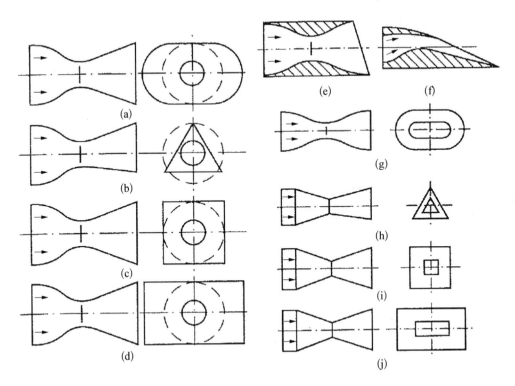

图 2-2 不可调节的喷管布局形式

(a)卵形或者椭圆形出口截面的喷管 (b)三角形出口截面喷管 (c)正方形出口截面喷管 (d)矩形出口截面喷管 (e)有斜切口的圆形喷管 (f)有斜切口的二元喷管 (g)卵形或者椭圆形状的喷管 (h)三角形喷管 (i)正方形喷管 (j)矩形喷管

在不可调节喷管类别中,还可以区分出带斜切口的圆形喷管和平面喷管[见图2-2(e)和图2-2(f)],具有相同入口截面、临界截面和出口截面的超声速喷管:卵形或椭圆形状喷管[见图2-2(g)],三角形喷管[见图2-2(h)],正方形喷管[见图2-2(i)]等。

可调节喷管的主要作用是根据发动机工作状态或飞机的飞行状态变化而改变喷管通过的截面面积,也就是改变喷管或发动机入口的空气流量,满足各种不同的推力需求。图2-3给出了各种喷管布局形式改变其通过截面面积的方法。在图2-3(a)所示的最简单声速喷管中,喷管临界通过截面面积的改变,是通过移动收缩鱼鳞板吊环固定点的位置实现的,即张开或收缩鱼鳞板,从而增大或减小喷管的通过面积。

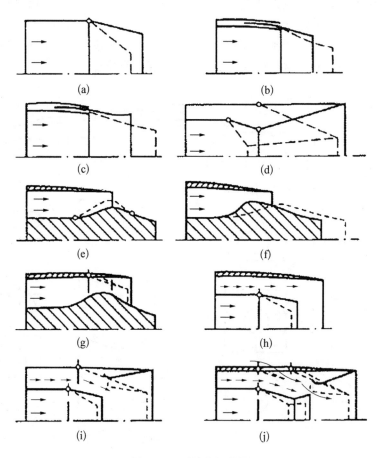

图2-3 可调节的喷管

(a)声速喷管 (b)伊利思声速喷管 (c)伊利思超声速喷管 (d)锥形超声速喷管 (e)带可变形状中心体的喷管 (f)带可移动中心体的喷管 (g)带中心体和可调外壁的喷管 (h)带可调外壁的引射喷管 (i)带可调节外侧鱼鳞板的引射喷管 (j)带机械式调节和气动调节的引射喷管

伊利思式调节的声速和超声速喷管在国外也得到了应用,这种喷管的流通面积调节是通过纵向(推拉)移动翼型形状的鱼鳞板来实现的,在这种类型的喷管外壳上安装了专门的滑轨,如图 2-3(b)和图 2-3(c)所示。

国内外超声速飞机上最广泛使用的具有连续通道的超声速喷管,如图 2-3(d)所示。调节喷管临界截面面积和出口截面面积的鱼鳞板彼此可以连接起来,然后依靠一个系统进行调节控制,鱼鳞板的内侧和外侧位置随发动机工作状态和飞机飞行状态变化而调整,从而达到分开调节的目的。

具有中心体的可调节喷管可以是唇口不动、中心体几何外形可变,或者是中心体本身可动,如图 2-3(e)所示,或者是唇口不动、中心体可移动,如图 2-3(f)所示,或者是中心体不可调,但唇口切口上的鱼鳞板可调,如图 2-3(g)所示。在这种布局的喷管内,还可以将上述几种调节方法结合在一起,这些调节方法依据发动机工作状态或飞机飞行状态确定。

在引射式调节喷管中,广泛使用的是具有内部鱼鳞板调节的喷管,这样可以改变喷管的临界面积,改变进入到发动机内部的主要气流流量,但唇口不动,如图 2-3(h)所示,还使用机械调节内部和外部鱼鳞板的喷管如图 2-3(i)所示,以及具有气动调节的喷管:对于没有或者存在外侧鱼鳞板调节的喷管,在发动机的某些工作状态下,将周围大气中相当数量的空气引入到喷管引射通道里,如图 2-3(j)所示。此时,引射喷管临界截面的调节是借助于专门系统的强制性调节,而外侧鱼鳞板的调节可以是强制性的,也可以是自由铰接的,依靠气动力的作用自动调节(风标调节)。对于如图 2-3(j)所示的具有气动调节的引射喷管,还存在一个辅助鱼鳞板调节系统,它们打开后可以让外面的空气进入到喷管内。这些辅助鱼鳞板与调节喷管出口的外侧鱼鳞板相类似,可以采用自由风标吊挂形式,也可以采用强制性的。图 2-3(h)~(j)中给出的引射喷管临界截面的调节鱼鳞板,可以是超声速接长板,或者是类似于图 2-1(h)的临界截面上开板。由于这些鱼鳞板的布局复杂,调节方式数量众多(内部调节、外部调节、上侧调节等),引射喷管可以称作双门喷管、三门喷管等。

在图 2-3 中所给出的各种可调节喷管布局,代表了各种类型的圆形和二元喷管。还有一些特殊布局形式的喷管在图 2-4 中给出,它们用来满足一些特殊要求,例如降低红外水平的要求,这些二元喷管具有斜切形式的出口并在出口处安装了垂直隔道,如图 2-4(a)所示。"斜槽形"二元喷管具有给定角度的后缘切口,如图 2-4(b)所示,美国的 F-117"夜鹰"和 B-2"幽灵"轰炸机就采用这种形式的喷管。

图 2-1~图 2-4 中所给出的喷管布局形式并没有完全覆盖所有使用的喷管布局形式,但是揭示出喷管布局的多样性和主要特点。有关喷管布局的更详细信息可以参看文献[14]、[20]、[38]~[49]等。

应当指出,在图 2-1~图 2-4 给出的喷管布局形式所对应的是飞机平飞状

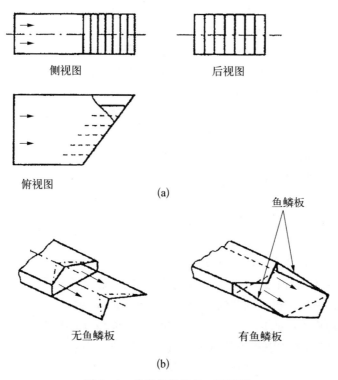

图 2-4　非常规形状的二元喷管

（a）带隔道和斜切口的喷管　（b）"斜槽"型喷管

态。特殊状态下的喷管布局将在随后相应章节中讲述，例如偏转推力矢量状态，推力反向状态等。

2.2　喷管的典型截面和几何参数

在分析任何形式的喷管内流动并考虑外部流动以确定其主要的气动特性时，需要区分出若干个典型截面，根据这些截面可以知道或确定流动的主要参数。在图 2-5 给出了超声速引射喷管和带中心体喷管的典型截面示例。在喷管内通路内，在分析喷管的内部流动并确定其内部特性时，需要研究：

——喷管入口截面；

——喷管临界（最小）截面；

——喷管出口截面（c 截面）；

——喷管内壁初始截面；

——对于管路有分段的喷管，其喷管超声速加长段的切口（a 截面）。

如果喷管没有加长段，或者喷管内部通道没有分段（连续通路的喷管），则 c 截面与 a 截面重合。

如果分析喷管绕流时考虑外部气流，则需要研究：

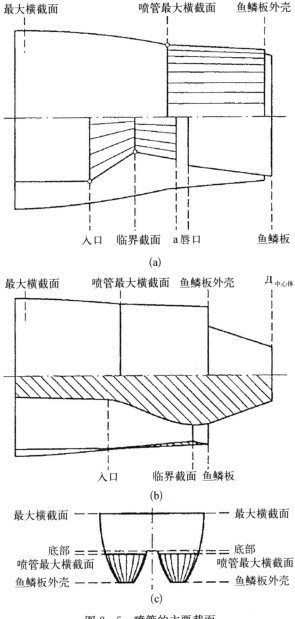

图 2-5　喷管的主要截面

(a) 超声速引射喷管　(b) 带中心体喷管　(c) 双喷管布局

——飞机发动机舱或机身的最大迎风截面；

——喷管的最大截面，这个截面与喷管和后机身对接截面相重合；

——喷管外侧鱼鳞板的切口截面，这个截面的位置和尺寸一般情况下不与内管道的 c 截面重合；

——代表发动机舱或机身底部的截面（d 截面），它们是将发动机布置在飞机上时形成的,这个截面的位置由布局形式决定,在那些独立的喷管中,这个截面通常与鱼鳞板的切口截面重合。

对于具有较短中心体的喷管,其布局中除了有 d 截面外,还存在代表中心体底部切口的截面 $d_{中心}$。根据上面所研究的典型截面就可以确定喷管的主要几何参数,图 2-6 和图 2-7 给出了某些圆形布局喷管和二元布局喷管的几何参数。对于圆形布局喷管,代表相应截面的参数是圆周直径 D,对于二元喷管则是相应高度 H。而对于圆形喷管和二元喷管,均采用相同的喷管特征长度和涵道(或表面)的倾斜角。

用下面几何尺寸和量纲代表圆形喷管的内涵道(见图 2-6):

$D_{入口}$——喷管入口截面直径;

$D_{临界}$——喷管临界截面直径;

$l_{入口}$——喷管从入口段结束部分到临界截面之间的亚声速段长度;

$\theta_{临界}$——喷管临界截面处亚声速段的收缩角。

应当指出,从喷管圆柱形入口到亚声速收缩段之间过渡段、从收缩段到超声速扩散段之间的过渡段,这些地方的角点可以用圆的半径 R_1 和 R_2 表示,它们在图 2-6 中给出。

按照喷管布局形式,内涵道的特征几何参数如下:

(1) 对于超声速锥形喷管[图 2-6(a)]:

$D_{超}$——喷管出口截面直径;

$l_{超}$——喷管超声速段长度;

$\theta_{超}$——喷管超声速段的锥度角。

(2) 对于声速引射喷管进一步出现下面三个参数[见图 2-6(b)]:

$D_{唇口}, l_{唇口}, \theta_{唇口}$——分别是喷管的超声速鱼鳞板唇口的直径、长度和倾斜角。

$\theta_{当量}$——喷管出口截面与临界截面之间的当量锥度。

(3) 对于涵道不连续的引射喷管[见图 2-6(c)],还需要补充如下参数:

D_a, l_a, θ_a——分别是喷管临界截面处超声速加长段的直径、长度和张开角。

(4) 对于有中心体的喷管[见图 2-6(d)],出现了代表中心体尺寸的参数:

$D_{入口}, D_{中心体}$——管道入口段的管道直径和中心体直径;

$D_{临界中}$——喷管临界截面处的中心体直径;

$D_{底中}$——如果喷管的中心体被截短,其底部的截面直径;

$l_{入口}, \theta_{临界}$——分别是喷管临界截面处入口区段的管道长度和倾斜角;

$D_{超}(D_a), l_a, \theta_a$——分别是喷管唇口超声速鱼鳞板的直径、长度和张开角;

在发动机舱(机身)体系中,单独喷管本身的外部涵道由下面参数表示[见图 2-6(a)]:

$D_{迎风}$——飞机发动机舱或机身最大迎风截面的直径;

$l_发(l_{机身})$——飞机发动机舱或机身后部收缩部分到吊挂截面(喷管最大截面)

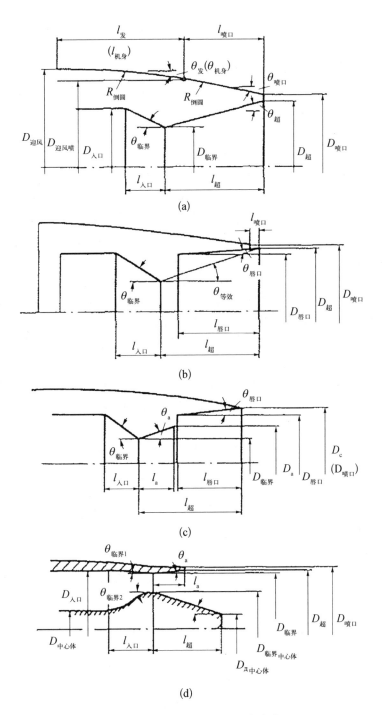

图 2-6　圆形喷管的主要几何参数

（a）超声速锥形喷管　（b）引射喷管　（c）存在超声速分段的喷管　（d）带中心体的喷管

之间的长度；

$D_{迎风喷}$——喷管最大截面直径（喷管与发动机舱或机身对接处喷管截面直径）；

$R_{倒圆}$——飞机发动机舱或机身后部轮廓导圆直径；

$\theta_{发}(\theta_{机身})$——飞机发动机舱或机身后部与喷管对接处截面的管道倾角；

$l_{喷口}$——喷管外鱼鳞板的长度；

$D_{喷口}$——喷管外鱼鳞板喷口直径；

$\theta_{喷口}$——喷管喷口处外鱼鳞板的倾斜角；

$R_{倒圆}$——喷管最大迎风截面处角点倒圆直径。

其他示意图中，代表喷管外涵道的参数与图 2-6(a)类似，这里不再表示。

某些情况下，喷管内、外侧的鱼鳞板的长度可能不一致，例如图 2-6(b)，在这种情况下 $l_{入口}$ 代表外侧和内侧鱼鳞板切口（$D_{鱼鳞板}$ 和 $D_{超}$）的分开（不重合）距离。

还可能存在这样的情况，由于喷管有一定的厚度，因此，直径 $D_{鱼鳞板}$ 与直径 $D_{超}$ 实际上并不重合，如图 2-6(c)所示，一些小型喷管上有可能出现这种情况。

对于二元喷管布局，其侧面投影的几何参数与圆形喷管几何参数类似，只不过需要将特征直径换成特征高度。

二元喷管几何参数的主要特点是用喷管宽度表示相应的截面特性，如图 2-7 所示。在图中给出的平面喷管布局中，内管道和外管道的侧壁平行，分别用相同的管道宽度尺寸表示：喷管入口处宽度 $b_{入口}$，喷管临界截面处宽度 $b_{临界}$，喷管出口处宽度 $b_{出口}$，类似也使用相同的发动机舱或机身最大迎风截面处宽度 $b_{迎风}$，喷管最大迎风截面宽度 $b_{迎风喷}$，喷管喷口处宽度 $b_{喷口}$。

如果平面喷管的侧壁不是平行的，典型截面的表示参数代表的尺寸是不一样的，但符号还是一样。

还应当指出一点，平面喷管与圆形喷管的临界截面相对位置是不同的，特别是有中心体的圆形喷管。临界截面位置除了通常的垂直于流动方向外，如图 2-6(d)所示，平面喷管的这个截面还存在倾斜情况，如图 2-7(c)所示，这样就减小了中心体的外形（长度）。

除了针对图 2-6 和图 2-7 给出的几何参数外，还应当为所有布局和类型的喷管补充如下几何参数：

$\overline{F}_{迎风} = F_{迎风} / F_{临界}$——最大相对迎风面积，即发动机舱或机身最大迎风面积与喷管临界面积的比值；

$\overline{F}_{入口} = F_{入口} / F_{临界}$——喷管入口相对面积，即喷管管道入口横截面面积与喷管临界面积的比值，也可以使用倒数值 $\overline{F}_{临界} = F_{临界} / F_{入口}$；

$\overline{F}_{喷口} = F_{喷口} / F_{临界}$——喷管喷口相对面积，喷口截面面积与喷管临界面积的比值；

$\overline{F}_a = F_a / F_{临界}$——喷管超声速加长段切口相对面积；

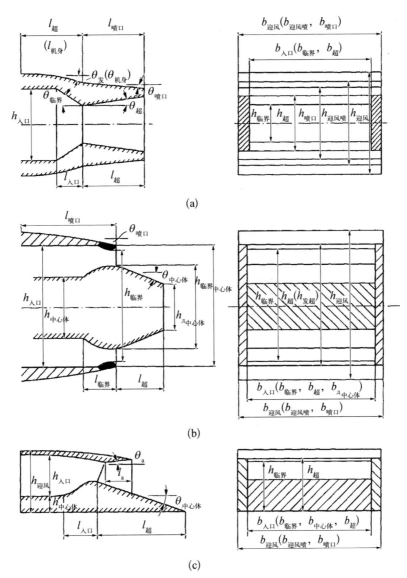

图 2-7　二元喷管主要几何参数

（a）超声速二元喷管　（b）带中心体的二元喷管　（c）带斜切口的二元喷管

$$\overline{F}_{底中心} = F_{底中心} / F_{临界}$$ ——中心体底部截面相对面积，也就是底部喷口截面面积与喷管临界面积的比值；

$$\overline{F}_{迎风喷管} = F_{迎风喷管} / F_{迎风}$$ ——喷管最大迎风面积与发动机舱或机身最大迎风面积之比；

$$\overline{F}_{喷口} = F_{喷口} / F_{迎风}$$ ——喷管外部鱼鳞板喷口相对面积，也就是喷管外部鱼鳞板喷口截面面积与发动机舱或机身最大迎风面积之比。

在分析喷管内流时,图 2-6 和图 2-7 所给出的特征长度,对于圆形喷管,除以入口截面或最大临界截面的直径或半径,对于平面喷管,则除以相应截面的高度或半高;而在分析喷管外部流动时,则除以最大迎风截面直径或高度。

对于二元喷管,最重要的参数是管道或外轮廓的宽度(b)与高度(h)之比,其中包括:

$\bar{b}_{迎风} = b_{迎风} / h_{迎风}$ ——最大迎风截面的宽高比;

$\bar{b}_{入口} = b_{入口} / h_{入口}$ ——入口截面的宽高比;

$\bar{b}_{临界} = b_{临界} / h_{临界}$ ——临界的宽高比。

其他经常使用的代表喷管布局的几何参数,将在分析喷管气动力特性时研究。

2.3 飞机上的喷管布局类型及其主要参数

在国内外航空制造实践中,最经常遇到的飞机发动机(含喷管)布局形式为 1~4 台发动机布局,有时可能会有更多的发动机。它们大多位于发动机舱内或机身内部。图 2-8 给出了某些圆形和平面形状的喷管布局形式。这些圆形喷管或平面喷管布局的典型特点是机身内或发动机舱内的两个喷管的距离很近,如图 2-8(a),(c),(e),(g)所示;发动机喷管之间间隔距离最大的是图 2-8(b);四台发动机的喷管紧凑地布置在一个发动机舱内或后机身内的是图 2-8(d)和图 2-8(e)。

将喷管与若干个发动机进行结合时,又出现了一系列的重要几何参数,如图 2-9 所示:

$F_{底}$ ——布局中底部区域与喷管之间的面积;

$l_{间隔}$ ——两台发动机或喷管轴线之间距离(喷管间隔);

$l_{尾翼}$ ——两个垂尾之间距离;

$t_{尾翼}$ 和 $\varphi_{尾翼}$ ——尾翼或垂尾的厚度与倾斜角;

δ ——两个喷管轴线之间的相近角($+\delta$)或分开角(张角)($-\delta$);

$l_{机身}$ 和 $l_{机体}$ ——机身或机体元件距离发动机表面或喷管表面的距离。

除了图 2-8 和图 2-9 给出的布局外,还有一些可以相当直观地表示喷管在现代飞机布局上所处位置的照片,这些照片是不同用途飞机的喷管实物照片[49]、[51]、[80]、[81]。图 2-10 是具有连续涵道的 F-16 战斗机的超声速喷管所处区域,图 2-11 是 F-14D 的两个伊利思类型的喷管,图 2-12 是 F-15E 战斗机的两台具有连续涵道的超声速喷管,图 2-13 是米格-29 的喷管位置,图 2-14 是苏-27 的喷管位置,这两架飞机的喷管都位于足够大的尾翼(平尾和垂尾)区域内,这些尾翼对喷管的外部绕流具有实质性的影响。在中等间隔喷管布局中(见图 2-11 和图 2-13),研究喷管之间整流罩的不同形状。在两个喷管间隔较大的布局(见图 2-14)中,它们与飞机的后机身是分开的。

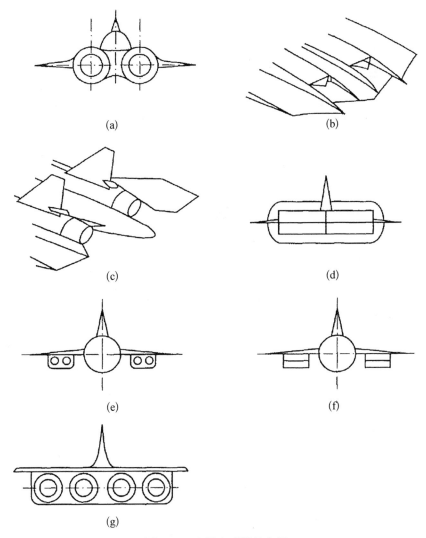

图 2-8　飞机上喷管的布局

（a）紧凑布置的喷管　（b）分开布置的喷管　（c）在一个发动机舱内的两个喷管
（d）四个喷管"打包"在一个舱内　（e）紧凑式布置的喷管　（f）四个喷管"打包"在一个
舱内　（g）每个发动机舱内有两个喷管

　　图 2-15 和图 2-16 给出了 B-1 轰炸机的机翼下面发动机布局,两个发动机舱内布置了四台具有连续涵道的喷管,喷管在机翼后缘区域布置得很近,因为考虑了机翼的后掠角,并且喷管之间的整流罩根据飞机改型不同而有所改变。

　　图 2-17 给出了超声速客机图-144 机身后部喷管的布局图,它们是 4 台"打包"布置的引射式超声速调节喷管。

　　从所给出的某些飞机喷管照片可以看出,圆形喷管在飞机布局上的绕流条件在很大程度上可能与单独喷管的绕流不同,因为存在机体元件、机身等的影响。

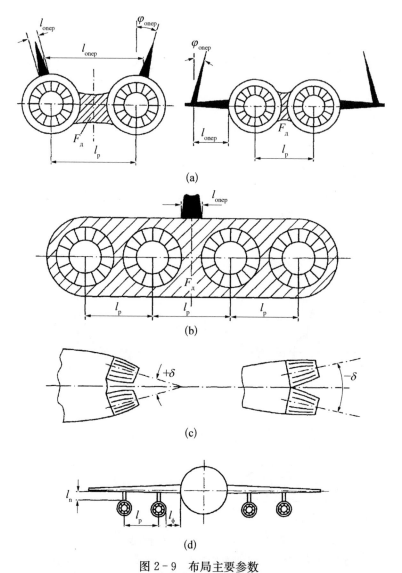

图 2-9　布局主要参数

(a) 双发动机布局　(b) 四台发动机布局　(c) 喷管相近 ($+\delta$) 和张开 ($-\delta$) 布局
(d) 翼下发动机布局

在图 2-18～图 2-21 中,给出了某些国外飞机的照片,其中包括美国研制的二元喷管(喷口),如隐身飞机 F-117、YF-23 和 B-2 的喷管,还包括 F-15 战斗机。

在 F-117 飞机上,两个平面喷口截面向上倾斜了大约 40°,而 YF-23 和 B-2 飞机的两个喷管装置的喷口是斜切的,接近于具有下壁板的二元喷管。2.1 节的图 2-4 给出了这些飞机喷管的示意图。F-15 战斗机具有两个连续涵道的超声速二元喷管,保证了喷管推力矢量反向和偏转,如图 2-3(d)和2-7(a)所示。

图 2-10 带圆形喷管的 F-16 战斗机

图 2-11 带圆形喷管的 F-14D 战斗机

(a)

(b)

图 2-12 F-15E 战斗机的圆形喷管

(a) 飞行中的加力状态　(b) 起飞时开加力状态

图 2-13　采用圆形喷管的米格-29 战斗机　　图 2-14　采用圆形 4 喷管的苏-27 战斗机

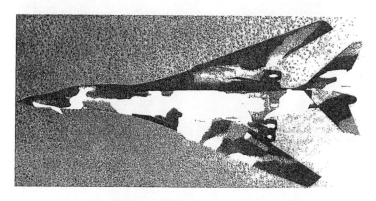

图 2-15　对应最大后掠角位置机翼的 B-1A 轰炸机

(a)

(b)

图 2 - 16 (a) B - 1A 轰炸机和(b) B - 1B 轰炸机

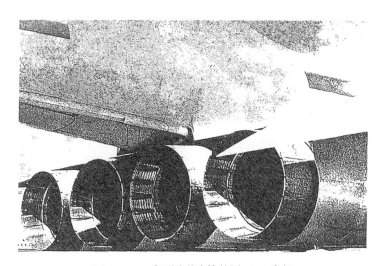

图 2 - 17 采用圆形喷管的图 - 144 客机

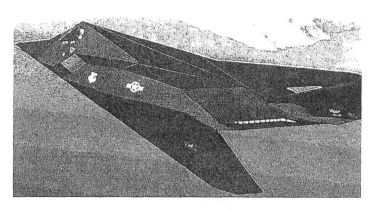

图 2 - 18 采用二元喷管的 F - 117 飞机

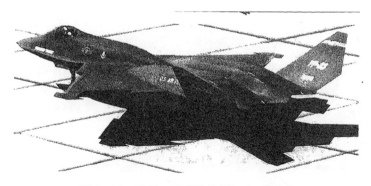

图 2-19 采用二元喷管的 YF-23 战斗机

图 2-20 采用二元喷管的 B-2 飞机

喷管形式及其在飞机上布局是复杂的,影响参数多种多样,这使得确定喷管气动特性变得十分复杂和困难,下一节将简单叙述这一问题。

2.4 喷管问题

属于燃气动力学的问题主要包括:

内流

(1) 确定主要燃气动力学特性的是喷管流量系数、冲量和推力(或者是冲量和推力损失)随喷管几何参数和燃气动力学参数的变化关系。

(2) 求解那些关键参数,首先是那些依赖关系很强的喷管内流特性参数;确定推力或冲量的内部损失各分量。

(3) 求解能够保证喷管流量系数最大、推力和冲量损失最小的最优几何参数。

(4) 当喷管几何参数偏离最优值时,找出对其燃气动力学特性影响最大的参数。

(5) 确定喷管的综合特性和局部特性,揭示出各种布局喷管的流动特性。

(6) 研究喷管内过渡流动状态。

(7) 确定主要的燃气动力学特性和推力特性,不仅包括产生直接推力的状态,

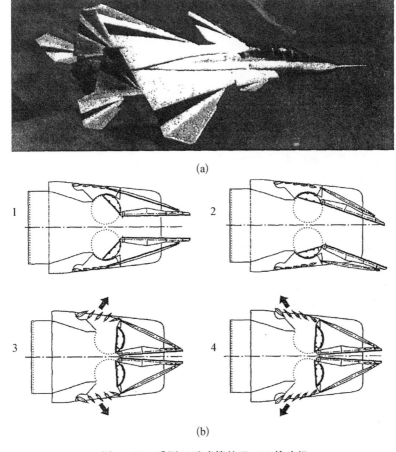

(a)

(b)

图 2-21 采用二元喷管的 F-15 战斗机

(a) F-15SMTD 试验飞机,在第一涵道内安装了二元喷管 (b) F-15SMTD
飞机上二元喷管工作状态:1—正常工作状态;2—推力矢量偏转的主要状态;3—依
靠格栅(转动叶片)使气流偏转的工作状态;4—推力反向状态

而且包括产生反推力的推力矢量偏转状态,也包括消音状态。

这些内流燃气动力学问题需要采用数值方法和试验研究手段进行解决,近二三十年里,计算流体力学方法在这一领域取得了长足的进步。

外流

(1)确定后机身轴对称和平面收缩段的阻力。

(2)寻找控制后机身和喷管表面气流分离的几何参数、来流的燃气动力学参数。

(3)保证尾部收缩段外流动为无分离绕流。

(4)评估喷流对喷管表面气流分离的影响。

(5)揭示尾部绕流从轴形流过渡到空间流动的特性。

（6）确定布局中喷管绕流特性，以及机体元件对气流分离的影响。

这些问题、分离流动特殊性问题和喷管无分离绕流保证问题，主要依靠试验方法来解决。

底部区域的流动

（1）确定各种形状物体的底部压力和底部阻力。

（2）后机身和喷管的几何参数对底部压力的影响。

（3）喷流对底部区域流动的影响。

（4）喷管数量对底部压力的影响。

（5）确定降低底部阻力的方法。

针对超声速流动，底部流动问题的解决依靠数值计算和试验手段。亚声速和跨声速的底部流动问题则依靠试验手段解决。

有效推力

（1）确定主要飞行状态的有效推力损失。

（2）比较轴对称喷管和二元喷管的有效推力。

（3）机体元件对有效推力的影响。

（4）分析喷管的气动特性和重量特性。

（5）评估降低噪声、提高隐身能力、减少有害辐射方面的要求对有效推力的影响。

（6）采用推力矢量和反推力措施对有效推力的影响。

迎角的影响

（1）改变迎角时外部阻力和底阻的变化，单独喷管有效推力和飞机上喷管有效推力的变化。

（2）当喷管表面过渡到分离区域时，这种迎角下的轴对称喷管和平面喷管的绕流。

（3）迎角变化是喷流对飞机机体绕流的影响（叠加效应）。

在上面所指出的各种喷管空气和燃气动力学问题中，比较复杂的问题包括：外部绕流问题、外阻和底阻最小化问题、发动机非加力状态飞机布局中喷管的有效推力确定问题，当喷管喷口截面面积只是发动机舱（机身）最大迎风面积的几分之一时，在亚声速和跨声速来流下，就会出现上述问题。这些问题还是要依靠喷管试验去解决。

3 喷管内流特性

对于任何布局形式或各类喷管,其内部燃气动力学的主要综合特性,决定了喷管作为燃气动力装置的技术完善程度,这些参数包括:

— 喷管流量系数 μ_c,由式(1-30)确定;

— 喷管速度系数 φ_c 或速度损失系数 $\Delta\varphi_c$(最小推力损失为 ΔP_{cmin}),由式(1-28)和式(1-49)确定;

— 推力系数 $\bar{P}_c$ 或单位推力系数 $\bar{P}_{单位}$,由式(1-39)式(1-40)确定,或相应的推力损失 $\Delta\bar{P}_c$、$\Delta\bar{P}_{单位}$,由式(1-41)和式(1-42)确定;

— 冲量系数 $\bar{J}_c$,由式(1-43)~式(1-45)确定,或相应的冲量损失系数,由式(1-46)~式(1-48)确定。

这些特性取决于图 2-6 和图 2-7 所示的主要几何参数,以及喷管通道内流过气流的燃气动力参数。

对于所研究的飞行器,影响喷管类型、布局、几何参数、调节规律的选择及气动特性水平的燃气动力参数之一,就是喷管内燃气从总压 P_{oc} 下降到周围大气周围大气中静压 P_∞ 的可用落压比:

$$\pi_c = \frac{P_{oc}}{P_\infty}$$

在不同的文献中,喷管内的总压值,要么取自入口截面,要么取自临界截面(见图 2-5),由于存在从喷管入口截面到临界截面的转换区段内的压力损失,对分析不同文献作者的工作结果带来了一定的不便。将在二元喷管章节内分析转换区段特性时,详细研究压力损失的问题。然而,应当指出,对于大型喷管,这些压力损失不会超过几个百分点。在分析不同飞行器的喷管特性时,如果不考虑这些参数选择所使用截面细节情况下,可将该 π_c 值看做是"喷管内的压差"。

采用空气喷气发动机,并以亚跨超声速及高超声速飞行的不同用途飞机,其特有 π_c 值的数量级示于图 3-1 上,该图还示出了喷口几何相对面积值 $\bar{F}_c$,当燃气无损失地从给定的总压值 P_{oc} 等熵扩散至无扰动来流中的静压值 P_∞(或周围大气中的压力值)时,上述相对几何面积值 与 这些 π_c 值相对应。这里的特殊情况是飞机超声速飞行（$Ma_\infty \approx 2.5 \sim 3$）时，喷管内的落压比可达到 $20 \sim 30$，而相应的喷口设计面积为喷管临界面面积的 $3 \sim 4$ 倍[见图3-1(a)]；转入高超声速飞行（$Ma_\infty \approx 5 \sim 6$）时，$\pi_c$ 和 $\overline{F}_c$ 值增大一个数量级以上[见图3-1(b)]。

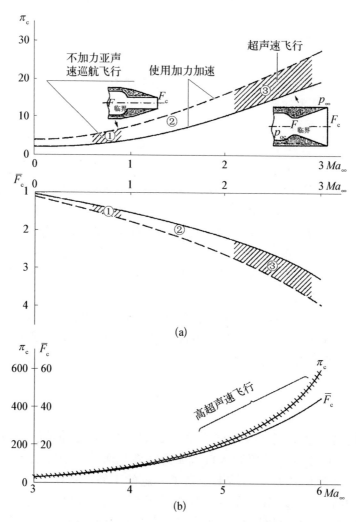

图 3-1　空气喷气发动机喷管的可用落压比 π_c 及喷口的设计几何面积

（a）超声速飞行速度　（b）高超声速飞行速度

对于具有不同热容比 k_c 值的燃气，其落压比 π_c 随喷口截面相对面积的变化关系曲线，示于图 3-2 上。

详细研究喷管主要内部特性与其几何参数的关系曲线之前，宜先研究可用落压比 π_c 对上述燃气动力特性的影响。

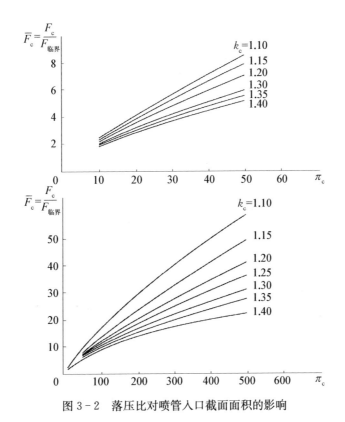

图 3 - 2　落压比对喷管入口截面面积的影响

3.1　喷管内的落压比对其主要燃气动力特性变化的影响

为分析这一影响,将研究任意类型发动机喷管内的流量系数 μ_c(1.30)、推力系数 $\bar{P}_c$(1.39)、推力损失 $\Delta\bar{P}_c$(1.41)、速度系数 φ_c(1.28) 及相对冲量系数 $\bar{J}_c$(1.45) 随落压比的变化。π_c 变化时,上述主要内部总体特性,随着喷管内气流的变化而连续变化。

为了直观,下面针对具有固壁通道的超声速喷管来研究这种变化。图 3 - 3 定性地示出了喷管内的落压比 π_c 增大时,喷管主要内部特性的变化特点。对于典型的 π_c 值,这些特性的变化分别对应喷管气流从一种类型向另一种类型转换的过程。

1 区表示超声速喷管收缩部分中的亚声速流,这时的落压比 π_c 小于第一临界压差 π_{c^*} ,所对应的是喷管临界截面内出现声速情况,即 $k_c = 1.4, \pi_{c^*} = 1.89$ 时。对于超声速喷管,该区域是非特有区域。2 区表示喷管扩散部分中出现了超声速。这里的特征值是第二临界压差值 $\pi_{c^{**}}$,此时,喷管的临界截面后方会出现全超声速流。该气流状态称为“壅塞”状态。从该时刻起,当 $\pi_c > \pi_{c^{**}}$ 时,喷管的流量系数值开始恒定不变,并且与 π_c 无关($\mu_c = \text{const}$)。

π_c 值的 2 区表示来自喷管超声速段管壁的分离流。随着 π_c 值 的增大,2 区内

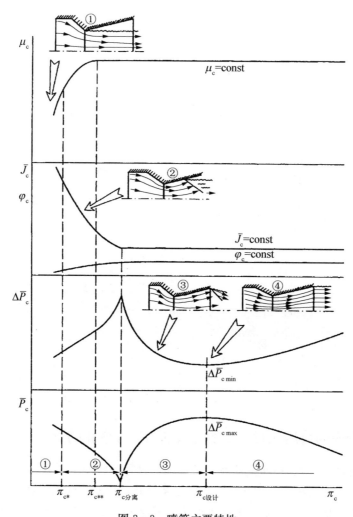

图 3-3 喷管主要特性

的喷流因黏性而转换膨胀,随后从超声速段的管壁分离,相对冲量 $\bar{J}_c$ 和喷管推力 $\bar{P}_c$ 减小,而推力损失 $\Delta\bar{P}_c$ 和速度系数 φ_c 增大。从 2 区到 3 区的转换用数值 $\pi_{c分离}$ 标识,从该值开始,超声速流到达喷口,而且来自超声速管壁的气流分离消除了。 $\pi_c = \pi_{c分离}$ 时,管壁内的喷流最大限度地膨胀,在超声速段无分离流中,喷口处的静压最小,喷管推力 $\bar{P}_c$ 最小,而喷管推力损失 $\Delta\bar{P}_c$ 最大,推力损失达到"尖峰"。该气流状态的特点还在于,当 $\pi_c > \pi_{c分离}$ 时,周围大气的压力对超声速段内表面的影响小,而速度系数 φ_c 和喷管的相对冲量 $\bar{J}_c$ 变成与 π_c 无关的恒定数值。当 π_c 增大到 $\pi_c > \pi_{c分离}$ 时,喷管内的气流越来越接近该几何形状的设计值,相对推力 $\bar{P}_c$ 增大,而推力损失减小。

在 $\pi_c = \pi_{c分离}$ 的设计值下,当喷口上的静压等于周围大气压力时,推力最大,

$\bar{P}_c = \bar{P}_{cmax}$，而推力损失变成最小值，$\Delta \bar{P}_c = \Delta \bar{P}_{cmin}$。根据式（1-29）和式（1-49），最大（或设计）相对推力值等于喷管的速度系数，而最小推力损失值则等于速度系数损失值 $\Delta \varphi_c$。由式（1-50）给出相对冲量 $\bar{J}_c$ 恒定值与最小推力损失值 $\bar{P}_{cmin}$ 之间的关系。

当 π_c 增大到 $\pi_c > \pi_{c分离}$ 时，由于喷口上的喷流膨胀不足，推力或相对推力 $\bar{P}_c$ 下降，推力损失 $\Delta \bar{P}_c$ 增大。

图 3-3 表明，在 $\pi_c > \pi_{c分离}$ 且推力损失最小 $\Delta \bar{P}_{cmin}$ 或推力最大 $\bar{P}_{cmax}$ 时，如果 $\pi_c > \pi_c^{**}$、速度系数 $\varphi_c = const$、相对冲量 $\bar{J}_c = const$（或 $\Delta \bar{J}_c = const$），则喷管的流量系数 μ_c 值对于该型喷管是恒定不变的，并且可作为燃气动力装置喷管的完善性特性指标。

此时，喷管的流量系数值 μ_c 表示亚声速段的完善性，而数值 $\Delta \bar{J}_c$、$\Delta \varphi_c$（或 $\Delta \bar{P}_{cmin}$）为喷管超声速段的完善性。

由于在液体燃料喷气发动机、固体燃料火箭发动机或高超声速空气冲压发动机具有相当高的温度和压力，因此，这些数值可能会与压力有关，而压力会对喷管内的化学反应过程造成影响，一般说来，对于不参与化学反应的气体，其 $\bar{J}_c$、φ_c 等于恒定值的假设是成立的。

还应当指出，图 3-3 所示的特征值 π_c^{**}、π_c^*、$\pi_{c分离}$ 及 $\pi_{c设计}$，彼此之间没有关系，并且由同样布局喷管的亚声速段和超声速段的几何形状来确定。

3.2 喷管流量系数

根据第 1 章内所给出的喷管流量系数 μ_c 的定义，喷管流量系数 μ_c 是燃气的实际流量与理想或理论流量［见式（1-30）］的比值。"壅塞"气流状态下的流量系数值（见图 3-3），主要由喷管亚声速段的几何形状来确定。决定流量系数值的声速喷管的主要几何参数（见图 3-4）是：入口截面和临界截面的尺寸（或面积）比 $R_{入口}/R_{临界}$（$F_{入口}/F_{临界}$）、临界截面内的通道收缩角 $\theta_{临界}$、喷管入口初始段的倒圆半径 R_1 及临界截面内的倒圆半径 R_2。喷管内的如下气流参数也会对流量系数值产生影

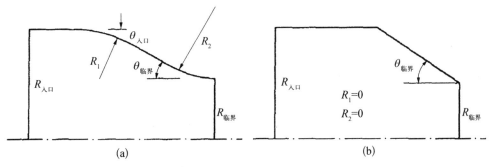

图 3-4　决定了圆形声速喷管流量系数值的几何参数：
（a）按型面设计的声速喷管　（b）锥形声速喷管

响：附面层状态、Re 数和附面层厚度，以及热容比值等。

3.2.1 基本喷管流量系数

具有直线声速线和临界截面内具有均匀速度型面的喷管［见图 3-5(a)］，可保证具有等于 1 的流量系数。声速线的形状与喷管临界截面的倒圆半径 R_2 有关，倒圆半径 R_2 数值较大时可为曲线，如图 3-5(b) 所示，或者有弯折点，如图 3-5(b)、(c) 所示[64]。在这些情况下，喷管的流量系数小于 1。实践中，研制喷气发动机的喷管时，都力争保证临界截面内的气流均匀，并具有最大的流量（$\mu_c \approx 1$），这导致喷管亚声速段的长度很大。

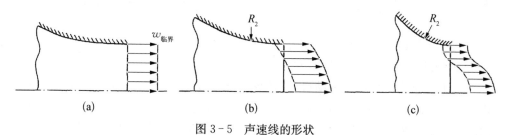

图 3-5　声速线的形状

(a) 直线声速线 $\mu_1 = 1$　(b) 倒圆半径 R_2 大，$\mu_1 < 1$　(c) 倒圆半径 R_2 小，$\mu_1 > 1$

减小亚声速段的长度会使通道的倾角相当大，临界截面内的倒圆半径很小，后果是减小了喷管的流量系数。进行实验研究时，使用标准声速喷管可保证流量系数接近 1，但一般可使用各种方式对各种形状喷管的流量进行估算，来选择通道形状。

可以按照公式(3-1)计算维托申斯基喷管的型面[53]：

$$r = \frac{R_{临界}}{\sqrt{1 - \left[1 - \left(\dfrac{R_{临界}}{R_{入口}}\right)^2 \dfrac{[1 - 3x^2/(1')^2]^2}{[1 + 3x^2/(1')^2]^3}\right]}} \qquad (3-1)$$

式中：$l' = l_{入口} \cdot \sqrt{3}$。

图 3-6 示出了标准声速(收缩)喷管的三种方案，并按照不同来源的数据计算得出了喷管的特性。

方案 1，美国工程师协会(ASME)采用的收敛喷管。图 3-6(a)，(b) 上示出了按照美国国家航空-航天研究中心(NASA)的数据得出的这种喷管的性能。这种喷管的通道为两个相互连接的圆弧，其中一个圆弧位于喷管的入口内，其半径等于喷管临界截面的半径，另一个圆弧位于喷管的临界截面区域内，其半径等于临界截面的直径[146,158]。

方案 2 与方案 1 不同，在临界截面区域内具有长度为 $L = 3/2\, R_{临界}$ 的圆柱区段[95]。

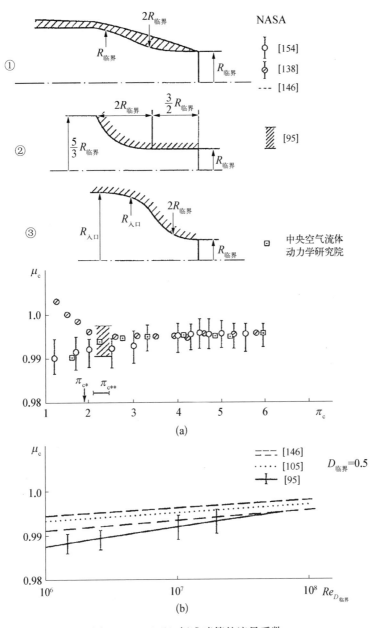

图 3-6　(a)(b) 标准喷管的流量系数

　　方案 3 是俄罗斯中央空气流体动力学研究院(TsAGI)采用的标准喷管,与方案 1 的区别只在于喷管入口上的圆弧半径数值:圆弧半径等于喷管导入通道的入口半径。

　　图 3-6(a)示出了上述三种方案标准喷管的流量系数值,而图 3-6(b)则示出了使用喷管临界截面半径作为特征尺寸确定的 Re 数对流量系数变化的影响。

首先,这些数据以图解形式给出了标准喷管实验得到的偏差(或误差)数值,其次,表明了雷诺数 Re 对 $Re_{D_{临界}} = 10^6 \sim 10^8$ 范围内对流量系数的影响,影响幅度在整个范围内约占所测数值的 0.5%,亦即接近实验误差。第三,这些数据表明,当 $\pi_c^{**} \cong 2 \sim 2.5$,亦即相当接近临界压差值(对于冷空气,$\pi_{c^*} = 1.89, k_c = 1.4$) 时,标准喷管中具有"壅塞"气流状态(对应于流量系数与落压比 π_c 的关系曲线)。第四,对于"壅塞"气流状态 $\pi_c > 2 \sim 2.5$,所研究喷管方案的流量系数数值 $\mu_c \cong 0.995$,亦即接近于 1。

图 3-6(c)示出了 $Re_{D_{临界}} < 10^6$ 数值下,针对锥形喷管,不同的燃气流经喷管时,按照文献[137]数据的 Re 数影响(见文献[20])。

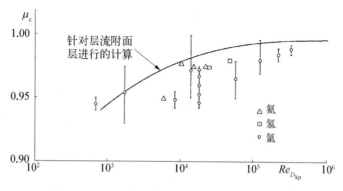

图 3-6　(c) Re 数对锥形喷管流量系数的影响[139]

在 $Re_{D_{临界}} = 10^3 \sim 10^5$ 的范围内,Re 数对流量系数 μ_c 的影响,比在 $Re_{D_{临界}} = 10^6 \sim 10^8$ 的范围内更明显,而 Re 数的减小会导致喷管流量系数的减小。

图 3-7 示出了俄罗斯中央空气流体动力研究院(TsAGI)使用的标准喷管,亦即制成相互连接的两个圆弧式的喷管,其流量系数数值(见图 3-6)对应于喷管入口上和临界截面内的附面层相对厚度。索科洛夫假设附面层厚度对应于从管道壁到速度剖面上的一点的距离,得出了附面层厚度数据,其中,$W/W_{相对} \approx 0.99$。应当指出,文献[90](亦见文献[71])中进行的数值研究表明,喷管入口上 $\overline{F}_{临界} = 0.125$ 的附面层的初始厚度,实际上并不影响临界截面内的附面层厚度。

文献中的数据证明,大多数情况下,由于喷管临界截面内附面层厚度的变化,喷管流量系数的变化较小,为 $0.1\% \sim 0.2\%$[64],并可利用如下关系式(按照文献[64]、[146]、[4])进行修正:

$$\mu_c = 1 - \frac{2\,\delta_{临界}}{R_{临界}} \tag{3-2}$$

或(按照文献[73])进行修正:

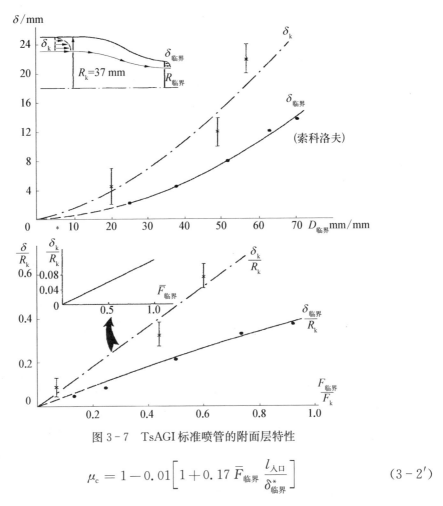

图 3 - 7　TsAGI 标准喷管的附面层特性

$$\mu_c = 1 - 0.01\left[1 + 0.17\,\overline{F}_{临界}\,\frac{l_{入口}}{\delta^*_{临界}}\right] \tag{3-2'}$$

式中：$\delta^*_{临界}$ 为喷管临界截面内附面层的排挤厚度。

3.2.2　锥形(收敛)喷管流量系数

文献[64]和[65]中相当详细地列举了对喷气发动机喷管的亚声速及超声速段气流特点进行的数值研究,同时使用了一系列的实验数据,并分析了喷管主要几何参数对流量系数的影响。

正如前面所指出的那样,对于锥形收敛喷管,决定喷管流量系数值的主要几何参数是亚声速段的通道倾角 $\theta_{临界}$ 及临界截面与入口截面的半径或面积比;对于按型面设计的收敛喷管,还要补充入口截面和临界截面内的喷管通道倒圆半径(见图 3-4)。一般来说,这些几何参数不仅确定了在喷管内假设"壅塞"状态后的喷管流量系数 $\mu_c = \text{const}$,而且还确定了"壅塞"发生或数值 π_c^{**}。图 3-8 示出了与锥形收敛喷管内气流"壅塞"时刻对应的 $\theta_{临界}$ 对数值 π_c^{**} 影响的定性图解说明。

增大临界截面内的通道倾角 $\theta_{临界}$,一方面会导致喷管流量系数 μ_c 的减小,另一

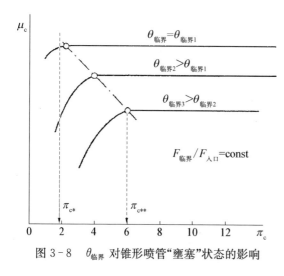

图 3-8　$\theta_{临界}$ 对锥形喷管"壅塞"状态的影响

方面,会增大 $\pi_{c^{**}}$,亦即使喷管内"壅塞"状态的开始时刻向大 $\pi_{c^{**}}$ 值方向推移。$\theta_{临界}$ 增大时,这两个现象都与喷管临界截面内气流参数的湍流度有关。很显然,"壅塞"发生在喷管内压差明显大于临界压差值时,即发生在 $\pi_{c^{**}} > \pi_{c^{*}}$ 的范围内,这也与喷管临界截面内气流参数的湍流度有关,与标准喷管不同的是,标准喷管内的湍流度最小,$\pi_{c^{**}}$ 数值与 $\pi_{c^{*}}$ 相当接近(见图 3-6)。

此时,应当指出,在气流的"非壅塞"状态下,喷管的流量系数低于"壅塞"状态下的流量系数。

很多文献[17]、[28]、[30]、[73]、[78]、[79]、[82]、[161]等都致力于对"非壅塞"状态和"壅塞"状态下的流量系数进行数值分析并确定该系数。

文献[73]提出了相当简单的相关关系式,可确定气流"壅塞"发生时刻($\pi_{c^{**}}$ 数值),以及喷管在"非壅塞"和"壅塞"下的流量系数值,其形式为 $\mu_{c} = 1 - \Delta_{\delta} - \Delta_{k}$,其中,$\Delta_{\delta}$ 为考虑临界截面内位移厚度时的修正值,而 Δ_{k} 为考虑喷管亚声速段通道形状时的修正值。

文献[17]、[79]中给出了收敛喷管的数值计算,并且在使用数值计算的情况下,提出了具有无分离扰流的亚声速段通道的选择方法,可保证与按型面设计良好的(标准)收敛喷管相比,喷管的长度与直径比更小,单位推力的损失也更小。

通过使用上述文献的数据,以及本文作者得到的数据,图 3-9 试图对临界截面中各种通道收缩角 $\theta_{临界}$ 及喷管各种收缩度 $\overline{F}_{临界} = F_{临界} / F_{入口}$ 下,表示锥形收敛声速喷管"壅塞"发生时二次临界压差 $\pi_{c^{**}}$ 数值进行估算。数值 $\theta_{临界} = 90°$,对应于亚声速段长度为零的收敛喷管。所列数据证明了所研究的两个参数($\theta_{临界}$ 和 $\overline{F}_{临界}$)对锥形收敛喷管内的 $\pi_{c^{**}}$ 数值或"壅塞"状态到来情况的重大影响。

如果喷管的亚声速段长度为零($\theta_{临界} = 90°$),而且从入口截面到临界截面的收缩比大,亦即在喷管临界截面的相对尺寸相当小,当 $\pi_{c} > 20$,亦即比一次临界压差大一个数量级时,临界截面内的气流就达到了"壅塞"状态,$\mu_{c} = $ const。

尽管如此,如果亚声速段的收缩角大($\theta_{临界} = 90°$),而且从入口截面到临界截面通道收缩比也大,表示气流"壅塞"状态的 $\pi_{c^{**}}$ 数值更大,但还是可以认为,在入口截面面积比临界截面面积大很多($F_{临界} / F_{入口} \approx 0$)的情况下,存在着"壅塞"状态,亦即在 π_{c} 的某些数值下,$\mu_{c} = $ const。

图 3-10 示出了在临界截面处发生"壅塞"($\mu_{c} = $ const)的锥形收敛喷管的流

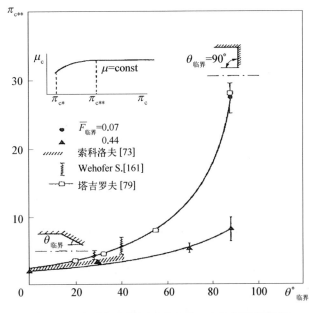

图 3 - 9   表示气流"壅塞"状态的二次临界压差数值

量系数值,给出了两个关键几何参数的关系曲线:临界截面前的喷管通道收缩比及收缩角 $\theta_{临界}$。

通过对本文作者得到的数据及文献[17]、[64]、[73]、[79]、[105]、[127]、[20]的成果进行总结,给出了总结结果。

方案 $\theta_{临界} = 0$ 与标准喷管对应,其流量系数在实验研究的误差范围之内,接近于1。因此,无论通道的收缩比 $F_{临界} / F_{入口}$ 如何,图 3 - 10 上的数值,针对 $\theta_{临界} = 0$

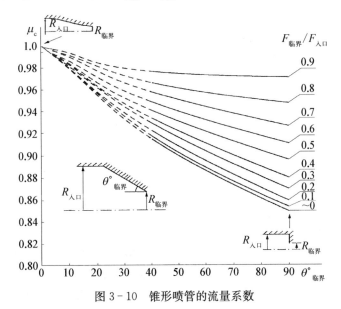

图 3 - 10   锥形喷管的流量系数

都取为 $\mu_c = 1$。方案 $\theta_{临界} = 90°$ 与亚声速段长度为零的喷管对应,而方案 $F_{临界}/F_{入口} \approx 0$ 的收缩比相当大,此时,喷管临界截面的面积比锥形喷管入口上的面积小一个数量级以上。图 3-10 所示实验数据,对应着相当大的 $Re_{D临界}$ 数,这是在各种试验装置上所进行的试验特有的。对于大多数 $F_{临界}/F_{入口} \gg 0.1$ 的喷管,冷空气 ($k_c = 1.4$) 中的 $Re_{D临界} \approx 10^6$ 或更大;对于临界截面直径不大的喷管 ($F_{临界}/F_{入口} < 0.1$),$Re_{D临界} \approx 10^5$。

应当指出,作为图 3-10 所示曲线基础,由不同文献作者得到的成果,都分布在 $\pm 1\%$ 的条带范围内,然而,若用于实践目的,所得到的曲线族还是适用的。

图 3-10 相当清晰地展示了通道收缩角及从入口到临界截面的收缩比增大 ($F_{临界}/F_{入口}$ 减小)时,由于临界截面内的气流参数湍流度增大或曲线声速线与直线的差异增大导致的锥形收敛喷管流量系数的下降情况。

对于相当大的通道收缩角 $\theta_{临界} \approx 50° \sim 90°$ 和喷管通道的收缩比 $F_{临界}/F_{入口} \leqslant 0.2$,锥形喷管 ($\mu_c \approx 0.85 \sim 0.9$) 的流量系数比标准喷管 ($\mu_c \approx 1$) 的低 $10\% \sim 15\%$。

根据图 3-8,"壅塞"状态下收缩声速喷管中的流量系数取决于喷管中压差,并且对于相应的喷管方案,随着落压比的降低而减小。

图 3-11 指明了收缩比相同 $\overline{F}_{临界} = 0.44$、通道收缩角 $\theta_{临界}$ 不同且在气流"壅塞"状态下,π_c 减小时的锥形喷管的流量系数减小情况。对于"非壅塞"状态,与"壅塞"状态($\pi_{平均} \gg \pi_{c**}$)相比,当落压比 π_c 减小时,图上特有的是通道大收缩角 $\theta_{临界}$ 对流量系数减小的强力影响。

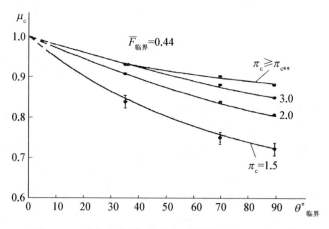

图 3-11 "非壅塞"气流状态下锥形喷管的流量系数

应当指出,在"非壅塞"气流状态下,流量系数的计算和实验数据少得很,难以对其进行总结。只是可以指出,现存一些实验数据,据此可在不可压缩液体从带扁平壁板的孔中流出后,亦即在 $\theta_{临界} = 90°$ 时,流量系数值为 $\mu_c = 0.611$,而对于可压缩气体,在一次临界压差下,$\pi_{c^*} = 1.89(k_c = 1.4)$, $\mu_c = 0.745^{[64]}$。

3.2.3 喷管超声速段的影响

由于喷管临界截面内的气流参数湍流度可以相当大,可以预计对喷管超声速扩散部分流量系数的影响,存在该部分时,即使在 $\pi_c > \pi_{c^*}$ 时,也可以改变喷管临界截面区域内亚声速或跨声速区中的气流特点。文献[161](亦见文献[38])中给出了几何参数($\theta_{临界} = 25°$, $\overline{F}_{临界} \approx 0.63$)实际上相同的声速或超声速锥形喷管的流量系数的比较,而图 3-12 则示出了针对亚声速段不同收缩角的流量系数的比较情况。对于通道与标准喷管通道($\theta_{临界} = 0$)接近的喷管亚声速段,随落压比 π_c 及数值 μ_c 的变化,超声速段对流量系数 μ_c 变化,实际上并不产生影响。根据图 3-10 所示数据,随着通道收缩角 $\theta_{临界}$ 的增大,临界截面内的气流湍流度增大,针对锥形声速喷管的流量系数值下降。此时,喷管的超声速段对 μ_c 的变化特点及其数值产生影响(见图 3-12)。显而易见,尤其是对于 $\theta_{临界} = 90°$ 的方案,存在超声速附加物时,在与收缩锥形喷管相比严重减小的 π_c 值下($\pi_{c^{**}} = 2 \sim 2.2$),出现锥形喷管内的气流"壅塞"状态 $[\mu_c = f(\pi_c) = \text{const}]$。此时,如果针对锥形收敛喷管,$\theta_{临界}$ 的增大将气流"壅塞"状态的发生向 π_{c^*} 增大的方向推移(见图 3-9),则存在着实际上避免了亚声速段的收缩角 $\theta_{临界}$ 对二次临界 压差 $\pi_{c^{**}}$ 数值的影响的超声速段,并且根据图 3-12,$\pi_{c^{**}} = 2 \sim 2.2$ 针对的是 $\theta_{临界}$ 从 0 到 90° 的整个变化区域。对于超声速喷管,大概这与气流在临界截面内拐点之后加速及出现了超声速气流区有关,此时,喷管的超声速段屏蔽了周围大气对临界截面区域内气流的影响。这种情况下,

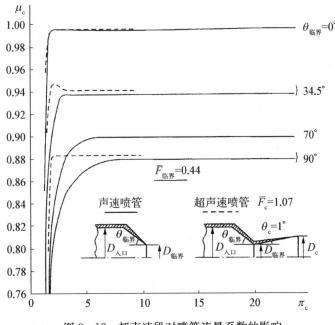

图 3-12 超声速段对喷管流量系数的影响

对于锥形收敛喷管,在"非壅塞"状态下增加超声速段,会导致流量系数明显增大。在气流"壅塞"状态下,亚声速段形状相同的声速喷管和超声速喷管流量系数的区别,处于0~0.3%的范围内,并且超声速段使得喷管流量系数的增加量不大。"壅塞"状态的到达时刻的推移,以及超声速段对流量系数影响方面的这些成果,与文献[161]中(在 $\pi_c \leqslant 5$ 的范围内获得)的数据是相符的。

临界截面内的气流湍流度很强时,喷管超声速段对气流"壅塞"状态(μ_c = const)下流量系数的影响较弱,这证明了喷管亚声速段的形状对声速或超声速喷管的流量系数具有决定性的影响。

3.2.4 喷管亚声速段形状的影响

除了所研究的上述几何参数 $\theta_{临界}$ 和 $\bar{F}_{临界}$ 外,无论是亚声速通道形状,它们可以用喷管入口及临界截面内的拐点倒圆半径 R_1 和 R_2 来表示,如图3-4所示,还是喷管类型,如二元喷管、矩形喷管、三角形喷管等,如图2-2所示,都会影响喷管的流量系数。

喷管临界截面处通道的倒圆半径 R_2 的数值,对喷管流量系数具有最明显的影响。

图3-13[20]汇总了不同文献作者给出的相对倒圆半径 $R_2/R_{临界}$ 对气流"壅塞"状态下声速和超声速喷管流量系数值影响的数据。请注意进行实验研究时出现的两个事实。

第一个事实,尽管 $R_2/R_{临界}=0$ 时锥形喷管的流量系数值差别很大,这是由亚声速段的收缩角 $\theta_{临界}$ 和收缩比 $\bar{F}_{临界}$ 决定的,此时 $\mu_c = 0.86 \sim 0.96$,而当 $R_2/R_{临界} \gg 0.1 \sim 0.2$ 时,流量系数值彼此之间已经非常接近了($\mu_c = 0.95 \sim$

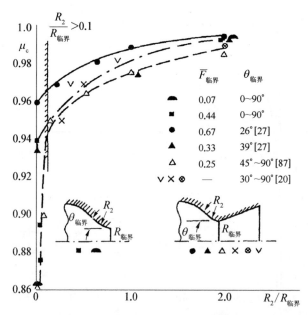

图3-13 临界截面内的通道倒圆半径对喷管流量系数的影响

0.97),并且对于所研究的喷管所有方案,倒圆半径 $R_2/R_{临界}$ 对系数 μ_c 的影响值都相当接近。

第二个事实,通道倒圆半径 $R_2/R_{临界} \gg 2$ 时,亚声速段具有不同收缩角 $\theta_{临界}$ 和收缩比 $\overline{F}_{临界}$ 的喷管,它们的流量系数彼此非常接近,并且在数值上接近于标准喷管($\mu_c = 0.99 \sim 0.995$)的流量系数。

对于二元喷管[见图 3-14(a)],也可观察到,通道倒圆半径 R_2 对流量系数的影响情形类似。总之,实验数据表明,如果二元或三元喷管内从圆形入口截面向矩形临界截面的转换区段的制作方式,可避免气流从转换通道壁分离,则二元(矩形)喷管的流量系数比等效轴对称(或圆形)喷管低,相差范围约 0.5%,也就是说,可使二元喷管和圆形喷管流量系数的区别不大[见图 3-14(b)]。

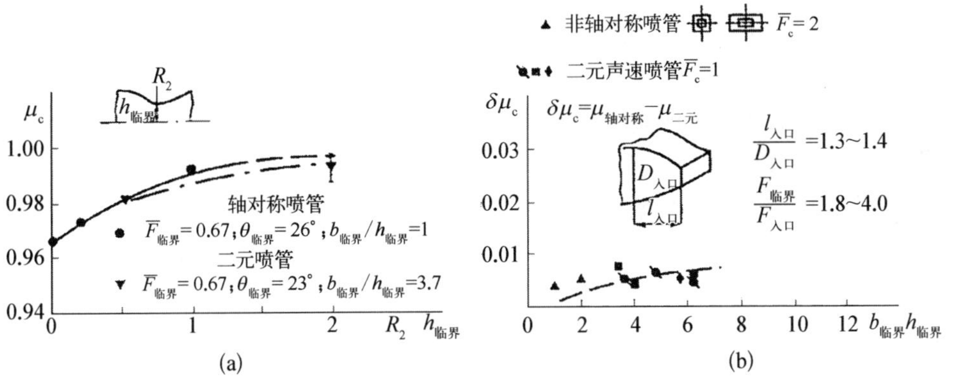

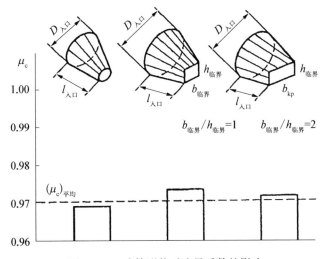

图 3-14 二元喷管的流量系数

此时,如果二元(矩形)喷管临界截面的扁平度较小,即 $b/h \approx 2$,则这样喷管的流量系数在实验精度范围内与等效圆形喷管的流量系数相符(见图 3-15)。

图 3-15 喷管形状对流量系数的影响

$$R_2 / R_{临界} = 0.23; l_{入口} / D_{入口} = 0.69$$

3.2.5 大收缩角喷管内的某些流动特性

收敛喷管内部流动数值研究表明,对于亚声速段具有大收缩角 $\theta_{临界}$ 的喷管,或者能够保证亚声速段无气流分离的相当"圆"通道的喷管,在长度较小的情况下,都可保证单位推力高于按型面设计的基本喷管[28]、[30]、[78]、[79]。因此,亚声速段收缩角大(包括 $\theta_{临界} = 90°$ 的情况)喷管内的流动实验研究结果,是很让人感兴趣的[41]。

下面所示研究结果,与图 3-7 所示喷管入口上及临界截面内的附面层厚度相符。

使用油流法进行的喷管通道入口区段的流谱显示试验结果表明,在开始收敛之前 $(R_1 = 0$,见图 3-4)的拐点内,出现了气流分离,并且分离区域的大小取决于亚声速通道的收缩角。图 3-16 示出了分离区域尺寸的显形结果及喷管亚声速段拐点内的气流示意图。所获得的数据针对的是亚声速段相同的锥形声速和超声速喷管,其流量系数已在前一章节中给出。入口上拐点内的气流显形,可使我们确定环行起伏分离线及气流黏附情况(存在局部三维效应),以及其到拐点的距离。除了相当大的环形主涡外,所形成的极限流线可使我们做出拐点内存在二次涡的结论,其尺寸是主涡尺寸的几分之一。图 3-16 绘出了所测得的气流分离区域的尺寸,其形式为从拐点到分离点的距离 l_1 和到黏附点的距离 l_2,其随喷管锥形亚声速段的收缩角 $\theta_{临界}$ 变化。我们注意到,首先,管道相对面积,即从入口到临界截面的管道收缩比,在 $\bar{F}_{临界} = 0.44 \sim 0.63$ 范围内的影响较小;其次,在 $\theta_{临界} < 20°$ 时,分离区域范围接近于零,亦即拐点内的分离区域尺寸很小,并且其实际上不能使用油流法进行显形;第三,在 $\theta_{临界} \approx 90°$ 的大收缩角下,拐点内分离区域沿喷管长度的分布范围,大于管道入口直径的 15%。当锥形喷管的管道收缩比从 $\theta_{断面} = 90°(R_1 = 0)$ 增大至 $\bar{F}_{临界} < 0.1$ 时(见图 3-17),拐点内分离区域的相对尺寸显著增大;分离区域的纵向尺寸增大约为 $0.5\,D_{入口}$,根据炭黑-滑油薄膜的响应,这一点显而易见。以单个点的形式制作的炭黑-滑油薄膜,在分离区内仍未被触动,而在存在气流的区域内,则已被侵蚀,从针对 $\theta_{临界} = 90°$ 方案的照片中,可明显看出这一点。根据文献[79],在拐点内引入半径 $R_1 = 3.5 R_{临界}$ 的圆弧式平滑通道,在保持临界截面内的亚声速段收缩角 $\theta_{临界} \approx 90°$ 的情况下,可充分消除气流分离,炭黑-滑油薄膜的响应也验证了这一点 $(l_1 = l_2 = 0)$。

显然,正如数值研究[30,79]所证明的那样,消除图 3-17 所示喷管收缩段亚声速段中的分离区域,应归结为改变其流量系数。所进行的实验研究表明,倒圆喷口入口上的 $\theta_{临界} = 90°$ 的拐点,会导致气流"壅塞"状态出现的时刻,向 π_c^{**} 小数值的方向推移。对于入口通道倒圆的喷管 $(R_1 \simeq 3.5 R_{临界})$,与 $R_1 = 0$ 的方案相比,这一点可在图 3-18(a)上看出。此时,对于气流壅塞状态,倒圆喷管的流量系数值约增

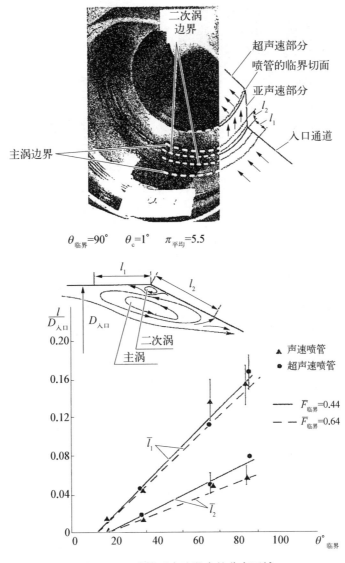

图 3-16 喷管亚声速段中的分离区域

大 2%,与文献[30]、[79]的数值计算结果相符。

管道收缩比从 $\overline{F}_{临界} \approx 0.1 \sim 0.2$ 减小至约为 0.6 时,亚声速段入口处倒圆的喷管,其流量系数增量减小约 1%,大概与所研究喷管方案流量系数总水平的增大有关[见图 3-18(b)]。

3.2.6 气流湍流度对喷管流量系数的影响

前一章节所列举的喷管流量系数数据,对应喷管内的均匀无扭曲燃气流状态。文献[20]、[38]、[64]、[65]、[98]、[145]等所列计算和实验研究结果表明,气

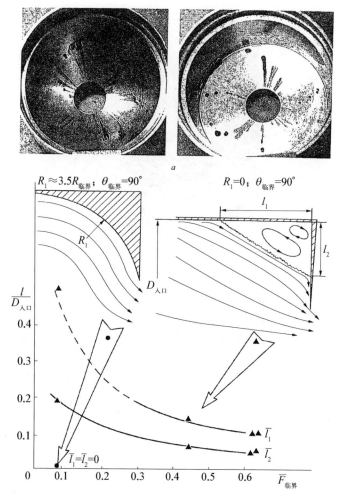

图 3-17 喷管管道收缩对分离区域尺寸的影响（$\overline{F}_{临界} = 0.07$）

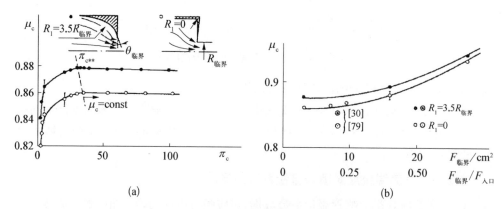

(a)   (b)

图 3-18 $\theta_{临界} = 90°$ 情况下的亚声速段形状不同喷管的流量系数

流扭曲会导致流量系数下降。此时,随着扭曲参数的增大(一般来说,在不同文献中,该参数的引入方式并不相同),亦即随着气流扭曲度的增大,流量系数会连续下降。

关于气流不均匀度对喷管流量系数的影响,按照理论研究[21,23]和实验研究[161]结果,可给出两种不同气流的不同流量、总压、总温比值对喷管流量系数影响的某些信息。

为了图解说明这一影响,图 3-19 示出了文献[161]中通道比较小的双涵道发动机内外涵道燃气相对流量和总温的影响数据。图 3-19(a)示出了具有相同(均质流)和不相同(非均质流)参数的内外涵道向锥形收敛喷管内供送燃气的模型示意图。

以文献[161]中获得的实验数据为基础,图 3-19(b)示出了内外涵道内的燃气流量比 Q_2/Q_1 和总温比 T_{02}/T_{01} 对 $\theta_{临界}=25°$ 和 $\theta_{临界}=40°$ 的声速喷管流量系数变化 $\Delta\mu_c$[为所研究的喷管($\pi_c \geqslant 3 \sim 4$)中"壅塞"气流状态下存在非均匀流($\mu_{非均}$)和均匀流($\mu_{均质}$)的喷管流量系数差]的影响。图 3-19 表明,气流总温的变化,对喷管流量系数变化的影响更明显,并且随着比值 T_{02}/T_{01}(其在文献[161]中通过增大第 1 涵道内的总温来实现)的减小,喷管流量系数增大并在并且在 $T_{02}/T_{01}=0.5$ 时,针对文献[161]中所研究的喷管方案,与内外涵道内总温相同的方案($T_{02}/T_{01}=1$)相比,提高了 3%~3.5%。

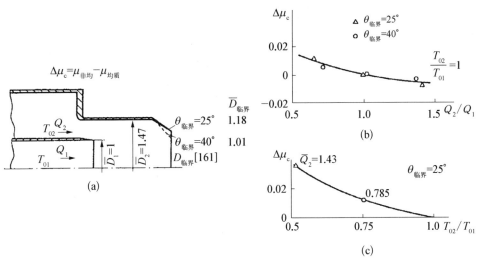

图 3-19　燃气非均质性对喷管流量系数的影响

(a) 内外涵发动机喷管模型　(b) 燃气相对流量系数的影响　(c) 相对总温的影响

3.3　无外部绕流情况下喷管的推力特性

喷气发动机产生推力时,作为燃气动力装置的喷管效率按[式(1-27)~式(1-29)]、[式(1-39)~式(1-51)]及图 3-3 表示如下:

（1）相对冲量 $\bar{J}_c$ 或冲量损失 $\Delta \bar{J}_c = 1 - \bar{J}_c$ 的值。

（2）喷管速度系数 φ_c 或速度系数损失 $\Delta \varphi_c = 1 - \varphi_c$ 的数值，其等于推力系数最大值 $\bar{P}_{cmax}(\bar{P}_{cmax} = 1 - \bar{P}_{cmax})$。

（3）推力系数 $\bar{P}_c$ 或推力损失 $\Delta \bar{P}_c = 1 - \bar{P}_c$ 数值。

包含在第 1、2 项所列的数值，当流过喷管的燃气组成和性能给定情况下，只由喷管的几何外形来确定。参数 $\bar{J}_c = 1 - \bar{J}_c$ 和 φ_c 与 π_c 无关，因此便于用评估给定几何尺寸喷管效率。在比较不同几何外形和布局形式的喷管时亦是如此。

包含在第 3 项的各个值随喷管工作状态变化，根据可用落压比 π_c 的变化，这些值分别对应计算的喷流流出状态（$\pi_c = \pi_{c计算}$）、过膨胀状态（$\pi_c < \pi_{c计算}$）或未完全膨胀状态（$\pi_c > \pi_{c计算}$）。

应当强调，上述情况首先适用于固壁超声速喷管：拉瓦尔喷管、锥形超声速喷管。对于某些喷管布局，由于其特殊性，可能会有推力特性随落压比 π_c 变化的其他规律，与图 3-3 所示情况不同：例如，需要从周围大气中引气，进行气动力调节，如图 2-3(j) 的引射喷管，其相对冲量 $\bar{J}_c = f(\pi_c)$ 为常值；而对于带中心体的喷管，在过膨胀喷流流过状态，即 $\pi_c < \pi_{c计算}$，推力或推力系数损失与 π_c 变化的关系相当弱，这将在分析具体布局喷管的推力特性时进行研究。

具有固壁的超声速喷管，如拉瓦尔喷管和锥形超声速喷管，已经在研制不同型号喷气发动机时获得广泛应用。

对于这样类型的喷管，已研究了燃气流动的基本过程，得到了推力总损失中各组成部分的作用比例。

对于固壁或带刚性管路的喷管，在落压比 π_c 变化时，其主要参数的变化情况如图 3-20 和图 3-21[57] 所示，它们是图 3-3 的进一步发展。图 3-20 用点和数字标出了拉瓦尔喷管中的 5 个气流状态，其输出截面内的 Ma 数 $Ma_c \approx 2.5$（$\bar{F}_c \approx 2 \sim 64, k_c = 1.4$）。

图 3-20 中点 3 右侧的喷管工作在自成型流动状态（$\pi_c > \pi_{c分离}$），亦即当 π_c 变化时，压力场、速度场和温度场的相对剖面类似；此时，相对冲量 $\bar{J}_c$ 和速度系数 φ_c 的数值仍是恒定不变的。π_c 减小时，$\pi_c < \pi_{c分离}$，可在喷管内观察到气流从喷管壁上分离，喷管内的流动自成型被破坏，且该区域内的系数 $\bar{J}_c$ 和 φ_c 已经不是恒定的了。此时，π_c 越小，激波越大，其后方的气流从管壁分离，分离点本身靠近临界截面（从位置 2 转入位置 1）。在所形成的激波中（示意图上的点 1 和点 2），压力会升高并达到周围大气压力。如果发生了气流分离时按照图中的虚线 $\bar{P}_c = f(\pi_c)$ 变化，则同无分离流相比，有气流分离喷管内的推力系数可能会出现某些增长。

推力系数在气流分离状态下会高于无分离情况，这与作用在分离点右侧管壁上的周围大气压力有关，在喷流过膨胀状态下，气流无分离时，该压力高于静压。这使得过膨胀状态下的推力损失有所下降。

利用喷口截面内速度矢量的平行性、该截面内静压等于周围大气压力及喷流

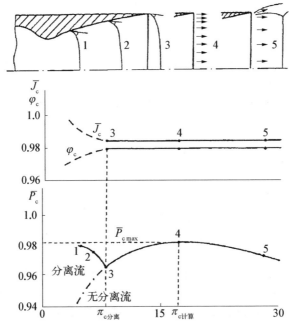

图 3-20 具有刚性管路的超声速喷管特性

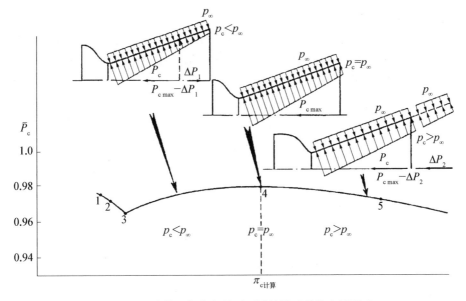

图 3-21 喷管工作状态的不可计算性对其推力的影响

直径等于喷口截面直径,可以表示理想情况下的计算气流状态,见图 3-20 中点 4。对于所研究的喷管方案,当 $\pi_{\text{c计算}} \approx 17$ 时,点 4 中的推力损失最小,并且点 4 中的推力系数最大值 $\overline{P}_{\text{cmax}}$ 等于喷管的速度系数值 φ_{c}。在膨胀不足的喷流流动状态下,即点 5,喷流在喷口之后进行补充膨胀,其最大直径大于喷口的直径。

可使用图 3-21 上的曲线,来解释喷流计算流动状态点 4 的左、右两个关系曲线 $\overline{P}_c = f(\pi_c)$ 的走势。

图上曲线包括喷管超声速段外表面上的静压 p_∞,以及从几何尺寸相同的喷管中流出的气流的静压 p_c,后者含三种状态:过膨胀状态 ($p_c < p_\infty$)、计算状态 ($p_c = p_\infty$)、膨胀不足状态 ($p_c > p_\infty$),作用在超声速段内壁上的压力图。计算状态下(喷流完全膨胀),当喷口上的静压 P_c 等于周围大气静压,也就是说,在 $\overline{P}_c = f(\pi_c)$ 曲线上的点 4 中,针对所研究喷管的等强作用压力数值是最大的,而喷管的推力 P_c 为最大推力。

在气流的过膨胀状态下 ($p_c < p_\infty$),也就是在 $\overline{P}_c = f(\pi_c)$ 曲线上点 4 的左侧,在超声速喷管的某个区段上,静压小于周围大气压力 ($p_c = p_\infty$ 的点位于喷管内),并且这会导致使喷管最大推力减小 ($P_{cmax} - \Delta P_1$) 的附加损失 ΔP_1。

在喷流膨胀不足的流动状态下,也就是在点 4 的右侧,喷口上的静压 P_c 大于周围大气压力。如果假想喷管比所研究喷管长,则可在超声速段的附加区段上获得推力增量 ΔP_2,但在对应延长区段末端应满足 $p_c = p_\infty$ 条件。这样,对于所研究的原始真实喷管,点 4 右侧的推力有"缺欠",也就是损失了某部分推力 ($P_{cmax} - \Delta P_2$)。

因此,在喷流的计算状态下,即充分膨胀,点 4 中针对该型喷管的推力数值最大或者是最大推力。

应当指出,该结论适用于不考虑气流与管壁之间存在的摩擦推力损失的情况。如果考虑摩擦推力损失,则针对完全膨胀喷管的推力最大值会稍有变化[57]。在与原始喷管(可保证使燃气完全膨胀)相比缩短的超声速段中,减少的不仅是压力分量,还有摩擦力分量。在喷口附近的区段上,当气流完全膨胀时,由于喷口附近管壁上的静压接近周围大气压力,压力的合力较小,并且小于摩擦力的合力。因此,对于真实喷管,如果考虑摩擦力,最大内部推力 P_c 与在膨胀稍微不足状态下工作的喷管相符。这在实践中是极其有利的,因为利用膨胀不足来工作的短喷管,重量轻,冷却面的面积也小些。

由于喷气发动机的推力既可由声速喷管产生,也可由超声速喷管产生,评估喷管超声速段在发动机总推力中所起的作用是有意义的。

首先,需要针对理想声速喷管和超声速喷管来比较推力曲线 $\overline{P}_c = f(\pi_c)$ 的变化。图 3-22(a)对比较情况进行了图解说明。

理想超声速喷管的推力,在每个数值下都除以自身的 π_c 值,恒等于 1 ($P_{c理想} = 1$)。与理想超声速喷管推力相除的理想声速喷管的推力,只在针对理想超声速喷管的计算点 ($k_c = 1.4$ 时,$\pi_{c计算} = 1.89$) 内为 1。π_c 增大为 $\pi_c > 1.89$ 时,从理想声速喷管流出的喷流膨胀不足时的推力存在损失,$P_{理声} / P_{理超声} < 1$,正如从图 3-20 和图 3-21 研究中所得出的结论一样,如果该推论适用于声速喷管,其随着 π_c 的增大

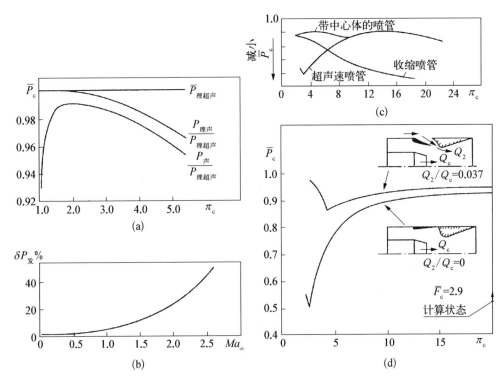

图 3 - 22　(a) 声速喷管的推力系数[127]；(b) 与收敛喷管相比具有理想超声速喷管的发动机推力增量[71]；(c) 喷管推力系数 $\overline{P}_c$[127]；(d) 引射喷管的喷管推力系数[140]

而增大。

　　考虑到存在摩擦、气流湍流度等有关的推力损失时，真实声速喷管的相对推力比理想声速喷管的更低[见图 3 - 22(a)][127]。

　　其次，对超声速喷管的作用有所了解。例如，使用理想超声速喷管与声速喷管相比，后者的特征曲线 $\pi_c = f(Ma_\infty)$ 与图 3 - 2 所示的超声速飞机上的喷气发动机的类似喷管相比，可在 $Ma_{飞行} \approx 2.5$ 时，得到约 40% 的发动机推力增量[见图 3 - 22(b)]。

　　第三，应当指出，当喷管内的落压比变化时，不同布局喷管的相对推力 $\overline{P}_c$ 或推力损失变化可能会各不相同。

　　图 3 - 22(c)图解说明了带中心体喷管[图 3 - 2(b)上的示意图]与声速和超声速拉瓦尔喷管相比的推力系数变化特点。此时，超声速喷管和带中心体喷管具有同一个计算状态。

　　在针对上述布局的 $\pi_c \approx 15$ 的计算状态下，推力系数相同，并且大于处于膨胀不足状态中且推力损失大的声速喷管的推力系数。

　　超声速喷管和带中心体喷管，在喷流流动膨胀不足的流动状态下，以及在过膨

胀状态下的某个 π_c 区域内,具有相同的推力系数值(当 $\pi_c > 10$ 时)。当 $\pi_c < 10$ 时,在拉瓦尔超声速喷管内,与前面研究的情况一样,流动着过膨胀喷流,从固壁到 $\pi_{c分离} \approx 3$ 之前无分离,会导致推力系数下降。由于带中心体喷管没有膨胀的超声速固壁,那么,就没有喷流的转换膨胀(对于拉瓦尔喷管,当 $\pi_c < \pi_{c计算}$ 时,会出现上述情况)。在临界截面之后,马上就是喷流的自由边界,边界上的静压等于周围大气压力,也就是说,带中心体喷管内的气流与拉瓦尔超声速喷管内的分离气流相符(见图 3-20 和图 3-21 上的点 1 或点 2)。

与过膨胀喷流流动状态下的拉瓦尔超声速喷管相比,这会导致其带中心体喷管的推力系数增大。如果喷流不从超声速段唇口处分离,而且引射喷管[见图3-22(d)]也不需要向喷管内进行二次或三次引气[见图 3-22(c)],则它的推力特性与超声速锥形喷管类似。即使在空气流量不大的情况下,即小于流经喷管临界截面的燃气流量的 5%,喷管需要二次或三次引气,也可因为减小了喷流撞击唇口壁造成的推力损失[127,140],而大大改善推力特性。

可将喷管的冲量损失 $\Delta \bar{J}_c$、速度系数 φ_c 和推力系数 $\Delta \bar{P}_c$,人为地分成喷管亚声速段的损失及与摩擦力、喷口上的流动湍流度、气流不平行度、流动的化学不平衡度有关的损失。可将喷管冲量损失值描述成如下形式[52,53,64]:

$$\Delta \bar{J}_c = \Delta \bar{J}_{摩擦} + \Delta \bar{J}_{出口} + \Delta \bar{J}_{锥形} + \Delta \bar{J}_{不均} + \Delta \bar{J}_{化学不均} \quad (3-3)$$

式中:$\Delta \bar{J}_{摩擦}$ 为与燃气和喷管壁的摩擦有关的冲量损失;$\Delta \bar{J}_{出口}$ 为因压力湍流度及速度矢量不平行于临界截面轴向而产生的冲量损失,这会导致喷口截面内的湍流度;$\Delta \bar{J}_{锥形}$ 为与速度矢量不平行于喷口轴向(流动有锥度)有关的散射冲量损失;$\Delta \bar{J}_{不均}$ 为因出口截面内的速度湍流度而产生的冲量损失;$\Delta \bar{J}_{化学不均}$ 为与流动的化学湍流度有关的冲量损失(燃气流中的物理-化学平衡建立的速度有限)。

式(3-3)还可包括冲量损失的其他分量,这些分量由所研究喷管的布局特点来确定。

与式(3-3)类似的表达式,可以针对速度系数损失 $\Delta \varphi_c$、和喷管推力损失 $\Delta \bar{P}_c$ 进行描述。

这些损失考虑了喷管内燃气的真实流动情况与理想喷管内流动情况的差异。一般情况下,式(3-3)应包括考虑冲量损失各分量相互影响的项,然而,由于每一个冲量损失分量的数值都较小,并且不超过冲量系数 $\bar{J}_c$ 数值的百分之几,则这些分量的相互影响可忽略不计。

冲量损失数值取决于喷管的几何形状、Re 数、附面层厚度 δ(位移厚度 δ^* 或冲量损失厚度 δ^{**})、比热容(或绝热指标)k_c、燃气膨胀过程的能量与化学不平衡程度、燃气与喷管壁之间的热交换。

对于真实的喷管,Re 数相当大,因此,附面层位移厚度 δ^* 较小,等于相应截面内喷管直径的 5%~10%。

　　燃气与喷管壁之间的热交换用热交换因子或温度因子代表,为喷管入口上管壁温度 T_w 与燃气总温 T_0 的比值（$\bar{T}_w = T_w / T_0$）。喷管内没有热交换时,热交换因子等于 $\bar{T}_w = 0.9$,燃气与喷管壁之间存在热交换时,$\bar{T}_w < 0.9$[64]。

　　液体燃料喷气发动机和涡轮喷气发动机燃烧室内温度高或具有空气喷气发动机的飞行器飞行速度大时,喷管入口处燃烧物的总温可达 2 500～3 000 k。在这样的温度和中等压力下,喷管入口处的燃烧物将出现局部分解。在其膨胀和冷却的情况下,由于喷管内化学反应的速度有限,来不及完成重新组合,在燃烧室内（或喷管入口上）分解燃烧物所耗用的燃料化学能,不能充分转化成喷流的动能。这会导致因化学不平衡性（$\Delta \bar{J}_{化学不均}$）而出现喷管的冲量损失,较短喷管就会有这种情况,这时,喷管内的燃气停留时间极短（$10^4 \sim 10^5$）,内能和化学成分也来不及随气流中温度和压力的变化而变化。对于具有中等超声速飞机（$Ma_\infty \ll 3$）的喷管及长喷管而言,大多数情况下,都可认为燃烧物的膨胀过程在能量和化学反应方面是平衡的。

　　综上所述,超声速喷管的主要冲量损失分量是与摩擦力有关的损失 $\Delta \bar{J}_{摩擦}$、与喷口截面内的散射有关的损失、不平衡性或速度矢量的不平行度有关的损失。

　　确定喷管推力特性的问题包括两个方面:① 确定喷管的几何参数、工作状态条件、损失层面上的气流参数,包括确定给定几何形状喷管具体方案的特性;② 选择喷管的最佳几何参数和工作条件,以保证喷管的冲量（推力）损失最小。

　　第二个问题的解决与第一个问题直接相关,重要的是不仅要估算冲量或推力的总损失,还要确定单个分量的损失。

3.3.1　摩擦引起的冲量损失

　　正如文献[53]、[64]中所指出的那样,根据附面层中的 Re 数,可能有层流状态、过渡状态湍流状态。图 3 - 23(a)上以摩擦冲量损失与 Re 数（根据喷管入口上的燃气参数,在考虑燃气在真空中的最大流动速度及喷管完整长度的情况下确定）关系曲线的形式,示出了针对出口截面内 $Ma_c = 2.5 \sim 3.5$ 的超声速喷管,在 $\bar{T}_w = 0.9$ 亦即没有热交换的情况下,使用空气作为工作体得到的实验研究结果。图上还示出了燃气在喷管附面层中的三种流动状态: $Re_{wc} < 10^7$ 时的层流状态,$10^7 \leqslant Re_{wc} \leqslant 3 \times 10^7$ 范围内的转换状态,以及 $Re_{wc} > 10^7$ 时的湍流状态。从 $Re_{wc} \approx 10^8$ 开始,摩擦冲量损失与 Re 数（摩擦损失与 Re 数关系曲线的自成型区域）的关系很弱,这与喷管壁的表面粗糙度有关。

　　喷气发动机的喷管内存在上述三种流动状态。然而,对于推力量级相当高的大多数现代空气喷气发动机和火箭发动机而言,喷管内的附面层是湍流附面层。正是针对该流动状态,获得了大部分的计算及实验数据,这是最具有实践意义的。

　　图 3 - 23(a)所示 $\bar{T}_w = 0.9$ 时针对冷空气中的超声速喷管的实验数据表明,亚声速段和超声速段中的摩擦冲量损失,对于湍流流动区域不超过理想冲量的 0.5%,而 $\bar{T}_w = 0.9$ 时,亚声速段中的摩擦冲量计算表明,这些损失小于 0.1%[见

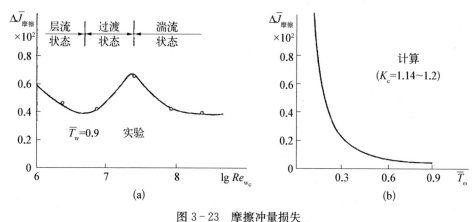

图 3-23 摩擦冲量损失

(a) Re 数的影响 (b)（亚声速段喷管）温度因子的影响

图 3-23(b)]。针对超声速喷管，在实验数据基础上得到的不同管壁粗糙度情况下的摩擦冲量损失，在图 3-24 上给出[53]。图上的粗糙度系数 $\bar{K}_s$ 是指喷管壁表面上的突起高度与喷管临界截面直径的比值。

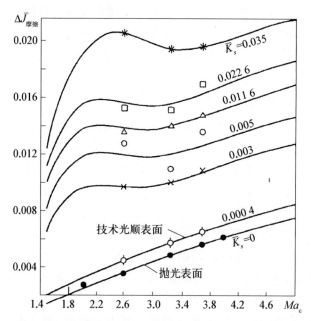

图 3-24 不同粗糙度下圆形喷管内的摩擦冲量损失（$k_c = 1.4$，$\bar{T}_\omega = 0.9$）[53]

所示数据表明，针对超声速飞机的空气喷气发动机喷管（出口 $Ma_c \ll 3$），技术光顺表面可保证使摩擦冲量小于理想冲量的 0.5%，对于 $Ma_c = 3.5 \sim 5$ 的喷气发动机喷管，$\Delta \bar{J}_{摩擦} \approx 0.6\% \sim 0.8\%$。

轴对称超声速喷口截面的长度和直径、燃气比热容 k_c 和温度因子 $\bar{T}_\omega$ 对喷管摩擦冲量损失数值影响的计算数据,示于图 3-25 和图 3-26 上[53]。

针对湍流区域计算冲量损失,只适用于出口截面内流动均匀的短喷管。

喷口截面的相对半径恒定时($\bar{R}_c = \text{const}$),由于燃气浸润的表面面积增大,以及温度因子 $\bar{T}_\omega$ 和定容比热容 k_c 的减小(与靠近喷管壁的燃气密度增大有关,见图 3-25),摩擦损失随着喷管超声速段长度的增大而增大。喷管超声速段的相对长度固定时,随着出口截面相对半径的增大,冲量损失因喷管壁处燃气密度的减小而减小(见图 3-26)。

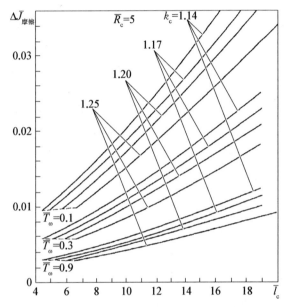

图 3-25 不同 k_c 和 $\bar{T}_\omega$ 值下喷管超声速段的 $\Delta\bar{J}_{摩擦}$ 与 $\bar{l}_c$ 的关系曲线[53]

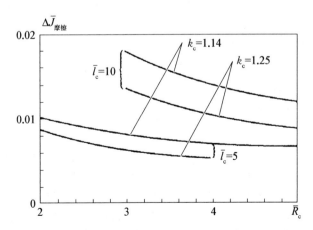

图 3-26 喷管不同长度及不同绝热指标下超声速段内的摩擦冲量
损失与出口半径的关系曲线

图 3-25 和图 3-26 表明,因与管壁摩擦导致的冲量损失数值,只针对超声速段长的具体发动机喷管,可达到相当大的数值(为喷管理想冲量的 1% 以上)。对于喷管长度通常较短 ($\bar{l}_c \leqslant 2 \sim 4$) 的超声速飞机,喷管内的摩擦冲量损失不超过喷管理想冲量的 0.5%。

3.3.2　锥度(散射)及流动湍流度造成的冲量损失

在锥形超声速喷管内[见图 2-1(c)或图 2-6(a)],主要的冲量损失之一是散射损失或因喷口截面内的锥度(速度矢量的不平行度)导致的损失。图 3-27 给出了这些损失 $\Delta \bar{J}_k$ 与喷管超声速段扩张角 θ_c 的关系曲线。

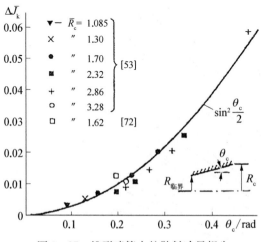

图 3-27　锥形喷管内的散射冲量损失

随着超声速段扩张角 θ_c 的增大,流动锥度摩擦损失的增大相当明显。

使用如下关系式,可以对不同文献中的实验数据进行令人满意的拟合,下式(3-4)按文献[53]进行拟合:

$$\Delta \bar{J}_k = \sin^2 \frac{\theta_c}{2} \qquad (3-4)$$

或者使用与喷管速度系数损失类似的关系式 $\Delta \varphi_k = 0.5(1 - \cos \theta_c) = \sin^2 \frac{\theta_c}{2}$ (按文献[5]、[52])进行上述拟合,即式(1-50)给出的 $\Delta \bar{J}_k$ 和 $\Delta \varphi_k$ 的关系。应当指出,文献[53]中得到的冷空气中的实验数据,表明在所研究的 $\bar{R}_c = 1.085 \sim 3.28$ 数值范围内,喷口截面内尺寸的影响较弱。

散射损失产生的原因还有喷管超声速段缩短,它具有型面设计的通道,使出口内的流动均匀,并平行于喷管轴。文献[53]、[64]中进行的计算表明,针对这种喷管的冲量损失系数取决于超声速段的长度、出口截面半径及比热容的比值(见图 3-28)。喷管长度与按型面设计的原始通道相比缩短了,因此,当 $\bar{R}_c = const$ 时,由于喷管横截面内气流参数的湍流度增大而导致散射冲量损失增大。喷管长度固定时,即 $\bar{l}_c = const$,随着出口截面半径的增大,由于气流参数的湍流度增大,冲量损失也增大,与图 3-27 上针对锥形喷管的超声速段锥度角 θ_c 增大时的情况类似。

喷管端点已给定时,亦即 $\bar{l}_c = const$,$\bar{R}_c = const$ 时,不同比热容 k_c 的影响表现在超声速段通道的差异上。图 3-28 表明,尽管随着 k_c 的增大,散射冲量损失增大,然而,该变化 $\Delta \bar{J}_k$ 较小,为喷管理想冲量的 0.5%~0.7%。

文献[53]、[64]中,针对与流动湍流度和摩擦力有关的喷管冲量损失,进行了

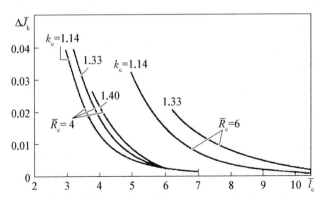

图 3-28 不同出口半径及绝热指标下 $\Delta \bar{J}_k$ 与喷管长度的关系曲线[53]

更详细的分析,建立了不同型号的圆喷管通道。

当喷口截面上的速度矢量平行,但该截面内存在速度湍流度时,正如文献[5]中计算所表明的那样,速度湍流度冲量损失 $\Delta \bar{J}_{不均}$ 并不大,小于理想冲量的 0.1%。

影响超声速喷管冲量损失的参数之一是喷管临界截面区域内的外廓半径或倒圆半径 R_2(见图 3-29)[53]。倒圆半径 R_2(除以 $R_{临界}$)的影响通过两个因子表现出来。亚声速段的最大气流速度集中在喷管的临界截面区域内,因此,亚声速段的摩擦损失取决于 $\bar{R}_2$ 值:$\bar{R}_2$ 越大,摩擦损失就越大。另一方面,$\bar{R}_2$ 减小,会导致临界截面内的速度湍流度增大及声速线弯曲。临界截面内的这种速度湍流度沿着超声速段扩散,并在喷管的出口截面内出现附加的气流湍流度,导致冲量损失再次增大(见图 3-29 上的 $\Delta \bar{J}_{入口}$)。图 3-29 所示实验数据,是按式(3-1)进行的按型面设计且具有倒圆入口($\bar{F}_{入口} = 2.34 \sim 5$)的亚声速段结果,其表明,首先,$\bar{R}_2$ 减小至零时,也就是说,对于临界截面内有拐点的喷管,入口损失 $\Delta \bar{J}_{入口}$ 急剧增大(总冲量损失 $\Delta \bar{J}_c$ 也相应地增大)。其次,存在着一个最佳的 $\bar{R}_2$ 值,在该值下,考虑摩擦的总冲

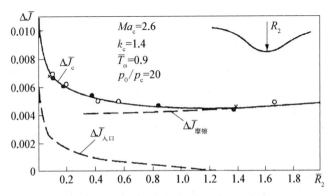

图 3-29 临界截面内的通道倒圆半径对超声速喷管冲量损失值的影响

●—按型面设计的超声速段,$\bar{F}_{入口} = 2.34$;*—按型面设计的亚声速段,$\bar{F}_{入口} = 5$;○—有倒圆半径的亚声速段,$\bar{F}_{入口} = 2.34$

量损失、亚声速段的损失及喷口上气流的附加湍流度最小。对于图 3-29 所示实验条件,该值为 $\bar{R}_{2最佳} \approx 1.3 R_{临界}$。

文献[27]给出了对喷管临界截面区域内拐点通道倒圆半径对圆锥形喷管超声速段总冲量损失的影响进行的计算和实验研究。处理分析喷管临界截面内通道倒圆半径对压力沿喷管亚声速段和超声速段分布的影响外,还分析了对喷管流量系数的影响,这在前一节中已经进行了研究(见图 3-13)。

图 3-30 示出了所研究型号锥形超声速喷管的示意图。使用两种方式实现具有拐点的锥形喷管临界截面区域内通道的倒圆:在第一批次喷管中,倒圆拐点的圆弧既是喷管亚声速通道的一部分,也是超声速通道的一部分,喷管长度稍有变化(三种方案);在第二批次喷管中,在超声速段长度不变的情况下,将其制成圆弧形,并且保留临界截面内的拐点(七种喷管方案)。

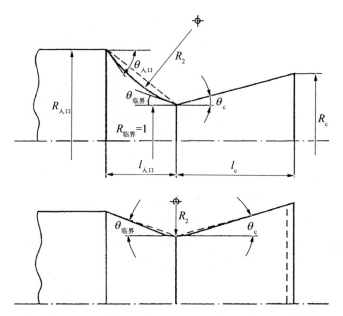

图 3-30　亚声速段形状不同的锥形超声速喷管[27]

喷管主要几何参数(所有几何参数都除以临界截面半径 $R_{临界}$)的变化范围如下:

对于第一批次的喷管,入口截面和出口截面的相对半径($\bar{R}_{入口} = 1.22$, $\bar{R}_c = 1.42$),喷管亚声速段和超声速段的通道倾角($\theta_{入口} = 26°$, $\theta_c = 12.5°$)是恒定不变的,而变化的是临界截面内的拐点倒圆半径值 $\bar{R}_2 = 0 \sim 1$、亚声速段喷管长度 $\bar{l}_{入口} = 0.44 \sim 0.54$、超声速段喷管长度 $\bar{l}_{入口} = 1 \sim 2.02$。

对于第二批次的喷管,喷管亚声速段入口半径及其长度($\bar{R}_{入口} = 1.74$, $\bar{l}_{入口} = 0.75$),是恒定不变的,而变化的是倒圆半径值 $\bar{R}_2 = 0$ 和 $\bar{R}_2 = 1.06$、通道倾角 $\theta_{入口} = 38.7°$ 和 $\theta_{入口} = 43°$($\theta_{临界} = 38.7°$ 和 $\theta_{临界} = 19°$)、喷管超声速段的长度和锥度角 $\bar{l}_c = 1.64 \sim 1.68$、$\theta_c = 1° \sim 10.5°$。几何参数的变化范围覆盖了一系列各种

用途超声速飞机空气喷气发动机所特有的工作状态。

使用各种方法来计算喷管特性：使用三阶精度的有限差分法[25]及使用一阶精度的戈杜诺夫差分法[26]。在后一种方法中，使用了两种方法来提高计算精度：① 计算喷管的亚声速和超声速区域时[78]，先划分出计算段，随后将计算网格细密化，并线性外推至零尺寸网格，以及在超声速区域内使用穿透计算法[8]进行计算；② 使用修正法[21]。

针对两种喷管方案：临界截面内有拐点的方案 $\bar{R}_2 = 0$ 及存在临界截面区域内通道倒圆半径的方案 $\bar{R}_2 = 1$，图 3-31 示出了使用各种方法计算的相对压力（静压除以喷管内的总压）沿喷管亚声速和超声速段管壁的分布，并与实验数据进行了比较。采用各种方法得到的计算结果，以及与实验数据的比较，它们的符合性都满足要求。对于两种方案，图 3-31 上的特点是收缩之前的亚声速段折点内，存在一个

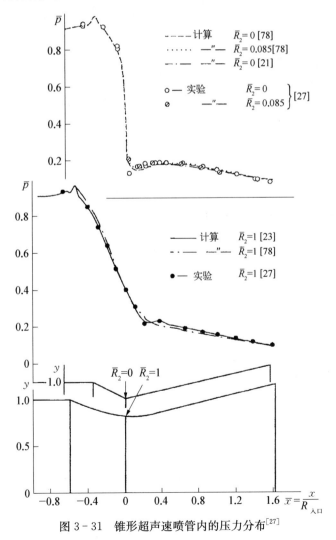

图 3-31　锥形超声速喷管内的压力分布[27]

不大的"尖峰"式压力超出值,由于 $\bar{R}_2 = 0$ 方案的临界截面内的拐点附近存在气流的局部加速,压力急剧下降,而在 $\bar{R}_2 = 1$ 方案的拐点倒圆的喷管处,压力下降得更加平缓。下面将专门利用一节来更加详细地介绍有拐点喷管临界截面邻域内流动的某些特点。

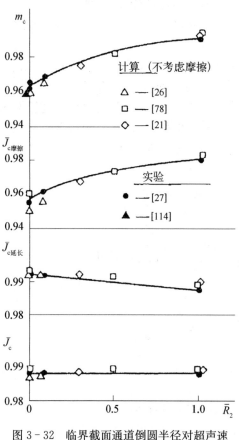

图 3-32　临界截面通道倒圆半径对超声速锥形喷管特性的影响

图 3-32 根据计算和实验研究结果示出了临界截面区域内拐点倒圆半径对图 3-30 所示超声速锥形喷管总体性能的影响。除了喷管的流量系数(其与倒圆半径值的关系曲线已在分析图 3-13 时进行了研究)之外,图 3-32 给出了由式(1-43)、式(1-44)和式(1-45)确定的冲量系数、比冲系数、相对冲量系数这 3 个数值与 $\bar{R}_2$ 数值的关系曲线。应当指出,给出冲量系数的计算值时,未考虑超声速段中的摩擦,然而,正如已经在前一节中指出的那样,针对所研究喷管的摩擦冲量损失值较小,比理想冲量的 0.5% 小得多。由于确定每个冲量系数的特殊性,$\bar{R}_2$ 变化时,其变化特点各不相同。

喷管临界截面区域内通道倒圆半径 $\bar{R}_2$ 的减小,伴有该截面内流动湍流度的增大,导致流量系数 μ 和冲量系数 $\bar{J}_{c摩擦}$ 减小,比冲 $\bar{J}_{c冲量}$ 增大。此时,相对冲量系数 $\bar{J}_c$ 仍然保持恒定,并且与 $\bar{R}_2$ 无关。

可以认为,锥形超声速通道有断口的超声速喷管的级别,与锥形喷管级别相近。超声速飞机的空气喷气发动机上,使用该级别的复杂引射喷管,在不可调节的方案中,该级别喷管示于图 2-1(h)上,而在可调节的方案中,示于图 2-3(j)上。在超声速飞行的巡航状态下,一些少量的冷却(二次)空气到大喷管超声速段通道中形成的台阶(或断口)上。

文献[72]中提出了构建这样的喷管通道的近似方法,并给出了到达喷管超声速段中形成的断口上的空气在各种流量下的实验数据。图 3-33 图解说明了引气流量 Q_2/Q_c 对超声速段不同截面上有断口的锥形喷管相对冲量的影响。等效锥形超声速喷管在超声速段的锥度角为 $\theta_c = 11°$(方案 1)。在通道有断口的喷管中,按照文献[72]中提出的方法,针对引气的相对流量值 $\bar{Q} = 0.025$ 对台阶尺寸进行了优化。进行实验研究时,使用加权方式,在考虑二次引气情况,测量了喷管的实际冲量和推力,并且将测得的数值除以了主气流和引气气流的理想冲量或理想推力的总数值。在供送冷却主空气流和引二次气流的情况下进行实验。

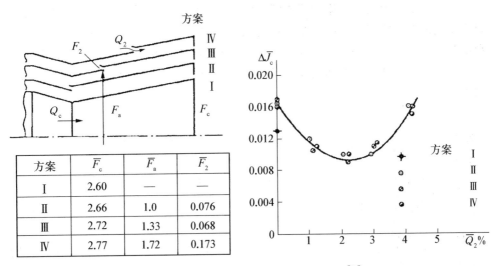

方案	$\overline{F}_c$	$\overline{F}_a$	$\overline{F}_2$
I	2.60	—	—
II	2.66	1.0	0.076
III	2.72	1.33	0.068
IV	2.77	1.72	0.173

图 3-33　有断口锥形喷管内的冲量损失[72]

图 3-33 给出的所研究方案的损失,包括超声速段内的摩擦损失、喷口流动锥度损失,以及与主气流和二次气流相混有关的损失。

所示结果表明了通道有断口的喷管的很多特点。首先,将通道断口位置从临界截面挪至靠近喷口截面的地方,实际上并不会对喷管的冲量损失数值产生影响。其次,在引气零流量 $\overline{Q}_2 = 0$ 的情况下,超声速段内存在断口(或台阶)会导致冲量损失稍稍增大(在 $0.3 \sim 0.5\%$ 的范围内)。

第三,针对引气流量 $\overline{Q}_2 = 0.025$ 计算的有断口喷管冲量损失最小值,可在 $\overline{Q}_2$ 的某个变化范围内达到,而不只是在计算点内如此($\overline{Q}_2 = 0.01 \sim 0.03$)。第四,有断口的最佳喷管冲量损失最小值,甚至比没有断口的等效锥形喷管的冲量损失还要小些(在 0.2% 的范围内),正如文献[72]所指出的,是根据多次实验的结果得出的。

3.3.3　具有固壁的圆形超声速喷管的推力损失

喷管推力损失既取决于冲量损失数值 $\Delta \overline{J}_c$(速度系数损失 φ_c),也取决于喷管的工作状态。一般情况下,喷管内的推力损失可描述成如下形式:

$$\Delta \overline{P}_c = \Delta \overline{P}_{cmin} + \Delta \overline{P}_{c不可计算} \tag{3-5}$$

式中:$\Delta \overline{P}_{cmin}$ 为最小推力损失,对应着喷管内的流动计算状态 $\pi_c = \pi_{c计算}$ 及推力系数最大值 $\overline{P}_{cmax}$(见图 3-3、图 3-20、图 3-21)。由式(1-50)来确定 $\Delta \overline{P}_{cmin}$ 数值与冲量损失值 $\Delta \overline{J}_c$ 的关系,而最小推力损失数值本身,与式(3-3)类似,则可表示成摩擦

损失、湍流度损失、锥度损失等的和值。

这样,如果使用图 3-23~图 3-29 等所示冲量损失值,并根据式(1-50),可以很容易地确定与所研究喷管对应的最小推力损失 $\Delta \bar{P}_{cmin}$。

$\Delta \bar{P}_{c不均}$ 值是因喷管内流动湍流度产生的推力损失,并且在 $\pi_c = \pi_{c计算}$ 的情况下,只表示喷流的过膨胀状态和膨胀不足的状态。在喷管内 $\pi_c = \pi_{c计算}$ 的计算状态下,数值为 $\Delta \bar{P}_{c不均} = 0$。图 3-34 示出了超声速飞机喷气发动机喷口相对面积值为 $\bar{F}_c = 1 \sim 3(k_c = 1.4)$、落压比 $\pi_c = 2 \sim 3.5$ 时,因喷管内流动不可计算导致的推力损失。

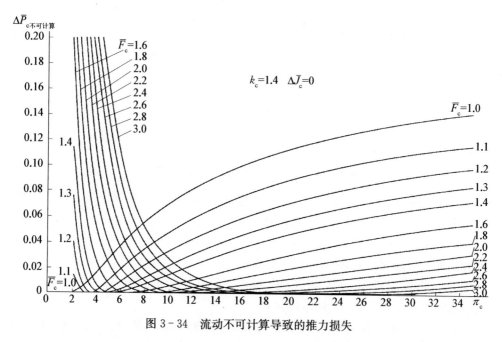

图 3-34　流动不可计算导致的推力损失

图 3-35~图 3-38 示出了工作在较高空间的冲压式空气喷气发动机、高超声速冲压式空气喷气发动机及火箭发动机喷管特有数值 $[\bar{F}_c = 1 \sim 50(k_c = 1.14 \sim 1.4)$ 及 $\pi_c \approx 10 \sim 1\,000]$ 下的曲线类似网格。

零冲量损失下 $\Delta \bar{J}_c = 0(\Delta \bar{P}_{cmin} = 0)$ 及针对过膨胀状态喷管内无分离流动,得到了因不在计算状态导致的推力损失(图 3-34~图 3-38 的左分支)。

数值 $\bar{F}_c = 1$ 表示的是任何型号(圆形、二元、三元)的声速收敛喷管,而 $\bar{F}_c > 1$ 表示的是过膨胀状态下任何型号的具有固壁膨胀超声速段(其中的某个区域存在着无分离流动状态 $\pi_c < \pi_{c计算}$),以及膨胀不足的状态下的所有型号的超声速喷管。

由于某些喷管布局的特殊性,例如,带中心体喷管,根据图 3-22(c),过膨胀状态 $\pi_c < \pi_{c计算}$ 下的推力损失,将低于图 3-34~图 3-38 所示等效超声速喷管的推力损失,因此,该状态下,带中心体喷管内的流动,被赋予了固壁超声速喷管中的分离

流动特性。

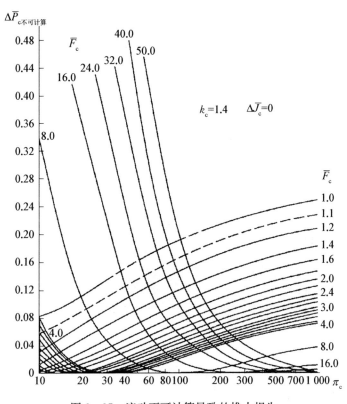

图 3-35 流动不可计算导致的推力损失

图 3-34～图 3-38 所示曲线表明,在飞行器上使用不可调喷管的情况下,即飞行时燃烧室内的压力、高度和(或) $Ma_{飞行}$ 都变化,无论是在过膨胀状态下,还是在膨胀不足的状态下,在很多情况下,由于喷流流动不可计算,喷管的推力损失都可能达到喷管理想推力的百分之几十。

文献[62]中针对锥形超声速喷管、通道被缩短的喷管、出口具有均匀流动的按型面设计的喷管(见图 3-39)绘制的推力损失计算值的诺莫图,很便于实际应用的,它们是使用特性法进行计算的。通过计算得到的推力损失,包括通道损失、流动不可计算性导致的损失及摩擦损失。为估算摩擦损失,使用文献[90]中的摩擦系数近似公式,其与 $Re = 6 \times 10^5 \sim 10^7$ 范围内的实验数据是相符的:

$$c_f = 0.003 \left[1 + 0.72 \left(\frac{k_c - 1}{2} M_c^2 \right) \right]^{-0.578} \tag{3-6}$$

根据文献[62],可将与摩擦有关的推力损失描述成如下形式:

$$\Delta \overline{P}_{c摩擦} = 0.0022 \, l_c / D_{临界} \text{——针对缩短的喷管} \tag{3-7}$$

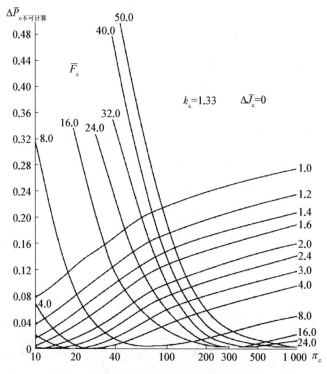

图 3 - 36　流动不可计算导致的推力损失

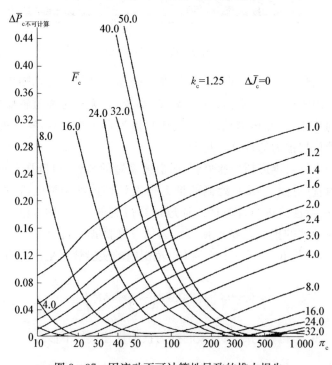

图 3 - 37　因流动不可计算性导致的推力损失

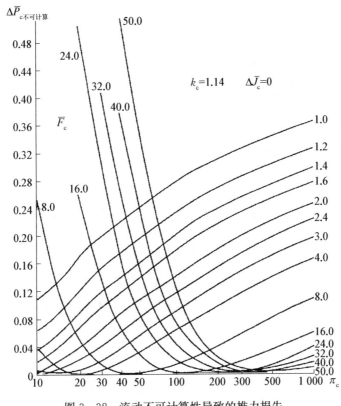

图 3-38 流动不可计算性导致的推力损失

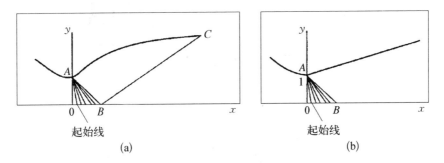

(a) (b)

图 3-39 超声速喷管型号[62]

(a) 出口上气流均匀的缩短喷管 (b) 锥形喷管

$$\bar{P}_{c摩擦} = 0.0031 l_c / D_{临界} \text{——针对锥形喷管} \tag{3-8}$$

图 3-40~图 3-42 示出了文献[62]中得到的针对缩短的按型面设计喷管推力损失诺莫图,而图 3-43~图 3-45 则示出了对针对喷流的三种比热容比值 k_c 不同的锥形超声速喷管推力损失诺莫图。这些诺莫图上的坐标 x 和 y 都除以了临界截面半径,计算初始点从喷管的临界截面($x=0, y=1$)算起。

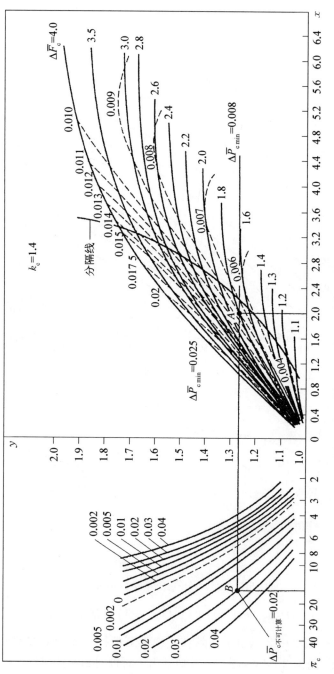

图 3-40 缩短的按型面设计喷管的推力损失

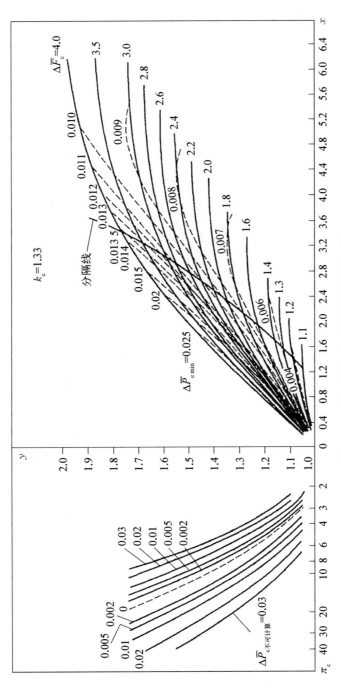

图 3 - 41 缩短的按型面设计喷管的推力损失

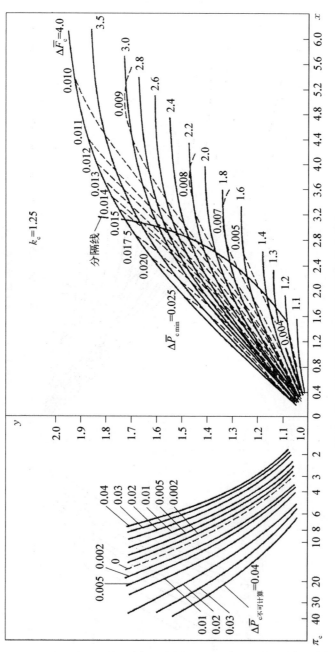

图 3 - 42　缩短的按型面设计喷管的推力损失

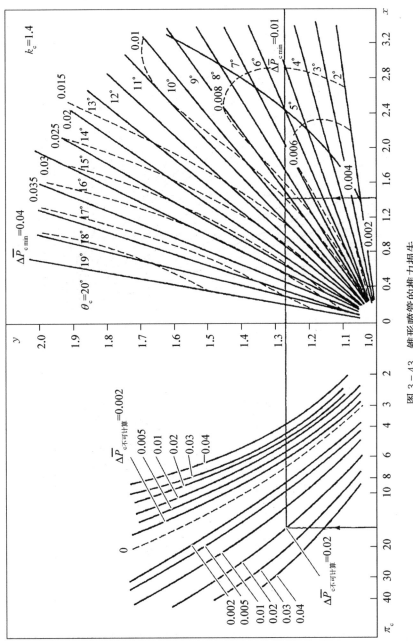

图 3-43 锥形喷管的推力损失

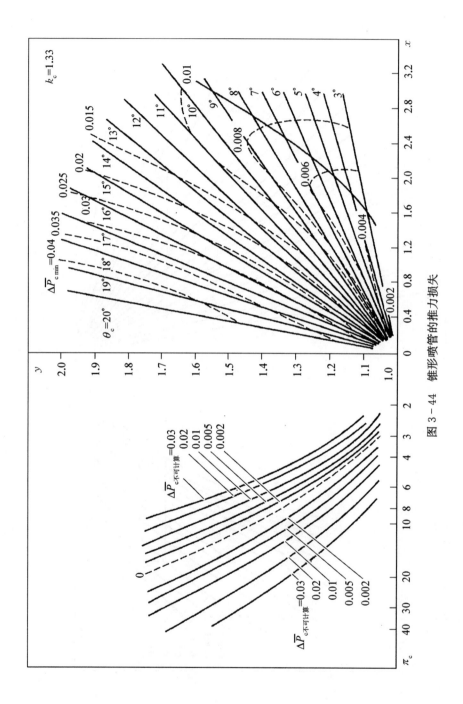

图 3-44　锥形喷管的推力损失

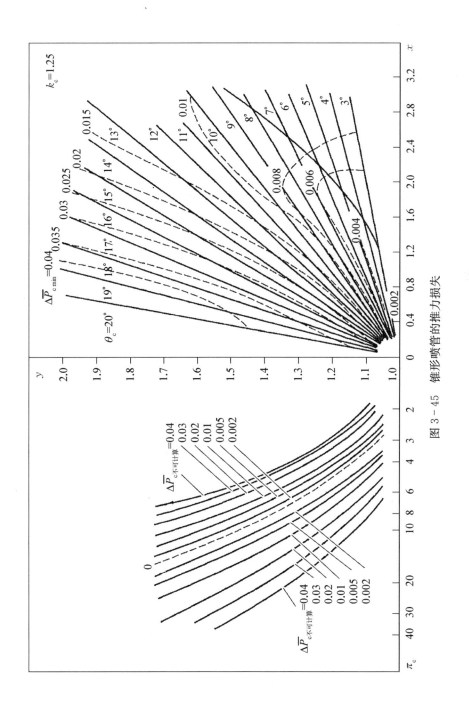

图 3 – 45 锥形喷管的推力损失

对于缩短的按型面设计喷管,图 3-40~图 3-42 示出的诺莫图的右部分,使用实线喷管通道,出口截面的相对面积范围为 $\overline{F}_c = 1.1 \sim 4$。

对于缩短后喷管通道特性的计算方法,文献[62]推荐使用如下拟合公式:

$$y = 1 + Ax + Bx^2 + Cx^3 \tag{3-9}$$

式中: $A = 0.076\ 3\sqrt{\overline{F}_c} - 1.023\ 9$, $B = 0.140\ 1\sqrt{\overline{F}_c} - 1.105\ 0$, $C = 0.023\ 8\sqrt{\overline{F}_c} + 0.012\ 9$。

对于锥形喷管,图 3-43~图 3-45 右边部分中的图形用实线标出了喷管超声速段的锥度角 θ_c。图 3-40~图 3-45 上的图形用虚线标出了喷管推力的最小内损,其为通道损失(湍流度和流动锥度损失)与超声速段在 $\pi_c = \pi_{c\text{计算}}$(亦即在计算的流动状态下,当喷口上的静压等于周围大气压力)时摩擦损失之和。

在图形的左边部分,给出了不可计算导致的推力损失随喷管中落压比的变化。图形该部分上的虚线对应于计算状态(因不可计算导致的零推力损失)。左侧的虚线表示的是喷流膨胀不足时的推力损失,右边虚线表示的是喷流转换膨胀时的推力损失。

图 3-40~图 3-45 的右边部分示出了分隔线,按照图 3-40~图 3-42,其左侧的喷管通道可能是锥形的,其右侧的喷管通道应是按型面设计的。图 3-43~图 3-45 上的这些分隔线,在临界截面内的无撞击流区域和形成撞击波的流动区域之间有边界[62]。

根据所示诺莫图,可以相当简单又迅速地确定推力最小损失 $\Delta\overline{P}_{c\text{min}}$(图形右边部分)、不可计算导致的损失(图形左边部分)及其和值 $\Delta\overline{P}_c$。为此,在图形的右边部分中,针对喷管的给定几何外形 $x = l_c$ 和 $y = R_c$(l_c 和 R_c 均除以临界截面半径 $R_{\text{临界}}$),存在一个交点 A 及与其对应的虚线 $\Delta\overline{P}_{c\text{min}} = \text{const}$。如果点 A 未落到虚曲线上,则在该点内,沿两排分布虚曲线进行插值。

图 3-40 上的点 A 对应着虚曲线,而这就意味着,针对所研究喷管($l_c = 2$, $R_c = 1.27$)的推力最小损失值为 $\Delta\overline{P}_{c\text{min}} = 0.008$。

图形左边部分中,存在一个两条直线的交点 B(对应于给定的 $y = R_c$ 及落压比 π_c 值)。在所研究的图 3-40 的情况下,对于 $R_c = 1.27$ 的喷管,举例选择 $\pi_c = 16$。对于点 B,存在相应的曲线 $\Delta\overline{P}_{c\text{不可计算}} = \text{const}$。在所研究的情况下,该曲线对应的因不可计算导致的推力损失为 $\Delta\overline{P}_{c\text{不可计算}} = 0.02$。如果交点 B 落在两条 $\Delta\overline{P}_{c\text{不可计算}} = \text{const}$ 曲线之间,则沿两排曲线进行插值,求出推力损失数值。

针对 $\pi_c = 16$ 的工作状态,按曲线确定的所研究缩短喷管($l_c = 2, R_c = 1.27$)的两个数值 $\Delta\overline{P}_{c\text{min}} = 0.008$ 和 $\Delta\overline{P}_{c\text{不可计算}} = 0.02$ 之和,就是喷管的总推力损失 $\Delta\overline{P}_c = 0.028$。

使用类似的方式确定,按照图 3-43~图 3-45 所示曲线,确定锥形喷管的推力损失。

上述关于喷管的几何形状对通道损失（或散射损失）和摩擦损失影响方面的数据表明（例如，图3-25～图3-27），在给定的喷口截面面积下（$\overline{F}_c = \text{const}$），超声速段长度减小，会导致摩擦冲量（或推力）损失减小，并且对于锥形喷管，由于超声速段的锥度角增大，还会导致散射冲量（或推力）损失的增大。因此，可以认为，应存在一个最佳的超声速段锥度角θ_c值，在考虑摩擦损失和散射损失的情况下，可保证使冲量（或推力）损失最小。

文献[86]（也见文献[71]）的实验数据表明，无分离流动状态下，锥度角在$\theta_c \approx$ $10° \sim 13°$范围内的喷管，可保证使超声速锥形喷管内的推力损失最小（见图3-46）。这一结论对于各种型号的发动机的锥形超声速喷管，无论是空气喷气发动机，还是液体燃料火箭发动机，都是成立的，因为在文献[5]中已证明，对于液体燃料火箭发动机的喷管而言，在燃烧室或喷管内相对压力的很宽范围内（$\pi_c = 100 \sim$ $5\,000$）变化，在考虑摩擦损失和流动锥度（或真空推力系数）的情况下，可保证喷管具有最大冲量系数的喷管最佳锥度角，位于$\theta_c \approx 10° \sim 12.5°$的范围内。

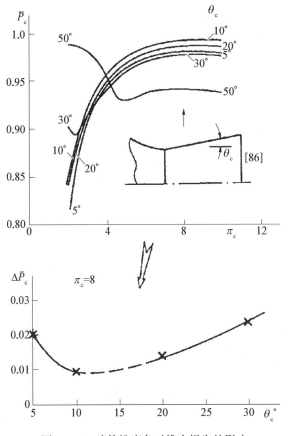

图3-46 喷管锥度角对推力损失的影响

3.3.4 亚声速段具有大收缩角的喷管的某些特性

3.2节中所列的不同实验和计算数据表明,收缩比 $F_{入口}/F_{临界}$ 及锥形亚声速段临界截面处收缩角 $\theta_{临界}$ 的增大,在所研究的几何参数及落压比 π_c(见图 3-10～图 3-12)的整个变化范围内,会明确导致喷管流量系数下降。至于亚声速段收缩角大至 90° 的声速喷管或超声速喷管的推力特性,按照不同文献作者的数据,$\theta_{临界}$ 角对推力特性的影响并不一致。图 3-47 根据文献[146]的数据,图解说明了 $\pi_c \leqslant 5$ 时,$\overline{F}_{入口}$ 和 $\theta_{临界}$ 对收缩锥形喷管推力系数的影响。推力系数是在考虑亚声速段内摩擦损失的情况下给出的。管道收缩比不大时,即 $\overline{F}_{入口} \approx 1.21$,亚声速段收缩角增至 90°,与收缩角不大[$\theta_{临界}=5°$,见图 3-47(a)]的情况相比,既可导致推力系数的下降($\pi_c \approx 2 \sim 3$),也可提高推力系数($\pi_c > 3$)。从入口到临界截面的通道收缩比大时($\overline{F}_{入口}=2.56$),$\theta_{临界}$ 从 5° 增至 90° 会提高推力系数[见图 3-47(b)]。在所研究的 π_c 范围内,推力系数的这一最大增加值小于理想推力的1%,然而,可以看出该差值具有随着 π_c 的增大而增大的趋势。文献[23]、[28]、[29]、[30]、[79]、[82]中进行的数值计算表明,最小截面处二维理想燃气的湍流度增大(亦即 $\theta_{临界}$ 增大),会导致收敛喷管的比冲和单位推力的增大。

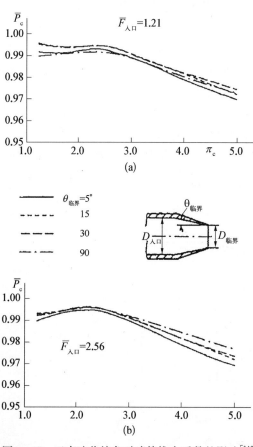

图3-47 亚声速收缩角对喷管推力系数的影响[146]

由此得出,正如文献[30]、[79]中所指出的,理想的燃气流动情况下,给定长度拉瓦尔超声速喷管收缩段的最理想通道是管壁倾角 $\theta_{临界}=90°$ 的通道,因为通过将喷管亚声速段的长度减小为零,可增大超声速段的长度。文献[17]、[79]中进行的数值计算表明,将亚声速段的收缩角 $\theta_{临界}$ 从 0° 增至 90°,会在所研究的整个 $\pi_c=2\sim30$ 范围内,增大单位推力,并且在 $\pi_c \approx 20$ 时,该增大量约为喷管理想推力的2%。文献[79]中还形成了对喷管收缩段通道的基本要求,以保证获取虽大收益:喷管入口中没有分离区域或其最小时,其应保证喷管临界截面内气流的最大湍流度。在该文献中,给出了无分离通道的构建方法:入口上的倒圆半径数值 $R_1 > \delta^*/\xi$,式中 ξ

为分离判据。

文献[27]以计算-实验研究结果为基础证明(见图 3-32),将临界截面内的亚声速段通道倒圆半径减小到零(增大该截面内的气流湍流度),会导致喷管冲量系数 $\bar{J}_{c摩擦}$ 下降、比冲量系数 $\bar{J}_{c冲量}$ 增大,并使相对冲量系数 $\bar{J}_c$ 保持恒定。

因此,评估亚声速段收缩角对超声速喷管总体性能的影响时,重要的是为进行比较,不仅选择喷管推力效率表达式的形式,还要选择喷管本身的比较方式[64]。对喷管性能进行的比较,要么在喷管几何形状相同的情况下进行[27],要么在流经喷管的燃气流量相同的情况下进行。此时,对于所比较的喷管,认为燃气参数和出口截面的绝对面积相同($k_{c1}=k_{c2}$,$T_{oc1}=T_{oc2}$,$p_{oc1}=p_{oc2}$,$F_{oc1}=F_{oc2}$),而被比较喷管的差异表现为临界截面几何面积的差异。

比较流量相同($Q_{c1}=Q_{c2}$)的喷管时,收缩角大 $\theta_{临界1}>\theta_{临界2}$ 的喷管,流量系数小($\mu_{c1}<\mu_{c2}$,见图 3-10),因此,根据流经被比较喷管的流量相等的条件,可有 $F_{临界1}>F_{临界2}$。因为在这种情况下,$\mu_{c1}F_{临界1}=\mu_{c2}F_{临界2}$,$F_{c1}=F_{c2}$,则显然有 $q(\lambda_{c1})=\mu_{c1}F_{临界1}/F_{c2}=q(\lambda_{c2})=\mu_{c2}F_{临界2}/F_{c2}$,并且等于实际冲量 $J_{c1}=J_{c2}$ 和比冲

$$J_{c冲量1}=\frac{J_{c1}}{Q_{c1}}=J_{c冲量2}=\frac{J_{c2}}{Q_{c2}} \tag{3-10}$$

比较临界截面相同 $F_{临界1}=F_{临界2}=F_{临界}$ 的喷管时,在流量系数不同,例如 $\mu_{c1}<1$,$\mu_{c2}=1$ 情况下,流经这些喷管的燃气流量不相等 $Q_{c1}<Q_{c2}$。

因此有 $q(\lambda_{c1})=\mu_{c1}F_{临界1}/F_{c1}<q(\lambda_{c2})=F_{临界}/F_{c2}$,因为 $\mu_{c1}<1$,而 $F_{c2}=F_{c1}$,因而有 $\lambda_{c1}>\lambda_{c2}$,确定冲量值的燃气动力函数 $z(\lambda_{c1})>z(\lambda_{c2})$。则两个喷管的冲量比值为

$$\frac{J_{c1}}{J_{c2}}=\mu_{c1}\frac{z(\lambda_{c1})}{z(\lambda_{c2})} \tag{3-11}$$

而比冲量的比值为

$$\frac{J_{c冲量1}}{J_{c冲量2}}=\frac{z(\lambda_{c1})}{z(\lambda_{c2})} \tag{3-12}$$

由后一个等式明显可见,$J_{c冲量1}>J_{c冲量2}$,而如果分解成级数,上述等式可轻松证明

$$\frac{J_{c1}}{J_{c2}}=\mu_{c1}[1+(1-\mu_{c1})A] \tag{3-13}$$

式中:$A<1$[64]。

这样,在两个喷管临界喷口面积相同的情况下,临界截面内的亚声速段收缩角 $\theta_{临界}$ 更大的喷管,实际的冲量比零收缩角喷管小些,而比冲大些。

然而,在大收缩角 $\theta_{临界}$ 下,亚声速段内存在黏性或气流分离(见图 3-16 和图 3-17),可改变具有不同收缩角 $\theta_{临界}$ 的超声速喷管的推力特性。因此,只有实验研究可给出关于亚声速段收缩角 $\theta_{临界}$ 对这些性能影响的最终答案。

为此目的,在亚声速段收缩角 $\theta_{临界}=0\sim90°$ 的范围内,进行了锥形声速和超声速喷管的实验研究[41]。

研究了收缩声速喷管的一系列模型(见图 3-48)及锥形超声速喷管(其亚声速段的形状与收缩声速喷管的相应方案相同)的一系列模型(见图 3-49)。

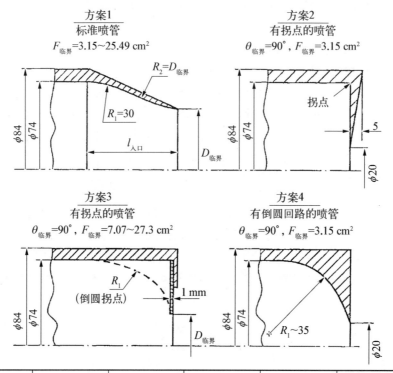

方　案	$D_{临界}$/mm	$F_{临界}$/mm^2	$\theta_{临界}$	$F_{临界}/F_{入口}$	备　注
1	20～57	3.15～25.49	0	0.073～0.59	标准喷管
2	～20	3.15	90°	0.073	拐点
3-1	～30	7.07	90°	0.16	拐点
3-2	～35	9.60	90°	0.22	拐点
3-3	～45	16.04	90°	0.37	拐点
3-4	～45	16.04	90°	0.37	倒圆拐点
3-5	～60	27.3	90°	0.64	拐点
3-6	～60	27.3	90°	0.64	倒圆拐点
4	～20	3.15	90°	0.073	倒圆拐点
5	～49.4	19.2	34.5°	0.44	锥形声速喷管

图 3-48　声速喷管

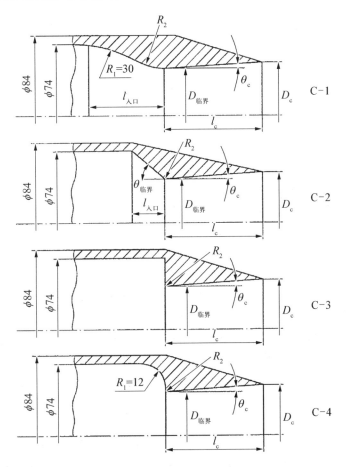

图 3-49 超声速喷管

方　案	$D_{临界}/$ mm	$l_{入口}/$ mm	$\theta_{临界}$	$R_2/$ mm	$F_{临界}/$ $F_{入口}$	$D_c/$mm	$l_c/$ mm	θ_c	$\bar{l}_c/$mm	$\bar{F}_c/$mm
C-1	49.4	40.4	0	49.4	0.44	51.2	51.6	1°	1.04	1.07
C-2	49.4	18	34.5°	0.2	0.44	51.2	51.6	1°	1.04	1.07
C-3	49.4	0	90°	0	0.44	51.2	51.6	1°	1.04	1.07
C-4	49.4	11	90°	0	0.44	51.2	51.6	1°	1.04	1.07

声速收敛喷管入口截面的相对面积在很宽的范围($\bar{F}_{入口} = 1.56 \sim 13.7$，$\bar{F}_{临界} = 0.073 \sim 0.64$)内变化。使用三种方式制造收敛喷管的亚声速段：与 TsAGI 标准喷管的通道类似(有两个连接半径，见图 3-6)，锥形亚声速段($\theta_{临界} = 34.5°$ 和 90°)，以及按照文献[79]，当 $\theta_{临界} = 90°$ 且入口区段倒圆半径可保证在所研究的 π_c 范围内时，亚声速段内的流动没有分离。所有超声速喷管都具有使用这三种方法制作的亚声速段通道(在具有相同的收缩比 $\bar{F}_{入口} = 0.44$ 及相同的锥形超声

速段 $\bar{F}_c = 1.07, \bar{l}_c = 1.04, \theta_c = 1°$ 的情况下）。入口和临界截面内的附面层厚度示于图 3-7 上，而亚声速段的流量系数及分离区域尺寸，则示于 3.2 节的图 3-12、图 3-16～图 3-18 上。

实验研究是在喷管内落压比的变化范围很宽（$\pi_c \approx 2 \sim 270$）的情况下进行的，并且无论是对喷管亚声速段和超声速段内的流动，还是对流到喷口后方的喷流中的流动，都进行了显形研究。

根据喷管的研究方法，给出了对喷管不同方案进行的实验研究的所有结果，并与中央空气流体动力研究院使用的标准喷管特性进行了比较（见图 3-6）。

3.3.4.1　声速（收缩）喷管

亚声速段收缩角大的收缩声速喷管的特点之一是在通道收缩始端形成了分离区域（见图 3-16、图 3-17）。

毋庸置疑，必须消除这样的分离区域，以便改善亚声速段的绕流，提高喷管的燃气动力特性。当 $\theta_{临界} \approx 90°$ 时，根据文献[79]，消除收敛喷管亚声速段分离区的方式之一是对通道初始收缩部位的拐点进行倒圆，例如，制成圆弧（见图 3-48）。通道入口区段拐点倒圆半径 R_1 为零和不为零时，$\theta_{临界} = 90°$ 的收敛喷管亚声速段绕流谱照片，是对这一现象的图解说明（见图 3-50）。使用炭黑-滑油涂层法（简称油流法），对实验前后，亦即在没有和有喷流时（$\pi_c \approx 4$）喷管收缩区段绕流谱进行比较，发现了存在或是不存在气流分离的区域。$\theta_{临界} = 90°$ 时，喷管入口区段的始端存在拐点时，分离区域大约占据了一半的收缩区段端部管壁，未被炭黑-滑油涂层浸润的点，证明了这一点。向着临界截面方向的被炭黑-滑油涂层浸润的点，证明存在着收缩通道端部管壁绕流，并且这一黏附流动区域大约占据了一半的端部管壁[见图 3-50(b)]。对于喷管收缩区段入口上的拐点被倒圆的声速喷管，由于在所研究的通道收缩比下，流速较小，只有喷管通道水平区段上的滑油膜未被浸润。

在通道倒圆的通道整个收缩区段区域上，炭黑-滑油薄膜都表明，从收缩初始部位到喷管临界截面存在无分离扰流[见图 3-50(d)]。

利用阴影仪和炭黑-滑油涂层，对标准声速喷管（$\theta_{临界} = 0$）和 $\theta_{临界} = 90°$ 并且通道的绕流无分离的收缩声速喷管中流出的喷流进行显形试验时，可观察到一个特点，见图 3-51～图 3-53。两个声速喷管都有相同的直径或临界截面面积 $F_{临界} = 3.15 \text{ cm}^2$。这一特点表现为在喷管的临界喷口之后，膨胀不足的喷流流动形状不同。对于标准喷管（$\theta_{临界} = 0$），膨胀不足的声速喷流的边界在喷管临界喷口之后急速膨胀（见图 3-51）。对于 $\theta_{临界} = 90°$ 的喷管，在相近的膨胀不足程度（相近的 π_c 值）下，在某一不长的区间内，喷流先是圆柱形的，随后，喷流边界均匀扩散（见图 3-52）。目视也可发现，对于 $\theta_{临界} = 90°$ 的喷管，照片上的浅色核心喷流在临界截面之后收缩至最小直径，比标准喷管（$\theta_{临界} = 0$）在大致相同 π_c 值下的直径还小。

在安装在临界截面后方的垂直平板上，使用油流法对喷流进行的显形还表明，当 $\pi_c = \text{const}$ 及 $F_{临界} = \text{const}$ 时，两种喷管的喷流边界形状不同（见图 3-53）。

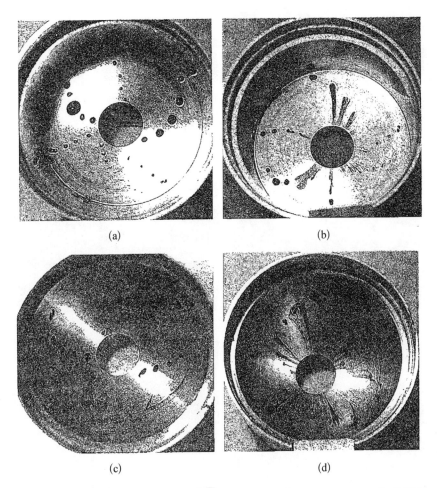

图3-50 喷管超声速段($\theta_{临界} = 90°$;$\overline{F}_{入口} = 13.7 \text{ cm}^2$;$F_{临界} = 3.15 \text{ cm}^2$)的绕流

(a) 方案 2,$\overline{R}_1 = 0$,无喷流(实验前)　(b) 方案 2,$\overline{R}_1 = 0$,$\pi_c \approx 4$　(c) 方案 4,$R_1 = R_{临界}$,无喷流(实验前)　(d) 方案 4,$R_1 = R_{临界}$,$\pi_c \approx 4$

图 3-54 示出了 $\pi_c = \text{const}$ 及 $F_{临界} = \text{const}$ 时,使用照相和临界截面重合法得到的从 $\theta_{临界} = 0$ 和 $\theta_{临界} = 90°$ 的两种喷管中流出的喷流边界的示意性比较情况。根据两种收敛喷管在 $F_{临界} = \text{const}$ 和 $\pi_c = \text{const}$ 情况下的喷流边界测量结果,可以看出,在相当宽的落压比变化范围内($\pi_c \approx 20 \sim 270$),从标准喷管($\theta_{临界} = 0$)中流出的膨胀不足的喷流,尺寸要大些,亦即在相同的 π_c 值下,比从 $\theta_{临界} = 90°$ 的喷管中流出的喷流具有更大的膨胀度。通过进行这样的比较,可以做出一个假设,对于 $\theta_{临界} = 90°$ 的喷管,$F_{临界} = \text{const}$ 和 $\pi_c = \text{const}$ 的条件等效于喷流从直径小于标准喷管或 $\overline{F}_c > 1$ 的某个假想超声速喷管的亚声速段中流出,$\pi_c = \text{const}$ 时,该喷流在上述喷口后方的膨胀不足程度,低于标准喷管。

可以认为,从两个这样的收缩声速喷管流出的喷流形状的差异,会导致其推力

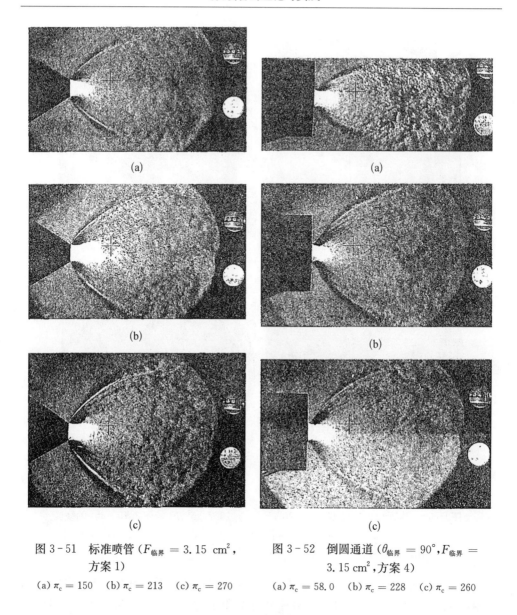

图 3 - 51　标准喷管（$F_{临界} = 3.15$ cm²，
　　　　　方案 1）

(a) $\pi_c = 150$　(b) $\pi_c = 213$　(c) $\pi_c = 270$

图 3 - 52　倒圆通道（$\theta_{临界} = 90°$，$F_{临界} = $
　　　　　3.15 cm²，方案 4）

(a) $\pi_c = 58.0$　(b) $\pi_c = 228$　(c) $\pi_c = 260$

特性的差异，而显形结果则可以解释这种可能的差异。

　　图 3 - 52 和图 3 - 53 上的照片表明，膨胀不足程度严重的喷流边界，相当靠近 $\theta_{临界} = 90°$ 的喷管模型的端部表面，并且这样的喷流可以影响该端面上的压力分布。为评估端部表面上的压力变化对喷管推力加权测量的可能影响并消除这种影响，对该表面上的压力进行了测量。图 3 - 55 给出了 $\pi_c \approx 20 \sim 25$ 时端面上的压力值与周围大气压力 p_∞ 的差异（$\bar{p}_{压力} = p_{压力} / p_\infty$）。最主要的是，该端面上的压力分布表明，膨胀不足气流的边界接近，并不产生推力增量，而多半正好相反，会由于端面上的压力下降，致使喷管的推力损失增大（在所研究的情况下，推力损失的该增

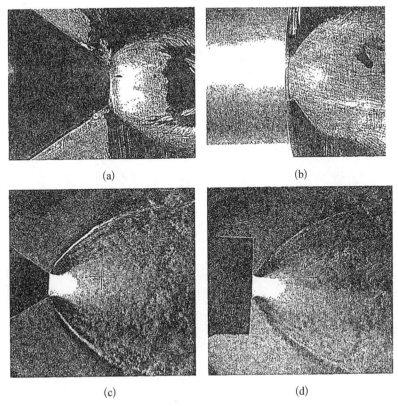

图 3-53　具有不同 $\theta_{临界}$ 的喷管（$F_{临界} = 3.15\ \text{cm}^2$；$\overline{F}_{入口} = 13.7\ \text{cm}^2$）

(a) $\pi_c = 21.6, \theta_{临界} = 0°$　　(b) $\pi_c = 21.6, \theta_{临界} = 90°$　　(c) $\pi_c = 260, \theta_{临界} = 0°$

(d) $\pi_c = 260, \theta_{临界} = 90°$

(a),(b)—方案 1；(c),(d)—方案 4

量值不小于 $\pi_c > 20$ 情况下喷管理想推力的 0.3%）。

对于标准喷管，喷流边界位于离喷管外表面相当远的地方，其对喷管推力的影响还要小些。

图 3-56 通过比较测得的标准喷管（$\theta_{临界} = 0$）与 $\theta_{临界} = 90°$ 的收缩声速喷管推力损失随喷管内落压比 π_c 变化的情况，以图解说明的形式，对多次测量的收敛喷管的推力特性进行了汇总。在没有对不同超声速段通道方案及通道相对收缩比数值 $\overline{F}_{入口} \approx 1.56 \sim 13.7$ 进行细化的情况下，$\theta_{临界} = 90°$ 喷管的推力损失，以虚线区域的形式给出，而标准喷管的推力损失，则以实线的形式给出。应再次指出，根据式 (1-41)，喷管的推力损失根据实际（由应变片测得的）推力与按照燃气流经喷管的实际流量确定的理想推力的比值来确定。毋庸置疑，对于 $\theta_{临界} = 90°$ 的收缩声速喷管，所测得的与膨胀不足有关的推力损失，总体上低于标准喷管（$\theta_{临界} = 0$）的推力损失。此时，对于不大的 $\pi_c \approx 2 \sim 3$ 的数值，这种差异位于理想推力 0.5% 的范围内，而当 $\pi_c \geqslant 20$ 时，可增至理想推力的 $2\% \sim 2.5\%$。通过对图 3-56 上测得的推

力损失及图 3-51～图 3-54 上照片进行的比较表明,在 $\theta_{临界} = 90°$ 的情况下,喷流膨胀不足的程度低,对应于 $\pi_c = \mathrm{const}$ 情况下的较小推力损失。

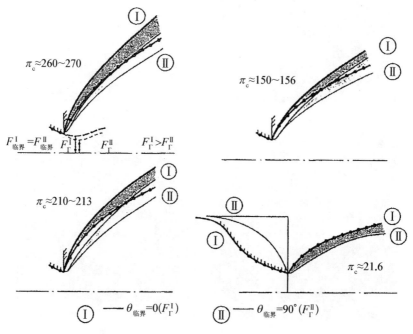

图 3-54　$\theta_{临界}$ 值不同的喷管喷流边界的比较

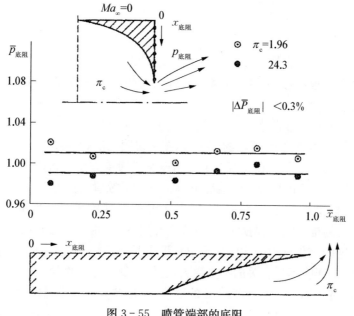

图 3-55　喷管端部的底阻

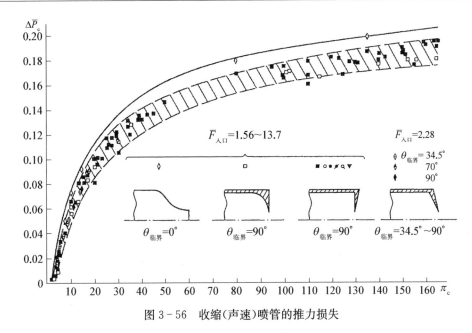

图 3 - 56　收缩(声速)喷管的推力损失

正如图 3 - 18 所示,对 $\theta_{临界} = 90°$ 的收敛喷管入口区段的通道进行倒圆,可将喷管的流量系数提高 $1\% \sim 2\%$,消除通道入口区段内的气流分离区域(见图 3 - 50),并使推力损失有所下降(虚线区域内的下部曲线)。

由于亚声速段收缩角 $\theta_{临界}$、喷管从入口到临界截面的喷管通道的相对收缩度 $F_{入口} / F_{临界}$ 决定了喷管的流量系数值 μ_c(见图 3 - 10),图 3 - 57 上根据流量系数 μ_c 的变化绘制出了不同方案收敛喷管的推力特性。

推力损失表示为 $\theta_{临界} \neq 0$ 的收敛喷管的损失与针对两种喷管方案按式(1 - 41)确定的标准喷管损失的差值。

按式(1 - 45)和式(1 - 48)确定相对冲量 $\bar{J}_c$ 和冲量损失 $\Delta \bar{J}_c$。可以指出,在实验数据的一个散布带内,随着流量系数 μ_c 的减小,亦即亚声速段收缩角 $\theta_{临界}$ 的增大,收敛喷管的相对冲量 $\bar{J}_c$ 减小(或相对增量损失 $\Delta \bar{J}_c$ 增大)。$\theta_{临界} \neq 0$ 的收敛喷管 ($\mu_c < 1$) 与标准喷管 ($\mu_c \approx 1$) 相比推力损失的下降,根据图 3 - 56,取决于喷管中的落压比 π_c,并且在所研究的 π_c 范围内,可达到喷管理想推力的 $2\% \sim 2.5\%$。针对亚声速收敛喷管得到的结果宜与下列超声速喷管类似研究的结果一起进行分析。

3.3.4.2　具有不同亚声速段的超声速喷管

为评估亚声速段形状对超声速喷管特性的影响,对超声速段相同且有 4 个不同亚声速段的 4 个方案进行了研究(见图 3 - 49)。尽管这些方案的收缩亚声速段的长度不同,但喷管模型的总长度相同,以便使亚声速段内表面对喷管总体特性的影响最小。

正如针对收敛喷管一样,还研究了锥形超声速喷管亚声速段及超声速段内的流动特点。图 3 - 16 示出了针对所研究超声速喷管型号的不同 $\theta_{临界}$ 值下亚声速段

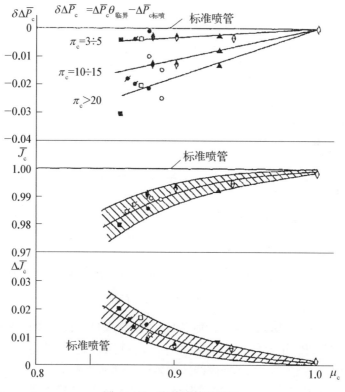

图 3-57　收敛喷管的特性

内的分离区位置。而 $\theta_{临界} = 34.5°$ 和 $\theta_{临界} = 90°$ 的亚声速和超声速段的绕流谱,则在图 3-58 和图 3-59 上示出。所研究型号的锥形喷管内的流动特点,是超声速段

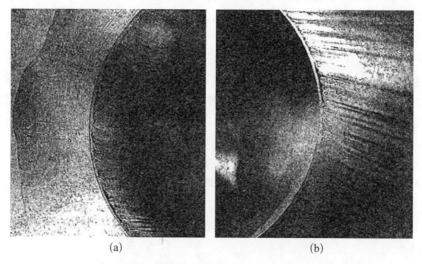

(a)　　　　　　　　　　　(b)

图 3-58　(a) 喷管亚声速段内的视图和(b) 喷管超声速段内的视图

$\theta_{临界} = 34°30'$;$\theta_c = 1°$;$\pi_c = 3$

内的喷管临界截面后方，存在一个局部分离区。此外，可以相当清楚地看到，超声速段内存在一个使用油流法得到的周期性结构（纵向阴影和明亮条带交替）。在分离湍流的实践中，该周期性结构是已熟知的分离湍流附着画面，具有鞍点和节点的交替[6,7,67]。图 3-60(a)上与黏附画面一起给出了所研究型号喷管内的气流的这种黏附示意图。喷管临界截面拐点（通道折点）内分离的湍流，重新黏附到喷管的超声速管壁上，形成局部分离区域。分离后加速至超声速的气流的这种黏附作用，可伴有黏附区内出现的斜激波。黏附区内出现的上述周期性结构，使用文献中的已知数据，可以很好地修正其条带数量 n，条带宽度 λ[见图 3-60(b)]。

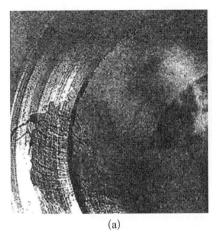 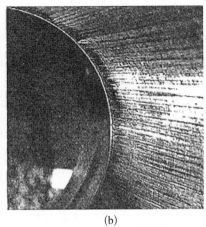

(a)　　　　　　　　　　　　(b)

图 3-59　(a) 喷管亚声速段内的视图和(b) 喷管超声速段内的视图

$\theta_{临界} = 90°$；$\theta_c = 1°$；$\pi_c = 3$

喷管超声速段内临界截面后方形成的局部分离区长度较小，不超过临界截面直径的 10%[见图 3-60(a)]。

在图 3-61(a)和 3-61(b)中，给出了图 3-49 中喷管方案 C-2 的锥形亚声速段和超声速段的压力在各种 π_c 情况下的分布。一种情况下，喷管壁上测得的静压除以周围大气压力得到相对静压 $\bar{p} = p/p_\infty$，而在另一种情况下，除以喷管内的总压得到 $\bar{p} = p/p_0$。喷管长度方向坐标原点取临界截面处。

随着压力或落压比 π_c 的增大，亚声速和超声速段内管壁上的静压与周围大气压力的比值总体上单调增长[见图 3-61(a)]。由于喷管长超声速段及亚声速段内的流动是自成型的，亦即不取决于周围大气压力，则在喷管的这些区域中，管壁上的静压与喷管内总压的比值，除了喷口区域内外，落压比 $\pi_c \ll 3.75$ 时[见图 3-61(b)]，与 π_c 值无关。正如从图 3-61(a)及图 3-61(b)上看出的，$\pi_c < 3.75$ 时，对于所研究的喷管方案，喷口处的超声速段内，会产生气流分离，伴有压力升高至周围大气压力。随着 π_c 值的减小，气流分离越来越从喷口向喷管内部的临界截面移动。

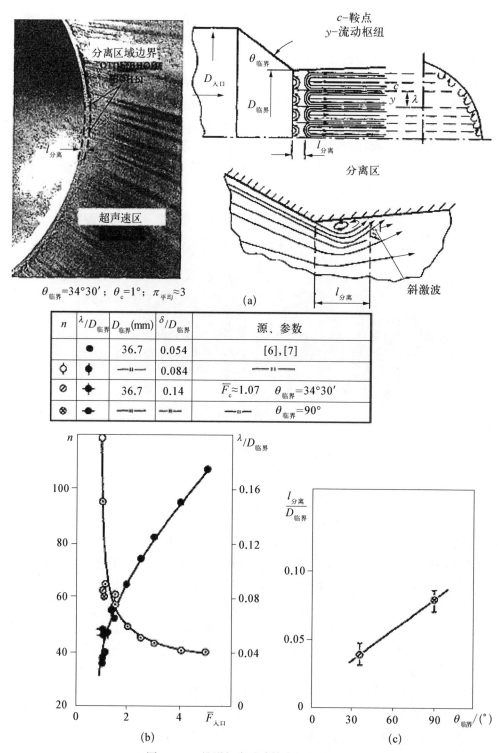

图 3-60　锥形超声速喷管中的流动画面

特有的是当落压比 π_c 小于临界值时（对于 $k_c = 1.4$，$\pi_c < 1.89$），由于临界截面内存在拐点，气流急剧加速至超声速（至 $Ma \approx 1.75$），表示临界截面内的静压急剧下降，随后出现气流阻滞和压力增大，临界截面后方产生激波[见图 3 - 60(a)]。达到某个最大值后，由于超声速段内的气流加速，管壁上的压力重新开始下降，与常规超声速喷管中的情况一样。

有拐点的锥形喷管超声速段内流动的主要特点，还表现在当 $\theta_{临界} = 90°$ 时，亦即亚声速段长度为零的喷管中[见图 3 - 62]。图 3 - 62 以喷管尺寸为比例，标出了静压受感器的分布位置。

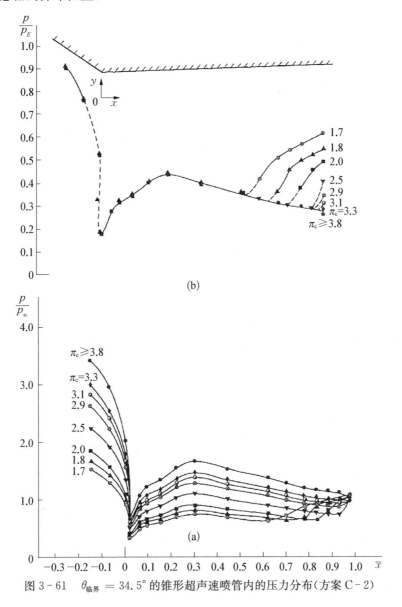

图 3 - 61　$\theta_{临界} = 34.5°$ 的锥形超声速喷管内的压力分布（方案 C - 2）

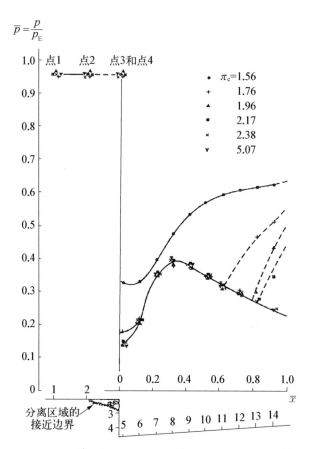

图 3-62　$\theta_{临界} = 90°$ 的超声速喷管的静压分布（方案 C-3，见图 3-49）

$\theta_{临界} = 90°$ 方案的特点是喷管临界截面区域内亚声速段的静压值是恒定的，此时，在锥形收缩亚声速段处，观察到了压力平缓下降的情况，与气流在收缩区段内运动时的燃气流的加速有关（见图 3-61）。

根据图 3-16 和图 3-17，两点（2 号和 3 号）位于气流的分离和附着边界区域内，但与此同时，所有四个被测点内亚声速段内管壁上的压力实际上相同（见图 3-62）。这证明，$\theta_{临界} = 90°$ 时，气流在喷管临界截面内从亚声速急速到声速，发生在较小区段内，并且与加速有关的所有静压梯度，集中在临界截面的拐点区域内。

当 $\pi_c \gg 2.38$ 时，该喷管方案中已经出现了自成型流动，亦即管壁上的静压与大气压无关，见图 3-62。$\pi_c < 2.38$ 时，喷口处的曲线 $\overline{P}$ 响应表明出现了气流分离，和任何超声速喷管内的气流一样，随着 π_c 数值的减小，向喷管内部移动。这里还应指出一个重要情况，即使在 $\pi_c = 1.76$，亦即小于临界压差的情况下，某段喷管内也保持自成型流动。这与气流绕流临界截面内的拐点时，局部加速至超声速有关。只有在 $\pi_c \approx 1.56$ 时，才会完全破坏整个超声速段内的自成型性，并且喷管超声速段管壁上的相对压力，高于与自成型流动状态对应的压力量级。此时，应当指出，

正如所测得的管壁相对压力值所表明的,在临界截面后方,气流按照一维理论加速至超声速,对应于 $Ma = 1.35(k_c = 1.4)$。这时,自成型遭到破坏,要么可能伴有附面层扰动沿亚声速段由周围大气大气向直接在临界截面后方形成的分离区域内传递,要么浸润该分离区域,由入口截面向喷管内部移动。

对于具有不同亚声速段收缩角 $\theta_{临界}$ 和超声速段扩散角 $\theta_{超}$ 组合情况的超声速喷管,如图 3-63 所示,比较压力分布是有意义的。所列数据表明,或者是 $\theta_{临界} =$ const 时的锥形超声速段的扩张角 $\theta_{超声速}$ 影响沿超声速段管壁的静压分布,或者是 $\theta_{超声速} =$ const 时的锥形亚声速段的收缩角 $\theta_{临界}$ 影响沿超声速段管壁的静压分布。喷管亚声速段和超声速段通道处的圆圈号码,分别对应压力分布曲线号。

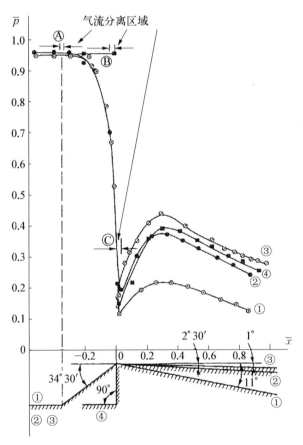

图 3-63 锥度角 $\theta_{临界}$ 和 $\theta_{超}$ 不同的超声速喷管的压力分布

在图 3-63 中,还示出了根据流谱(见图 3-16、图 3-58~图 3-60)得到的各喷管研究方案通道拐点区域内的三种类型的分离区域。不大的分离区(A)产生于 $\theta_{临界} = 34.5°$ 的锥形亚声速段的初始收缩段,分离区(B)表示零长度的亚声速段 ($\theta_{临界} = 90°$),分离区(C)表示超声速喷管内直接位于临界截面后方的分离区域。对于 $\theta_{临界}$ 和 $\theta_{超}$ 的不同组合方案,压力沿喷管管壁的变化,都有一个共同之处:在临界截面内的拐点区域内,存在一个急陡的落压"尖峰",压力在该"尖峰"后恢复至针对该喷管而言的最大值,随后,根据气流在超声速段内的加速情况,压力向喷口方向下降。然而,超声速段内的压力量级,与 $\theta_{临界}$ 和 $\theta_{超}$ 数值的关系极其密切。在所研究扩张角中的最大扩张角数值($\theta_{超}=11°$)下(方案 1),落压"尖峰"值不大,沿超声速段管壁的压力量级最小。

在恒定的亚声速段收缩角下 $\theta_{临界}=34.5°$,收缩角 $\theta_{超}$ 降至 2.5°,随后降至 1°,导致沿超声速段管壁的静压量级因每一截面内及喷口上气流 Ma 数减小而提高(方案 2 和 3)。

在恒定的超声速段扩张角($\theta_{超}=1°$)下,亚声速段收缩角从 $\theta_{临界}=34.5°$ 增大至 $\theta_{临界}=90°$,会导致沿超声速段管壁的静压量级下降(方案 3 和 4)。该事实与 $\theta_{临界}=90°$ 的喷管临界截面内的气流湍流度增大对纵向截面有效面积(流量系数)减小的影响有关,并且,根据图 3-60(a),与临界截面后方形成的分离区绕流时,气流加速至高超声速有关。

图 3-64 示出了具有相同的超声速段和不同的亚声速段(见图 3-49)的锥形超声速喷管四种方案的主要综合特性随落压比 π_c 变化的测量结果。对于声速喷管,如图 3-56 和图 3-57 所示,按式(1-30)、式(1-41)、式(1-45)或式(1-48)确定了流量系数 μ_c、推力损失 $\Delta \bar{P}_c$ 相对冲量系数 $\bar{J}_c$ 或冲量损失 $\Delta \bar{J}_c$。对于超声速喷管,也和收缩声速喷管一样,随着亚声速段收缩角的增大,流量系数 μ_c 和相对冲量系数 $\bar{J}_c$ 下降。根据相对冲量系数 $\bar{J}_c$ 的下降情况,图 3-64 上用阴影虚线标出的所测推力损失最小值 $\Delta \bar{P}_{cmin}$,在亚声速段收缩角 $\theta_{临界}$ 从 0 增大至 90°。此时,随着 $\theta_{临界}$

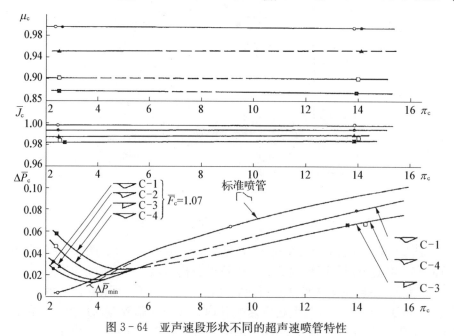

图 3-64 亚声速段形状不同的超声速喷管特性

的增大,推力损失的最小值向大 π_c 值的方向移动。

跟踪亚声速段通道形状不同的超声速喷管推力损失随落压比 π_c 的变化是有意义的。

根据图 3-64 所示数据,可以明显看出,在 π_c 值的哪个区域内,亚声速段收缩角 $\theta_{临界}$ 的增大会导致喷管推力损失的下降或增高。在过膨胀喷流流动状态下及接近于计算状态,$\theta_{临界}$ 的增大,亦即流量系数的减小,会导致超声速喷管推力损失的增大。$\pi_c > \pi_{c计算}$ 时,亦即在膨胀不足的喷流流动状态下,$\theta_{临界} = 90°$ 的超声速喷管的推力损失,比 $\theta_{临界} = 0$ 的喷管低,亦即类似于收缩声速喷管。与声速喷管的情况一样,在 $\theta_{临界} = 90°$ 时,在亚声速段内使用无分离通道(拐点倒圆)会导致喷管流量系数与未倒圆亚声速段($\theta_{临界} = 90°$)相比的增大及推力损失或冲量损失的下降。然而,选择更平缓均匀的亚声速段形状(标准喷管通道的形式),在计算状态及喷流过膨胀状态下,方案 C-1 会给出所研究方法中锥形超声速喷管的最大推力损失下降值。

从上述实验研究结果中,可以得出一个相当明确的结论,在过膨胀和计算的喷流流动状态下,亚声速段平缓变化的喷管与标准喷管通道类似,可保证推力损失更低,而在喷流膨胀不足的流动状态下,推力损失比亚声速段通道为"圆形"的喷管($\theta_{临界} = 90°$)更高。

对于超声速段几何参数相同、但亚声速段不同的超声速喷管,图 3-65 汇总了随流量系数变化的推力损失关系曲线。根据各批次的实验研究结果,虚线区域对应喷管综合特性的测量误差。超声速喷管流量系数变化的影响特点与收缩声速喷管类似,如图 3-57 所示。这意味着,随着喷管的流量系数 μ_c 的减小,亦即在通道收缩比 $F_{入口}/F_{临界} = \text{const}$ 时,增大亚声速段的收缩角 $\theta_{临界}$,相对冲量损失 $\Delta \bar{J}_c$、最小推力损失 $\Delta \bar{P}_{cmin}$ 及喷流过膨胀状态($\pi_c < \pi_{c计算}$)下的推力损失增大。膨胀不足状态下的超声速喷管的推力损失,随着流量系数的增大而减小。

为进行比较,图 3-65 在相应的流量系数 μ_c 值下,给出了文献[27]分析临界截面通道倒圆半径对超声速喷管的综合特性的影响时,在图 3-32 上所列出的 $\Delta \bar{J}_c$ 数据。由于该情况下的流量系数变化范围较小($\mu_c \approx 0.96 \sim 0.985$),则无论是根据计算结果,还是根据实验研究结果[27],实际上均未发现针对 $\Delta \bar{J}_c$ 数值的变化。

只有当喷管流量系数在相当宽的范围内($\mu_c = 0.9 \sim 1$)内变化时,才可以表现出 μ_c 对超声速喷管相对冲量损失的影响。

图 3-64 示出的亚声速段形状不同的超声速喷管推力损失的变化特点,与喷口相对面积不同(见图 3-34)的超声速喷管中,针对流动不可计算性的推力损失变化特点类似:图 3-34 上,过膨胀状态下,推力损失随着 $\bar{F}_c$ 的增大而增大,膨胀不足状态下,推力损失随着 $\bar{F}_c$ 的增大而减小。图 3-64 上,过膨胀状态下,推力损失随着 $\theta_{临界}$ 的增大(亦即 μ_c 的减小)而增大,膨胀不足状态下,推力损失随着 $\theta_{临界}$ 的增大而减小。

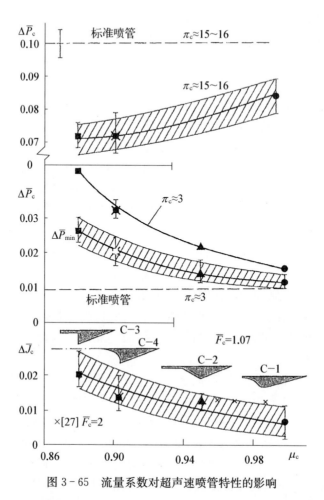

图 3-65　流量系数对超声速喷管特性的影响

由于 $\theta_{临界}$ 的增大伴随着流量系数 μ_c 的下降，亦即等效于临界截面实际或有效面积的下降，则应当针对图 3-64 上事实的分析，引入考虑流量系数的等效或有效喷口面积概念

$$\bar{F}_{c等效} = \frac{\bar{F}_c}{\mu_c} = \frac{F_c}{F_{临界}\mu_c} \qquad (3-14)$$

对于所研究的超声速锥形喷管，喷口的等效面积与几何面积（$\bar{F}_c = 1.07$）相比，与流量系数值 μ_c 成反比。

图 3-66 示出了按照一维理论[按式(3-14)使用的喷口有效面积]，对 $\theta_{临界} = 0$ 和 $\theta_{临界} = 90°$ 的两个超声速喷管的推力损失进行的比较。喷流膨胀不足状态下[见图 3-66(a)]，除了测得的推力损失，还给出了三条从图 3-34 得到的计算曲线，表示膨胀不足状态下（$\Delta\bar{J}_c = 0$ 或 $\Delta\bar{P}_{cmin} = 0$）的推力损失，这三条曲线分别针对 $\bar{F}_c = 1$（标准声速喷管）、$\theta_{临界} = 0$ 的通道平缓的超声速喷管（$\mu_c \approx 1$、$\bar{F}_{c等效} = F_c = 1.07$）

及针对 $\theta_{临界} = 90°$ 和 $\mu_c \approx 0.88 (\overline{F}_{c等效} = \overline{F}_c / \mu_c = 1.22)$ 的喷管。比较结果表明,通过增大喷口等效面积获得的 $\theta_{临界} = 90°$ 的喷管膨胀不足时的推力损失下降效应,在比较 $\overline{F}_{c等效} = 1.07$ 和 $\overline{F}_{c等效} = 1.22$ 的两条计算曲线时,约为理想推力的 3%,在实际喷管中,由于相对冲量损失(或最小推力损失)的增大,根据图 3-64 和图 3-65,会下降至约为理想推力的 1.5%。

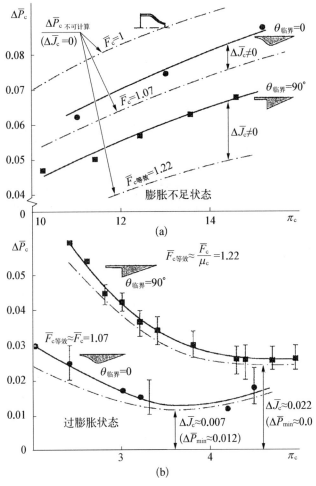

图 3-66 超声速喷管,$\overline{F}_c = 1.07$

可以清楚地看出,由于锥形喷管关键参数不是 $\overline{F}_c$ 数值,而是超声速段锥度角 $\theta_{超}$,如图 3-27 所示,具有平缓亚声速段($\mu_c = 1$)的超声速喷管 $\overline{F}_{c等效} = \overline{F}_c = 1.22$,$\Delta \overline{J}_c$ 或 $\Delta \overline{P}_{c min}$ 的数值接近于 $\theta_{超} = \text{const}$ 时针对喷管 $\overline{F}_c = \overline{F}_{c等效} = 1.07$ 的该数值。因此,这种喷管的推力损失量级应比 $\theta_{临界} = 90°$ 的喷管更接近曲线 $\overline{F}_{c等效} = 1.22$。然而,尽管 $\theta_{临界} = 90°$ 的喷管相对冲量损失 $\Delta \overline{J}_c$ 或相对推力损失 $\Delta \overline{P}_{c min}$ 比 $\theta_{临界} = 0$ 的喷管高,在喷流膨胀不足状态下,超声速段的几何参数相同时,$\theta_{临界} =$

90°喷管的总推力损失,比 $\theta_{临界}=0$ 喷管的低。这些数据是对文献[23]、[28]、[29]、[30]、[79]、[82]中做出的如下结论的实验验证:超声速喷管临界截面内的气流湍流度是由亚声速段的大收缩角 $\theta_{临界}$ 决定,它会导致在喷流膨胀强烈不足的状态下,喷管的推力损失与具有平缓入口的喷管($\theta_{临界}=0$)相比下降。然而,在过膨胀或接近于计算状态的状态下,实验数据及按照一维理论计算的推力损失数据,都证明了$\theta_{临界}\neq0$ 喷管的推力特性差于 $\theta_{临界}=0$ 的方案[见图 3-66(b)]。

这样,考虑流量系数 μ_c,使用一维理论和超声速喷管 $\bar{F}_{c等效}=\bar{F}_c/\mu_c$ 等效或有效喷口面积的概念,就可以简单解释临界截面内流动不均匀度大的喷管($\theta_{临界}=90°$)与流动不均匀度小的喷管($\theta_{临界}=0$)相比,在喷管所有工作状态下的推力损失的变化特点。

对于在 $\pi_c>2$ 范围内所研究的具有不同轮廓的声速收敛喷管,在喷流处于膨胀不足的状态下分析超声速喷管的特性时,如图 3-56 所示,使用喷管一维理论和等效或有效喷口面积得出的所有推论,对于声速喷管而言,也都是成立的。

图 3-67 上作为示例,示出了在膨胀不足的状态下,在 $\pi_c\approx10\sim35$ 的范围内(尽管这可在 π_c 的任何范围内进行),针对 $\theta_{临界}=90°$ 的喷管使用一维理论和等效或有效喷口面积的过程。实验数据来自图 3-56,而针对使用测得的流量系数(见图 3-18)得到的这些喷管的等效面积($\bar{F}_{c等效}=1/\mu_c$),标出了按照一维理论的不可计算性损失。

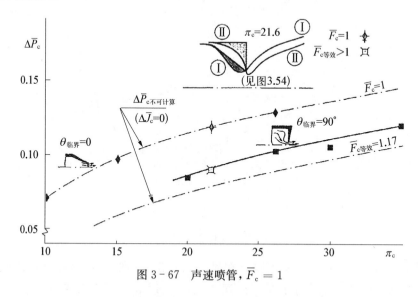

图 3-67 声速喷管,$\bar{F}_c=1$

对超声速喷管也一样,在喷流不足状态下,使用参数 $\bar{F}_{c等效}$ 的一维理论,可解释临界截面内气流不均匀的声速喷管($\theta_{临界}=90°$)与气流更均匀的喷管($\theta_{临界}=0$)相比,推力损失下降的情况。尽管 $\theta_{临界}=90°$ 喷管的冲量损失 $\Delta\bar{J}_c$ 或最小推力损失 $\Delta\bar{P}_{cmin}$ 增大,但在膨胀不足时,其损失比入口平缓的喷管(标准收敛喷管)低,这个降低值与喷口等效面积有关,并且随流量系数值($\overline{F}_{c等效} = 1/\mu_c$)成反比例增长,也就是说,这类似于从收缩声速喷管转换到等效超声速喷管,而根据图3-34,后者在膨胀不足状态下的推力损失低些,而这一降低值,正比于喷口面积的增大。

这样,对亚声速段形状不同的声速喷管和超声速喷管总体特性进行的实验研究表明,从亚声速段形状平缓的喷管($\theta_{临界} = 0$)转换到通道"陡急"的喷管($\theta_{临界} = 90°$),只在喷流严重膨胀不足的流动状态下可获得收益。如果喷口最佳面积选择有限制,并且喷管工作在喷流膨胀明显不足状态下,这时,后进行这种转换是合适的;在这种情况下,从通道"陡急"的喷管获得的总收益可为喷管理想推力的1‰以上,尽管该喷管的相对冲量系数比亚声速段平缓的喷管小,或冲量损失比亚声速段平缓的喷管大。获得这种推力方面的收益的同时,喷管的外形尺寸也因亚声速段长度的减小而减小,喷管重量也因此减轻。

在计算的喷管工作状态下,或者是在接近于计算状态情况下,从平缓亚声速段向"陡急"通道转换,会伴有相对冲量损失或最小推力损失的增大,并且应在考虑推力损失、喷管的外形尺寸和重量的情况下,针对所研究飞行器的每一个具体情况,解决这种转换是否适宜的问题。

在优化$\theta_{临界} = 90°$、具有"陡急"通道的亚声速段时,根据文献[79]建议,对通道进行倒圆,在临界截面区域内,通过打孔或特殊开缝的方式供送一定的燃气,可在过膨胀状态下和接近于计算状态情况下,降低超声速喷管的冲量损失,使具有"陡急"通道和平缓亚声速段的喷管,在这些状态下的推力损失量级接近。此时,将保持喷管重量和外形尺寸方面的收益,以及具有"陡急"通道的喷管在喷流膨胀不足的流动状态下的收益。

3.3.5 圆形引射式喷管的特性

引射喷管与固壁超声速喷管相比,其特点是超声速段内的临界截面与喷口之间,存在着通道断口,如图2-1、图2-3、图2-6等。最简单的引射喷管方案是声速收敛喷管和圆柱形引射器,如图2-1所示。通过引射临界截面流出的喷流,将一定数量的空气$\vartheta \overline{Q}_2$引送至通道断口处,其中,$\vartheta = \sqrt{T_{oc} / T_{o2}}$。由于通道存在断口,这会导致引射喷管中出现三种不同的流动状态,如图3-68所示,它们由喷管内的落压比π_c决定:状态1为分离状态,此时,从内通道流出的喷流的边界位于离引射器内表面相当远的地方。在该状态下,喷管引射通道中的相对压力p_{o2}/p_{oc}(或p_{o2}/p_{∞})和推力损失$\Delta \overline{P}_c$,在π_c变化时,变化很小。

分离流动状态下,喷管的引射通道与周围大气连通。在一系列情况下,特别是在引射通道中的引气流量$\vartheta \overline{Q}_2$为零时,分离状态1结束和转换流动状态2的开始,如图3-68上的H,常伴有引射通道中压力p_{o2}相当急剧的下降,推力损失增大。此时,最大压差及推力损失的"尖峰"大致对应喷流混合层与引射器唇口边缘接触的时刻。该时刻表示转换状态已结束,自成型状态已开始,并且有时将其称为喷管的"起动"时刻(如图3-68上的点K)。根据引射喷管的几何参数和流动条件,转换状态可出现在非常窄的 π_c 变化范围内,也有可能占据一定的 π_c 数值区间。π_c 数值在"起动"时刻之后持续增大时,就出现了所谓的自成型状态——状态3,此时,喷管引射器中的压力不再取决于周围大气压力。在这种情况下,随着 π_c 的增长,p_{o2}/p_{oc} 的数值依然保持恒定,而 p_{o2}/p_∞ 的数值则线性增长。此时,引射喷管的推力损失的变化也和具有刚性管路的常规超声速喷管一样,亦即对应于喷流过膨胀状态、计算状态及膨胀不足的状态。

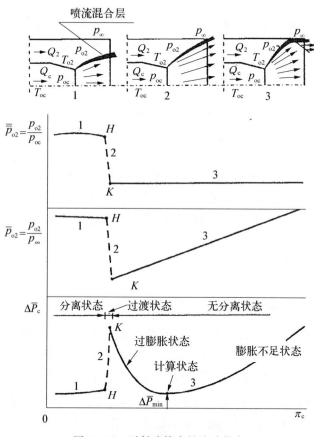

图3-68 引射喷管中的流动状态

分离流动状态不是分析喷管内部特性时的特征状态。该状态的性能特点表现在存在外流时,并且将在相应的章节中进行研究。下面将详细研究引射喷管中的另外两个流动状态。

3.3.5.1 流场转换状态

在飞机从亚声速加速至超声速且 π_c 同时增大时,通常发生引射喷管的转换流动状态。

为避免引射喷管中的压力急剧下降及因这种压力下降而导致推力损失量级很

高,必须知道转换状态的开始时刻或喷管的"起动"时刻,以及它们与喷管几何参数、气流燃气动力参数的变化关系曲线。这可通过在飞机的基本飞行状态下,选择喷管的几何参数,从而转换到分离流动状态或自成型流动状态的方式来实现。此时,还要解决"起动"状态向飞机非基本状态偏移的问题,在这些非基本状态下,高量级的推力损失对发动机或飞机经济性的影响很弱。当"起动"时刻的喷管尺寸变化相当快,实际上是非定常变化时,湍流附面层内流动的复杂性,决定了使用计算方法来确定该状态的发生是不可靠的,必须进行实验研究。文献[16]、[18]、[33]、[74]、[75]等对转换流动状态,包括"起动"状态,都进行了相当详细的研究。

这些状态研究包括确定喷管"起动"时的落压比 $\pi_c^{起动}$,研究引射喷管"起动"时的迟滞现象,引气流量、外流参数、喷管几何参数等对 $\pi_c^{起动}$ 数值的影响。在影响喷管"起动"主要几何参数之中,主要参数是[见图 2-66(c)]内(声速或超声速)喷管的型号、喷口的相对面积 $\bar{F}_c$、超声速喷管等效锥度角 $\theta_{等效}$、唇口倾角 $\theta_{唇口}$ 等[33]。

引射喷管内转换状态的特点之一,是在很多情况下,喷管"起动"过程快速,喷管内迅速转入自成型状态。喷流边界变化的阴影照片、压力沿引射器唇口内表面分布情况的测量、引射通道中的压力及喷管的推力损失均表明,当落压比 π_c 的变化小于 1% 时,就可能有这个过程。

对于两个具体的喷管方案,证明了引射喷管中的这一流动特点。这两个方案具有相同的喷管引射段、同一个声速喷口($\bar{F}_c = 2.72$),但声速喷口相对于引射器喷口的位置不同,亦即超声段的长度或等效锥度角 $\theta_{等效}$ 不同。

图 3-69 上的阴影照片表明,在极大的落压比 π_c 变化下,喷流参数急剧变化,其在引射器的内壁上附着,表示处于喷管"起动"状态。图 3-69 上左侧针对相应方案的照片,对应于分离流动状态 1 和转换状态 2 的开始(见图 3-68 上的点 H),而该图上右侧中的照片,则对应于转换状态 2 的结束(见图 3-68 上的点 K)。该状态出现时的 π_c 数值,对每个喷管方案都是不同的,并且由等效锥度角 $\theta_{等效}$ 的数值确定,然而,针对两个方案的喷管"起动"状态的抵达过程同样迅速,并伴有喷流噪声的急剧增大。

以相应方式测得的唇口内表面上的压力分布,反映了从分离流动向喷管"起动"状态的转换过程(见图 3-70 和图 3-71)。这样,对于 $\theta_{等效} = 9.5°$ 的方案,当 $\pi_c \ll 3.040$ 时,处于分离状态,喷管引射器边界中的喷流混合层中,从周围大气中引射一部分空气,而唇口上的静压随着与喷口的接近而增大,向着周围大气中的压力值接近($p_i/p_\infty \rightarrow 1$)。当 $\pi_c = 3.05$ 与上一个数值的差值约为 0.5% 时,喷管"起动",喷流向唇口表面附着,伴有压力分布特点的急剧变化。此时,可以划分出如下特征区域:区域 AB 开始于喷口,附面层中的喷流混合实际上发生于恒定的压力下,该压力等于喷管临界截面喷口左侧引射通道,亦即所谓的"滞流区"中的压力。BD 区中会出现由喷流向唇口壁黏附引起的唇口表面上的压力增至某个最大值 P_{max} 的情况。

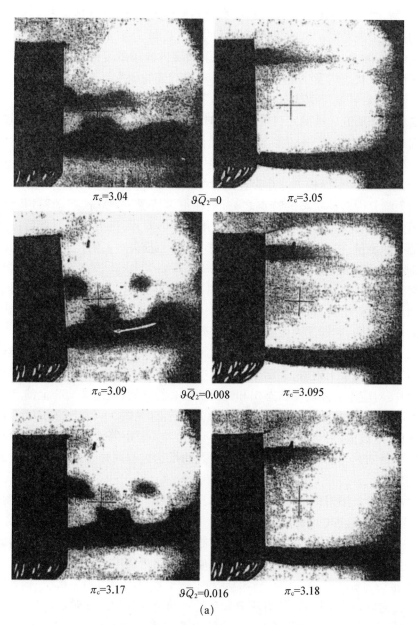

$\pi_c=3.04$ $\vartheta\overline{Q}_2=0$ $\pi_c=3.05$

$\pi_c=3.09$ $\vartheta\overline{Q}_2=0.008$ $\pi_c=3.095$

$\pi_c=3.17$ $\vartheta\overline{Q}_2=0.016$ $\pi_c=3.18$

(a)

图 3-69 （a）具有声速喷口和圆柱形引射器唇口的引射喷管内的转换流动状态照片

$$\overline{F}_c = 2.72; \theta_{等效} = 9.5°$$

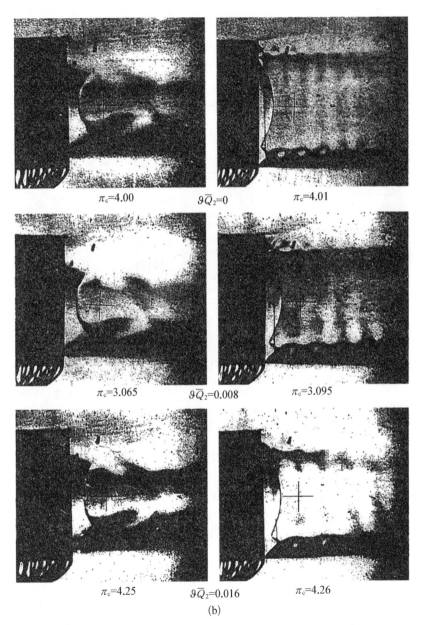

$\pi_c=4.00$　　　　$9\overline{Q}_2=0$　　　　$\pi_c=4.01$

$\pi_c=3.065$　　　　$9\overline{Q}_2=0.008$　　　　$\pi_c=3.095$

$\pi_c=4.25$　　　　$9\overline{Q}_2=0.016$　　　　$\pi_c=4.26$

(b)

图 3-69　(b) 具有声速喷口和圆柱形引射器唇口的引射喷管内的转换流动状态照片

$$\overline{F}_c = 2.72; \theta_{等效} = 16.2°$$

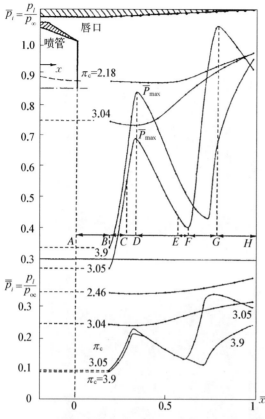

图 3-70 转换流动状态下压力沿唇口表面的分布

$$\overline{F}_c = 2.72; \theta_{等效} = 9.5°, \vartheta \overline{Q}_2 = 0$$

文献[6]、[7]中的专项研究结果表明,在 BD 区中的 C 点内,会发生喷流向唇口壁附着的情况,使用油流法时,通过形成气流附着的环形起伏线来表示。附着线的中心对应压力分布曲线上的 C 点。气流在 C 点中附着后,当 D 点中的静压增至最大值时,CD 区段上的气流在唇口壁处发生转弯。因为膨胀喷流中的气流在附着区中为超声速流,则其在管壁处的转弯会伴生激波。在 DE 区段上,会出现气流加速和静压下降的情况,此时,向喷管唇口壁附着的喷流,发生剧烈过膨胀。随后,在 FG 和 GH 区段上,气流阻滞区和加速区交替出现,伴有压力的周期性上升和下降。此时,压力局部升高量可大于附着区内的 $\overline{p}_{max}$ 值。

喷管"起动"后,喷流中的总压增大时,D 点之后的这些压力交替升降区域向喷口偏移,然而,正如测量所表明的,附着区域内的最大压力点(D 点),仍然位于距喷口大致相同的距离上。

随着 π_c 的增大,压力沿引射喷管唇口壁分布曲线的这一特点,类似于针对固壁锥形超声速喷管(见图 3-61)的压力分布曲线偏移特性。

对于 $\theta_{等效} = 16.2°$ 的方案,亦即超声速喷管的喷口靠近引射喷口的方案(见图 3-71),"起动"时刻向大 π_c 数值(≈ 4.0)方向偏移,但发生得非常迅速,与前一个方案一样。此时,由于 $\theta_{等效} = 16.2°$ 方案的超声速段更短,黏附过程局限于 AF 区域内,如图 3-70 和图 3-71 所示。

图 3-71 还说明了分离区域内"死区"的流动特点,由于唇口内表面上的压力传感器数量有限,对于超声速段更长方案的喷管,在图 3-70 上并未发现这一特点。之所以发生这一现象,是因为喷流附着于唇口时,压力在急剧升高之前稍有下降。分析引射喷管内的附着相似流动状态时,还将更详细地与其他特点一起进行分析。

引射喷管的"起动"过程和从分离流动向相似流动转换过程,通常伴有引射通道中压力的急剧下降及推力损失的增大,如图 3-68 所示。然而,根据引射喷管的布局、其几何尺寸及供送到喷管引射通道中的空气流量数值,"起动"状态及向相似流动状态的转换,可能不是很急速,而是相当平缓,占据一定的 π_c 区间。这一现象可在图 3-72 和图 3-73 上看出,该图同时还分析了 π_c 变化时,喷管 $\bar{p}_{o2} = p_{o2}/p_{oc}$ 引射通道内相对压力的变化特点。

图 3-72 提供了喷管引射通道内的空气相对流量对具有声速内喷口的喷管"起动"状态的影响,亦即流动转换状态的某些特点,其中

$$\vartheta \bar{Q}_2 = \sqrt{\frac{T_{oc}}{T_{o2}}}。$$

第一个特点:喷管内的落压比 π_c 增大和减小时,喷管引射通道内的相对压力 $\bar{p}_{o2}$ 的变化存在迟滞。这样,当 π_c 增大时,见图中黑点,喷管引射通道中的空气流量为零 $(\vartheta \bar{Q}_2 = 0)$,此时喷管"起动"并向相似流动状态转换,在 $\pi_c^{起动} = 4$ 时,

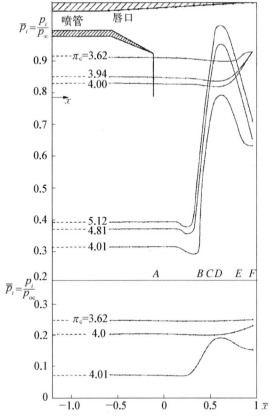

图 3-71 转换流动状态下压力沿唇口表面的分布
$\bar{F}_c = 2.72; \theta_{等效} = 16.2°, \vartheta \bar{Q}_2 = 0$

这些想象发生得相当急速。在 $\pi_c > \pi_c^{起动}$ 时,由于引射通道中的相似流动,π_c 的继续增大不会导致数值 $\bar{p}_{o2} = p_{o2}/p_{oc}$ 的变化。压力下降时(π_c 变化的回程,浅色点),由于存在将喷流附着在唇口壁上的黏性,在极小的 $\pi_c^{分离} \approx 3$ 数值下,在保持对应于自成型流动状态的 $\bar{p}_{o2}$ 压力数值直至 $\pi_c^{分离} \approx 3.0$ 的情况下,喷流与管壁分离。随后,π_c 继续下降时,喷流与唇口壁发生分离,在分离状态下,引射通道中的压力值与 π_c 变化正程时的一样。

第二个特点可在图 3-72 上看出,在转换流动状态下,与引射通道中的空气流量对迟滞现象的影响有关。该流量的增大,会减小反向运动(π_c 减小)时喷流与唇口壁的附着力,喷流在彼此更加接近的 $\pi_c^{分离}$ 和 $\pi_c^{起动}$ 数值下发生分离和附着。从某个相当小的 $\vartheta \bar{Q}_2$ 数值开始,针对图 3-72 上研究的方案,为流过喷管的燃气流量的 2.5%,迟滞现象消失,$\pi_c^{分离}$ 和 $\pi_c^{起动}$ 数值彼此重合。

喷管引射通道中空气流量的增大,除了使喷管"起动"状态不那么急剧之外,还可以弱化喷流的转换膨胀,以及弱化从分离流动向自成型流动状态的跳跃式的

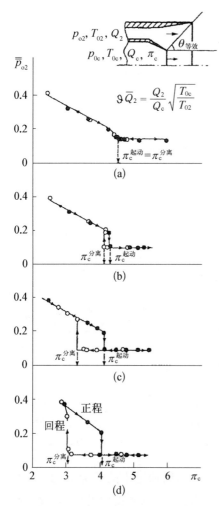

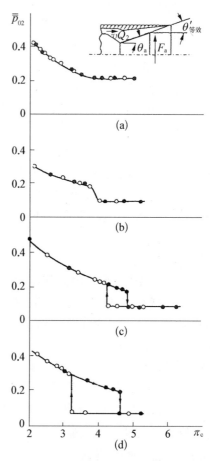

图 3-72　具有声速喷口的引射喷管特性
　(a) $\vartheta\overline{Q}_2 = 0.026$　　(b) $\vartheta\overline{Q}_2 = 0.016$
(c) $\vartheta\overline{Q}_2 = 0.008$　(d) $\vartheta\overline{Q}_2 = 0;\overline{F}_c = 2.72;$
$\theta_{等效} = 9.5°,\overline{F}_a = 1$

图 3-73　具有声速喷口的引射喷管特性
　(a) $\vartheta\overline{Q}_2 = 0.092$　　(b) $\vartheta\overline{Q}_2 = 0.016$
(c) $\vartheta\overline{Q}_2 = 0.008$　(d) $\vartheta\overline{Q}_2 = 0;\overline{F}_c = 2.72;$
$\theta_{等效} = 9.5°,\overline{F}_a = 1.44;\theta_a = 10°$

转换。

　　对于具有超声速喷口的引射喷管,也具有类似的特点(见图 3-73)。

　　与具有声速喷口的引射喷管的前一个方案一样,引射通道里的空气流量增大,会以更平缓的方式,向自成型流动状态转换,同时,使 $\pi_c^{分离}$ 和 $\pi_c^{起动}$ 数值接近。

3.3.5.2　流场转换状态迟滞环

　　图 3-72 和图 3-73 所示数据表明,引射喷管主流中压力的正向和反向变化,可导致流动状态的转换存在迟滞现象,表现为在 $\pi_c^{分离}$ 比 使喷流随着 π_c 的增大向喷管壁附着的 $\pi_c^{起动}$ 值小很多时,喷流可与唇口的内壁分离。此外,这些图形还表明,

存在着使喷管内没有迟滞现象的条件。

必须详细了解喷管内出现迟滞现象的条件,因为喷气发动机喷管内 π_c 的正向和反向变化存在于现有的所有飞机中,分别出现在加速和减速状态下。文献[5]中对引射喷管中转换流动状态的迟滞现象进行的详细研究,除了喷管引射通道内引气流量的上述影响外,还包括估算喷口相对面积 $\overline{F}_c$、等效锥度角 $\theta_{等效}$ 和 $\theta'_{等效}$(分别为具有声速喷口和超声速喷口的引射喷管的等效锥度)、亚声速段收缩角 $\theta_{临界}$、喷管内唇口的表面粗糙度及其他参数。

实验研究结果表明,最强烈的迟滞现象表现在喷管引射通道中的空气流量为零时。喷管的迟滞可以定量地表示为发生喷流附着或喷管"起动"和喷管进入自成型流动状态时的压力,与喷流与内唇口分离时的压力的差值,亦即

$$\delta\pi_c^{起动} = \pi_c^{起动} - \pi_c^{分离}$$

在图 3 - 74(a)中,针对具有声速喷口的引射喷管,建立了引气流量为零情况下的该数值 $\delta\pi_c^{起动}$ 随两个主要几何参数——等效锥度角 $\theta_{等效}$ 和喷口相对面积 $\overline{F}_c$ 的变化曲线。上述实验数据表明,分离压力与喷管的起动压力差异可以很大,尤其是在喷口相对面积 $\overline{F}_c \gg 2\sim3$ 时。有代表性的是,对于 $\overline{F}_c = {\rm const}$,该差异的最大值在某个随喷口相对面积增大的具体 $\theta_{等效}$ 值下实现[如图 3 - 74(a)上的虚线]。还应当指出,与 $\delta\pi_c^{起动}$ 最大值对应的 $\theta_{等效}$ 的范围,表示的是实际飞机各种级别喷管的 $\theta_{等效}$ 角值($\theta_{等效} \approx 15° \sim 25°$)。

向喷管的引射通道中供送一定数量的空气时,存在着某个极限值 $(\vartheta\overline{Q}_2)_{极限}$,从该值开始,引射喷管中实际上已经没有迟滞现象了($\pi_c^{起动}$)。这对于不同型号的引射喷管都是存在的,包括带声速喷口的喷管[见图 3 - 74(b)]和带超声速喷口的喷管[见图 3 - 75]。喷管引射通道中的该极限空气流量数值不超过流经喷管临界截面的燃气流量的 3%($\vartheta\overline{Q}_2 \ll 0.03$)。

对于亚声速段收缩角不同的喷管[见图 3 - 76(a)]及内唇口粗糙度不同的喷管[见图 3 - 76(b)],在 $\vartheta\overline{Q}_2 \gg 0.03$ 时,没有迟滞现象的结论成立。导致临界截面内气流参数湍流度程度和流量系数 μ_c 不同的声速喷口收缩角的差异($\theta_{临界} = 0$ 和 $\theta_{临界} = 15°$),实际上对引射喷管内的迟滞现象没有影响。

存在严重粗糙度的表面,即凸起和凹陷 0.2 mm 且彼此之间的间距为 0.2 mm 的锉纹,不会影响表示喷管"起动"压力 $\pi_c^{起动}$,并且只表现在喷流从唇口壁拉向小 π_c 值方向时[见图 3 - 76(b)]。

粗糙表面和光滑表面喷管方案的 $\pi_c^{分离}$ 值之间的差异为 $\delta\pi_c^{起动} \approx 0.1\sim0.2$,并且对于具有光滑的唇口内表面的方案,只是 $\pi_c^{起动}$ 与 $\pi_c^{分离}$ 之差的几分之一。唇口内表面粗糙度大,会增大喷流在其表面上的摩擦力,并促进喷流更有力地黏附在该唇口壁上。因此,喷流为了从粗糙的唇口壁分离,与光滑的唇口壁相比,需要额外地降低喷管中的压力。

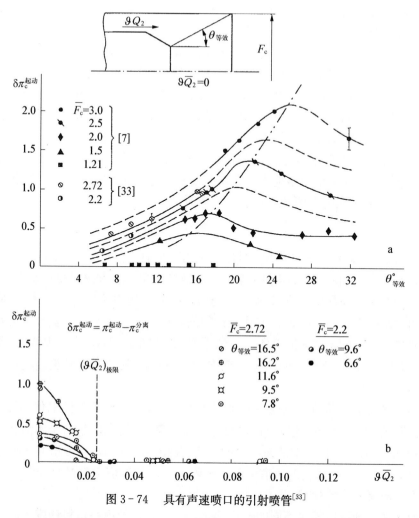

图 3-74   具有声速喷口的引射喷管[33]

所进行的实验研究[33]和图 3-74~图 3-76 上的数据表明,引射喷管中的迟滞现象,主要与 3 个参数有关——喷口相对面积 $\overline{F}_c$、等效锥度角 $\theta_{等效}$ 及喷管引射通道中的空气流量值 $\vartheta\overline{Q}_2$。

在图 3-72~图 3-75 所示引射喷管主要几何参数的变化范围内,表示该喷管内迟滞现象的 $\delta\pi_c^{起动}$ 数值,可表示成如下的拟合关系式:

$$\delta\pi_c^{起动} = \left[0.82\,(\overline{F}_c)^{1.57}\,\tan^4\,\theta_{等效}\right] \cdot e^{-(100\vartheta\overline{Q}_2)^2} \qquad (3-15)$$

应当指出,在飞行器上的实际条件下,喷管的第二(引射)通道内加入了一定量的冷却空气(约占流经喷管燃气流量的 1‰~2%),并且从实用的角度,可以认为发生喷流从管壁分离时的压力($\pi_c^{分离}$),及其附着时的压力($\pi_c^{起动}$),彼此是接近的。因此,下一节中只分析表示引射喷管"起动",亦即喷流黏附在唇口内壁上并转入引射

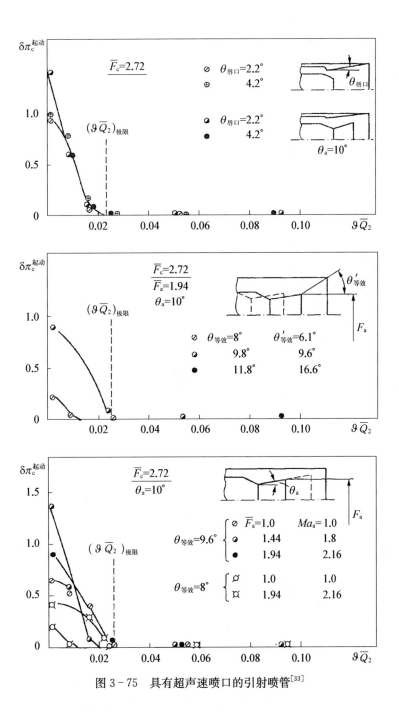

图 3-75 具有超声速喷口的引射喷管[33]

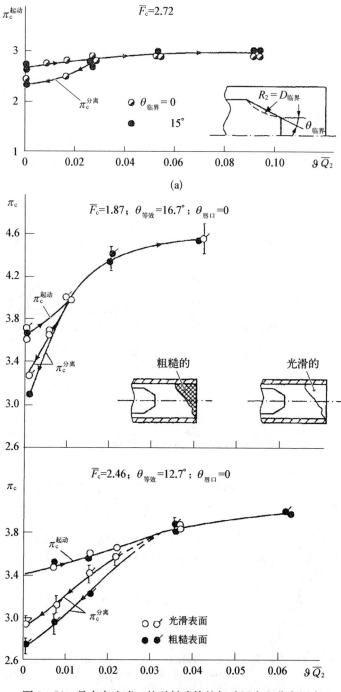

图 3-76　具有声速喷口的引射喷管的气动压力和分离压力

（a）亚声速段收缩角 $\theta_{临界}$ 的影响　（b）唇口粗糙度的影响

通道中的自成型流动时刻的压力 $\pi_c^{起动}$，此时，该通道中的压力不再与周围大气中的反压有关（$p_{o2}/p_{oc}=\text{const}$）。

3.3.5.3　引射喷管参数对"起动"压力的影响

尽管引射喷管的起动压力数值 $\pi_c^{起动}$ 与大量因素有关，分析实验数据时，可以从上述因素中挑选出最为关键的因素。在忽略其相互影响的情况下，对于所研究的上述圆形引射喷管布局，起动压力可表示成喷管第二（引射）通道内空气流量为零时具有圆柱形唇口的声速喷管起动压力 $\pi_{c\vartheta\bar{Q}_2=0}^{起动}$ 与修正值之和的形式。修正值与喷管的不同于带圆柱形唇口喷管的几何外形有关，与引射通道中存在空气流量和外部绕流有关：

$$\pi_c^{起动}=\pi_{c\vartheta\bar{Q}_2=0}^{起动}+\Delta\pi_{c_{Ma_a}}^{起动}+\Delta\pi_{c_{\theta唇口}}^{起动}+\Delta\pi_{c\vartheta\bar{Q}_2}^{起动}+\Delta\pi_{c_{Ma_\infty}}^{起动}\tag{3-16}$$

式中：$\Delta\pi_{c_{Ma_a}}^{起动}$ 为修正值，考虑了临界截面内的超声速加长段随这些支架喷口上 Ma 数变化的影响；$\Delta\pi_{c_{\theta唇口}}^{起动}$ 为修正值，考虑了引射喷管唇口内表面锥度角的影响；$\Delta\pi_{c\vartheta\bar{Q}_2}^{起动}$ 为修正值，考虑了喷管第二通道内相对空气流量的影响；$\Delta\pi_{c_{Ma_\infty}}^{起动}$ 为修正值，考虑了外部气流 Ma_∞ 数的影响。

包括在式（3-16）中的主要数值为零空气流量下具有声速喷口及圆柱形唇口的引射喷管的"起动"压力 $\pi_{c\vartheta\bar{Q}_2=0}^{起动}$，在图 3-77(a) 上以随引射喷管的两个几何参数（喷口相对面积 $\bar{F}_c$ 和等效锥度角 $\theta_{等效}$）变化的关系曲线的形式示出。

一个参数在另一个参数恒定时的变化，等效于喷管超声速段长度的变化。然而，当 $\theta_{等效}=\text{const}$ 时，喷口相对面积 $\bar{F}_c$ 的减小会导致超声速段长度的减小，会使声速喷管边缘与唇口边缘之间台阶的尺寸（或高度）减小，会导致喷管的"起动"压力值 $\pi_c^{起动}$ 下降。当 $\bar{F}_c=\text{const}$ 时，$\theta_{等效}$ 的增大会导致台阶高度恒定情况下超声速段长度的减小。为了使喷管唇口边缘接触喷流，必须使压差很大，这与 $\pi_c^{起动}$ 数值的增大相对应。

图 3-77 上示出了具有圆柱形唇口的声速喷管压力数值，在所研究的喷口相对面积范围内 $\bar{F}_c\leqslant3$，并且在等效锥度角 $\theta_{等效}\ll30°$ 时，使用如下关系式进行拟合

$$\pi_{c\vartheta\bar{Q}_2=0}^{起动}=1.528(1+1.21\tan\theta_{等效}+6.9\tan^2\theta_{等效})\cdot$$
$$[1+(0.229-0.322\tan\theta_{等效})(\bar{F}_c-1)+$$
$$(0.0274+0.0322\tan\theta_{等效})(\bar{F}_c-1)^2]\tag{3-17}$$

图 3-77(b) 示出了对 $\pi_c^{起动}$ 测量值和按式（3-17）的计算值的比较情况。

喷管临界截面内存在超声速加长段时，喷管内的流动取决于支架喷口的相对面积 $\bar{F}_a$（或支架截面上的 Ma_a）及支架长度 l_a（或支架的锥度角 θ_a），亦即取决于引

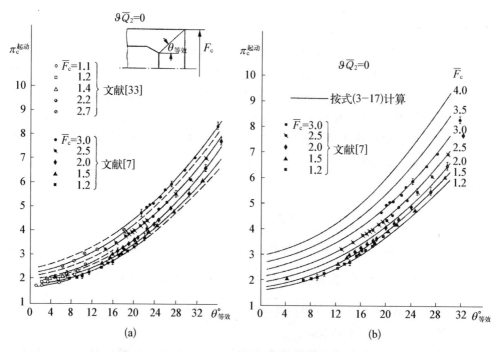

图 3-77　（a）具有圆柱形唇口的引射喷管的起动压力

图 3-77　（b）引射喷管"起动"压力计算值和测量值的比较

射通道内部喷流的自由边界的长度 l'_c 或锥度角 $\theta'_{等效}$。对实验数据的分析表明,使引射喷管起动压力与超声速加长段修正值相关的最为广义的参数,是支架喷口上的 Ma_a 数,如图 3-78 所示。该修正值是具有声速喷口的引射喷管的"起动"压力（$Ma_a = 1$）与具有超声速加长段的引射喷管的起动压力（$Ma_a \neq 1$）之间在其他几何参数（$\bar{F}_c$、$\theta_{等效}$ 等）相同情况下的差值。

$$\Delta \pi_{c_{Ma_a}}^{起动} = \pi_{c_{Ma_a \neq 1}}^{起动} - \pi_{c_{Ma_a=1}}^{起动} \qquad (3-18)$$

存在超声速加长段时,引射喷管中的流动特点是以喷口上的相当高的 Ma_a 数从这些支架重流出的超声速喷流,没有强烈的膨胀不足现象,并且,为了将其附着到唇口壁上,需要相当强烈地提升压力。因此,$Ma_a \geqslant 2$ 时,修正值与具有声速喷口和圆柱形唇口的引射喷管的"起动"压力数值相当（见图 3-77 和图 3-78）。

与存在超声速加长段有关的修正值及增大的引射喷管"起动"压力数值,根据图 3-78,按照如下关系式确定:

$$\Delta \pi_{c_{Ma_a}}^{起动} = 3.65 \, (Ma_a - 1)^{3.2} \cdot \frac{\theta'_{等效}}{\theta_{等效}} \qquad (3-19)$$

与实验数据的相符程度令人满意。

还有一个影响"起动"状态引射喷管特征参数，为喷管唇口内通道倾角 $\theta_{唇口}$，如图 2-3(h)、(i)、(j) 所示。

根据发动机工作状态或飞行器的飞行状态，该角度既可以为正值，即膨胀唇口，也可以为负值，即收缩唇口。图 3-79 示出了唇口角 $\theta_{唇口}$ 对引射喷管"起动"压力的影响，影响形式为 $\theta_{唇口} \neq 0$ 的引射喷管"起动"压力与 $\theta_{唇口} = 0$ 的类似方案相比的增量：

$$\Delta \pi_{c_{\theta_{唇口}}}^{起动} = \pi_{c_{\theta_{唇口} \neq 0}}^{起动} - \pi_{c_{\theta_{唇口} = 0}}^{起动}$$

$$(3-20)$$

该表达式中的最后一项是相应的声速喷管或临界截面内具有超声速加长段的喷管，在存在圆柱形唇口情况下（$\theta_{唇口} = 0$）的"起动"压力。

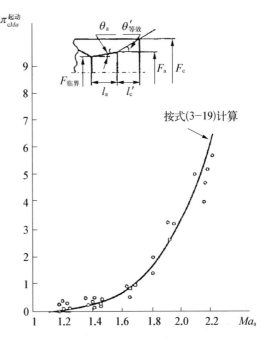

图 3-78 超声速加长段 的 Ma_a 对引射喷管 "起动"压力的影响

$\overline{F}_c = 1.35 \sim 3.0$；$\theta_{等效} = 3° \sim 12.4°$；$\theta_a = 2° \sim 12°$；$\overline{F}_a = 1.02 \sim 1.94$；$\vartheta Q_2 = 0 \sim 0.02$

图 3-79 上的实验数据表明，存在具有负收缩角（$\theta_{唇口} < 0$）的唇口（收缩唇口），会导致引射喷管的"起动"压力与具有圆柱形唇口的喷管（$\Delta \pi_{c_{\theta_{唇口}}}^{起动} > 0$）相比而增大，然而，在 $\theta_{唇口} < 0$ 的范围内，唇口倾角对起动压力的影响较小。对此的可能解释是在喷管的主要几何参数（$\overline{F}_c$、$\theta_{等效}$ 等）恒定的情况下，喷流流经的引射喷管的尺寸与具有圆柱形唇口的喷管管腔相比增大了。在唇口倾角为正值的范围内（扩散唇口），$\theta_{唇口}$ 的增大会减小起动压力，因为 $\Delta \pi_{c_{\theta_{唇口}}}^{起动} < 0$。这是由于 $\theta_{唇口}$ 的增大，一方面会导致喷管引射通道的流通截面减小，另一方面，会导致唇口内通道的倾角，接近于从通道内喷口流出的喷流边界的扩散角，这同时也减小了喷流与唇口之间的间隙，并促进了喷流更快速地附着在唇口表面上。

在引射喷管内通道倾角变化的范围内 $\theta_{唇口} = -17° \sim +10°$（该角度表示实际引射喷管的几何尺寸），可使用如下关系式这种喷管的"起动"压力：

$$\Delta \pi_{c_{\theta_{唇口}}}^{起动} = 3.04(e^{-0.032\theta_{唇口}} - e^{-0.061\theta_{唇口}}) \qquad (3-21)$$

式中：$\theta_{唇口}$ 为用度表示的唇口内通道的锥度角。

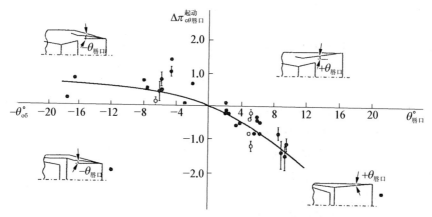

图 3-79　唇口倾角 $\theta_{唇口}$ 对"起动"压力的影响

$$\overline{F}_c = 1.21 \sim 4.1 ; \theta_{等效} = 6.4° \sim 22.3° ; Ma_a = 1.35 \sim 1.61 ; \theta_a = 10° \sim 19.7°$$

3.3.5.4　喷管引射通道内的相对空气流量的影响

喷管引射通道中空气流量对"起动"压力的影响，既取决于喷管的布局，也取决于表示所研究喷管布局的主要几何参数。

喷管引射通道中空气相对流量 $\vartheta\overline{Q}_2$ 的增大，在某个数值下 $\vartheta\overline{Q}_2 = (\vartheta\overline{Q}_2)_{极限}$，可消除喷流附着在唇口壁上和分离时的迟滞现象，这在 3.3.5.2 节中已进行了研究，根据喷管的布局情况，既可导致"起动"压力的增大，也可导致其减小。下面给出了"起动"压力增量形式的实验研究结果：

$$\Delta\pi_{c_{\vartheta\overline{Q}_2}}^{起动} = \Delta\pi_{c_{\vartheta\overline{Q}_2 \neq 0}}^{起动} - \Delta\pi_{c_{\vartheta\overline{Q}_2 = 0}}^{起动} \tag{3-22}$$

式中：右部第一项为引射通道中有一定量引气流量的引射喷管的起动压力，而第二项为该喷管在引气流量为零时的起动压力。

对于具有圆柱形唇口的最简单的声速喷管，不同文献的数据表明，喷管引射通道中的空气相对流量增大，会导致在整个所研究几何参数范围内（$\Delta\pi_{c_{\vartheta\overline{Q}_2 = 0}}^{起动} > 0$）的气动压力的增大，如图 3-80[16,33,74,75,127] 所示。

为了分析图 3-80 上所列数据，将引射喷管超声速段长度为参考长度 $\overline{l}_c = l_c/D_{临界}$，则图 3-81 上所示结果表明，所研究引射喷管的起动压力，不仅在 $\vartheta\overline{Q}_2$ 增大时增大，而且在超声速段的长度减小时也增大。此时，引气的燃气在喷流混合层中的混合过程，对起动压力的作用相当明显，该作用表现为：当喷管超声速段长度增大时，引射通道内部的混合层长度增大，该层吸收了更多数量的空气，$\vartheta\overline{Q}_2$ 值对"起动"压力的作用减弱，$\pi_{c_{\vartheta\overline{Q}_2}}^{起动}$ 数值变成了较小的数值。

按照实验结果，可以用如下形式的拟合关系式来表示具有声速喷口和圆柱形唇口的引射喷管空气相对流量的影响：

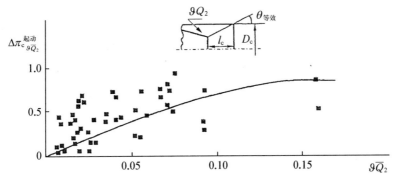

图 3 - 80 喷管引射通道中的空气流量对"起动"压力的影响

$\overline{F}_c = 1.21 \sim 4.1; \theta_{等效} = 3.5° \sim 17.8°$

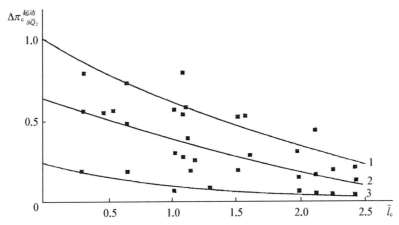

图 3 - 81 气动压力与具有声速喷口和圆柱形唇口的引射喷管超声速段长度的关系曲线

1— $\vartheta\overline{Q}_2 = 0.07$；2— $\vartheta\overline{Q}_2 = 0.02$；3— $\vartheta\overline{Q}_2 = 0.05$

$$\pi_{c_{\vartheta\overline{Q}_2}}^{起动} = 3.5\,(\vartheta\overline{Q}_2)^{0.47} - 40\,(\vartheta\overline{Q}_2)^{2.6} - 0.82\,(\vartheta\overline{Q}_2)^{0.355} \qquad (3-23)$$

在 $\vartheta\overline{Q}_2 = 0 \sim 0.2$ 及 $\overline{l}_c = 0.2 \sim 2.5$ 的变化范围内，该关系式成立。

对于具有锥形唇口或临界截面内具有超声速加长段的引射喷管，相对空气流量对它的起动压力的影响过程是相当复杂的。对于这种类型的喷管，由式(3-22)确定的 $\pi_{c_{\vartheta\overline{Q}_2}}^{起动}$ 数值，示于图 3-82 和图 3-83 上。对于具有声速喷口和圆柱形唇口的引射喷管，情况也是如此，确定 $\pi_{c_{\vartheta\overline{Q}_2}}^{起动}$ 数值的主要参数，在这里是空气相对流量 $\vartheta\overline{Q}_2$ 和喷管边界中的喷流长度，亦即超声速段的相对长度 $\overline{l}_c$ (见图 3-82)或 $\overline{l}_c'$ (见图 3-83)。所示图形表明，喷管引射通道中的空气相对流量的影响特点，取决于主要几何参数值。这样，在某些 $\overline{l}_c$ 和 $\overline{l}_c'$ 数值下，与具有圆柱形唇口的声速喷管不同，引射通道中空气流量的增大，会导致喷管"起动"压力 $\pi_c^{起动}$ 增大(如图 3-82 和图

3 - 83 上的 $\pi_{c\vartheta\overline{Q}_2}^{起动}$ 负值）。"起动"压力的这一减小量，为从 $\vartheta\overline{Q}_2 = 0$ 时的 $\pi_c^{起动} \approx 4.6$ 到 $\vartheta\overline{Q}_2 = 0.016 \sim 0.092$ 时的 $\pi_c^{起动} \approx 4$，可在图 3 - 73 上，针对具有超声速加长段的喷管，在相对压力（增大）过程中，观察到上述数值，这时，与具有声速喷口的喷管一样，$\pi_c^{起动}$ 在 $\vartheta\overline{Q}_2$ 增大时单调增大（见图 3 - 72）。具有锥形唇口或临界截面内具有

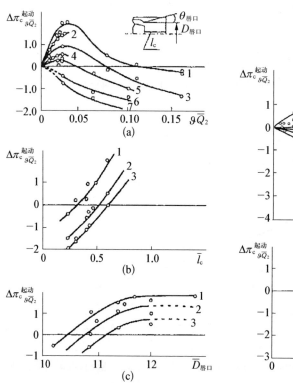

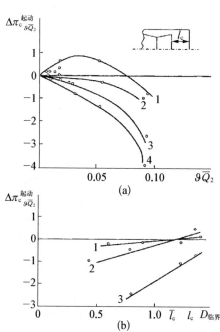

图 3 - 82　引射通道中的空气流量对具有锥形唇口的喷管"起动"压力的影响

　　(a) $\overline{F}_c = 1.55 \sim 3.3$；$\theta_{等效} = 8° \sim 19°$；$\theta_{唇口} = 3 \sim 25°$；

　　1— $\overline{l}_c : \overline{D}_{唇口} = 0.69 : 1.1$；

　　2— $\overline{l}_c : \overline{D}_{唇口} = 0.54 : 1.27$；

　　3— $\overline{l}_c : \overline{D}_{唇口} = 0.4 : 1.1$；

　　4— $\overline{l}_c : \overline{D}_{唇口} = 0.85 : 1.22$；

　　5— $\overline{l}_c : \overline{D}_{唇口} = 0.38 : 1.08$；

　　6— $\overline{l}_c : \overline{D}_{唇口} = 0.28 : 1.08$；

　　7— $\overline{l}_c : \overline{D}_{唇口} = 1.31 : 1.1$；

　　(b) $\overline{D}_{唇口} \approx 1.1$；1— $\vartheta\overline{Q}_2 = 0.025$；2— $\vartheta\overline{Q}_2 = 0.075$；3— $\vartheta\overline{Q}_2 = 0.11$；

　　(c) $\overline{l}_c = 0.5$；1— $\vartheta\overline{Q}_2 = 0.02$；2— $\vartheta\overline{Q}_2 = 0.075$；3— $\vartheta\overline{Q}_2 = 0.11$；

图 3 - 83　引射通道中的空气流量对具有超声速喷口的喷管"起动"压力的影响

　　(a) $\overline{F}_c = 1.44 \sim 2.72$；$\theta_{等效} = 8 \sim 17.1°$；$Ma_a = 1.35 \sim 2.16$；1— $\overline{l}_c' = 1.33$；2— $\overline{l}_c' = 1.22$；3— $\overline{l}_c' = 0.78$；4— $\overline{l}_c' = 0.20$；(b) 1— $\vartheta\overline{Q}_2 = 0.01$；2— $\vartheta\overline{Q}_2 = 0.03$；3— $\vartheta\overline{Q}_2 = 0.10$

超声速加长段的喷管，$\pi_c^{起动}$ 数值在某些 $\vartheta \bar{Q}_2$ 值下减小的一个可能的解释，当 $\vartheta \bar{Q}_2 \neq 0$ 时，引射通道中可能会出现声速，并且两个超声速流在位于声速喷口与唇口喉道 $D_{唇口}$（见图 3-82）之间或位于超声速加长段喷口与引射喷管内唇口（见图 3-83）之间的该通道内的最小截面后方相互作用。

根据现有的实验数据，空气流量 $\vartheta \bar{Q}_2$ 对所研究型号引射喷管"起动"压力的影响，可利用如下关系式进行拟合：

— 对于具有锥形唇口的喷管；

$$\Delta \pi_{c\vartheta\bar{Q}_2}^{起动} = -6.13\,(\vartheta\bar{Q}_2)^{0.64} + [5.6(\bar{l}_c - 0.2) - 0.25\,\bar{l}_c^{3.6} + 4(\bar{D}_{唇口} - 1.09) - [200\,(\bar{D}_{唇口} - 1)^{3.8}[8\,(\vartheta\bar{Q}_2)^{0.545} - 2 - 62\,(\vartheta\bar{Q}_2)^{1.35}]]] \tag{3-24}$$

— 对于具有超声速加长段的喷管

$$\Delta \pi_{c\vartheta\bar{Q}_2}^{起动} = 1.79\,(\vartheta\bar{Q}_2)^{0.425} - 645\,(\vartheta\bar{Q}_2)^{2.6} + 15.4\,(\vartheta\bar{Q}_2)^{0.87}(\bar{l}_c - 1.35) \tag{3-25}$$

3.3.5.5 来流 Ma_∞ 的影响

在分析引射喷管内流动转换状态的大部分文献中，在没有外流的情况下研究该问题[16,74,75,127]等。然而，在实际条件下，喷管具有外部绕流，与之前研究的 $Ma_\infty = 0$ 时的情况相比，可改变引射喷管的"起动"条件。

文献[33]中，在分析引射喷管实验研究结果的基础上，在包括两台发动机的实际尾部模型上，分析了 Ma_∞ 对"起动"状态的影响。

图 3-84 按照文献[33]的数据，以"起动"压力增量的形式，对这些研究结果进行了汇总

$$\Delta \pi_{cMa_\infty}^{起动} = \pi_{cMa_\infty}^{起动} - \pi_{cMa_\infty=0}^{起动} \tag{3-26}$$

所列数据属于发动机短舱或机身实际上与喷口相符的情况 $F_c = F_{喷口}$。

所列结果表明，当发动机短舱或机身尾部从最大中截面到喷管的收缩度较大时，即 $\bar{\bar{F}}_c = F_c / F_\infty \ll 0.5$，存在外部亚声速流，对"起动"压力值影响较弱

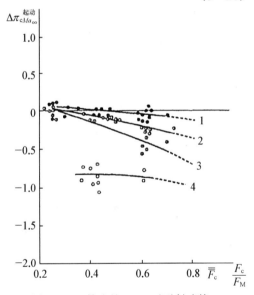

图 3-84 外流的 Ma_∞ 对引射喷管"起动"压力的影响

$\theta_c = 3.5° \sim 26°$，$\theta_{唇口} = -9° \sim 9°$，$\theta_a = 2° \sim 9°$，$Ma_a = 1 \sim 1.61$，$\vartheta\bar{Q}_2 = 0 \sim 0.03$
曲线 1：$Ma_\infty = 1 \sim 1.61$；
曲线 2：$Ma_\infty = 0.8$；
曲线 3：$Ma_\infty = 0.9$；
曲线 4：$Ma_\infty = 1.1 \sim 1.25$

$|\Delta\pi_c^{起动}|\ll 0.2$。因此，对于从最大迎风截面到喷管的收缩度大的飞机，存在外部亚声速流时，根据 $Ma_\infty=0$ 时得到的数据及前一章中所列数据，可以以相当高的可靠性，确定引射喷管的"起动"压力。对于收缩度大的发动机短舱或机身，存在外部超声速流会导致喷口上的静压下降。与此同时，当 $Ma_\infty=0$，即 $\pi_{c_{Ma_\infty}}^{起动}$ 为负值时，可使"起动"状态到达得更快速。

亚声速下，对于收缩度不大的发动机短舱和机身 $F_c/F_M\approx 0.8\sim 1$，喷口上的静压同样也下降，并且，在来流为超声速的情况下，"起动"状态也会来得更快。应当指出，首先，应当在亚声速巡航状态下避免引射喷管的"起动"状态，这时，转换状态下喷管性能的下降会导致喷管推力的大量损失，因而，也就导致航程的损失。在超声速加速状态下，喷管的"起动"过程是短时间的，而飞机的超声速巡航飞行通常也发生在超过"起动"压力 $\pi_c^{起动}$ 的落压比 π_c 下。

因此，超声速飞行时的引射喷管的流动转换过程及"起动"压力，意义较小。

在亚声速和低超声速范围内（$Ma_\infty\ll 1.25$），根据图 3-84，可利用如下的拟合关系曲线来考虑来流 Ma_∞ 的影响：

$$\Delta\pi_{c_{Ma_\infty}}^{起动}=0.5(0.6-\overline{\overline{F}}_c)-0.5Ma_\infty^{6.5}[1+6(\overline{\overline{F}}_c-0.6)-26(\overline{\overline{F}}_c-0.6)^3]$$

$$(3-27)$$

转换流动状态的结束于自成型流动状态的开始相重合（见图 3-68），这时，喷管引射通道中的压力不再取决于周围大气条件。使用引射通道中压力与喷管内总压的恒等式 $p_{o2}/p_{oc}=\mathrm{const}$，或者使用该压力与周围大气压力比值 p_{o2}/p_∞ 的线性增量，来表示自成型流动状态。p_{o2}/p_{oc} 数值恒定，便于分析自成型流动状态下的喷管性能。

3.3.5.6 引射喷管中的自成型流动状态

在转换区段的末端，开始进入自成型或无分离流动状态，并在落压比 π_c 继续增大时，使用喷管引射通道中的相对总压 p_{o2}/p_{oc} 的恒等式来表示（如图 3-68 上的状态 3）。从这一时刻开始，引射通道中的压力与周围大气压力的比值 p_{o2}/p_∞ 单调增长，而对应每个具体引射喷管的计算流动状态，其推力损失随着接近最小值而减小。向自成型流动的转换时刻、引射通道中的压力值、喷管的推力损失和冲量损失，都取决于喷管的几何参数及引射通道中的空气流量值。最简单的引射喷管就是具有声速喷口和圆柱形唇口的喷管，其示意图如图 3-68 所示，与引射喷管的其他布局（见图 2-1）一样，由两个决定性的几何参数——喷口相对面积 $\overline{F}_c$ 及喷管临界截面边缘与引射器喷口边缘之间的等效锥度 $\theta_{等效}$ 来表示。这两个参数，一方面确定了从分离流到自成型流的转换时刻，也确定了喷管引射通道中的压力值 $\overline{p}_{o2}$。

某些文献中没有使用等效锥度角 $\theta_{等效}$，而是用喷管超声速段的相对长度 $\overline{l}_c$[6,16]，然而，对于最简单的引射喷管，三个参数（$\overline{F}_c$、$\theta_{等效}$ 和 $\overline{l}_c$）中，只有两个参数

是独立的。图 3-85 示出了引气流量为零时[16]，在喷口面积恒定情况下，即 $\overline{F}_c =$
1.4，具有圆柱形唇口的声速喷管等效锥度角对引射通道中压力值 $\overline{p}_{o2}$ 的影响。图
3-85(a) 上所列数据表明，引射喷管等效锥度角的增大（$\overline{F}_c =$ const 时超声速段长
度的减小），会导致转换流动区段或自成型流动区段末端向 π_c 值大的方向偏移（类
似于图 3-77），并使转换流动状态下的关系曲线 $\overline{p}_{o2} = f(\pi_c)$ 更加平滑均匀。此时，
除以周围大气中静压值的压力 $\overline{p}_{o2}$，其变化特点也变得更加平滑均匀[见图 3-85
(b)]。与"起动"状态和转换到自成型流动对应的压力 p_{o2}/p_∞ 的最小数值，随着
$\theta_{等效}$ 的增大而明显增大，使得向自成型流动状态的转换变缓了。

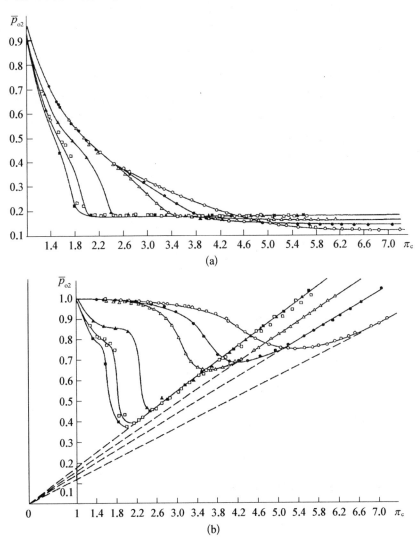

图 3-85 $\theta_{等效}$ 对引射喷管内压力的影响：$\vartheta \overline{Q}_2 = 0$；$\overline{F}_c = 1.4$[16]。■—$\theta_{等效} = 3.5°$；□—$\theta_{等效} =$
5.5°；▲—$\theta_{等效} = 8.7°$；△—$\theta_{等效} = 17°$；●—$\theta_{等效} = 20°$；○—$\theta_{等效} = 24.5°$

可在图 3-85(a)上发现的第二个特点是对于某些组等效锥度角数值而言,自成型流动状态下引射通道中的压力值(亦即对于 $\bar{p}_{o2} = \text{const}$ 的情况),与 $\theta_{等效}$ 值无关。在所研究的情况下 $(\bar{F}_c = 1.4)$,该组数值 $\theta_{等效} \ll 8°7'$。$\theta_{等效}$ 数值大时,亦即超声速段更短时,自成型流动状态下第二通道中的压力量级,随着 $\theta_{等效}$ 的增大或通道长度的减小而减小。这证明存在引射喷管超声速段的某个长度,在文献[6]中称其为极限长度。从该长度开始,引射通道中的压力不再取决于超声速段的长度 $(\bar{l}_c \gg \bar{l}_c^{极限})$。

文献[6]中证明,超声速段的极限长度取决于喷口的相对面积,因而也就取决于喷管的等效锥度角。图 3-86 根据不同文献的研究成果[6,7,16,33,34],汇总了具有声速内(收缩)喷口和圆柱形唇口的引射喷口相对面积 $\bar{F}_c$ 和等效锥度角 $\theta_{等效}$ 对 $\bar{p}_{o2}$ 数值的影响。上述存在喷管超声速段极限长度 $\bar{l}_c^{极限}$ 的现象,等效于存在极限锥度角 $\theta_{等效}^{极限}$,其数值在图 3-86 上用虚线标出。显然,关系式 $\bar{p}_{o2} = f(\theta_{等效})$ 存在两个区段:$\theta_{等效}$ 变化时 $\bar{p}_{o2}$ 恒定不变的区段及 $\theta_{等效}$ 增大时 $\bar{p}_{o2}$ 减小的区段。从关系式的一个区段向另一个区段的转换,具有相当平滑均匀的特点,然而,等效锥度角 $\theta_{等效}^{极限}$ 的极限值(与引射喷管超声速段的某个极限长度对应),可针对喷口相对面积的每个数值,在某些角度范围内确定[16]。

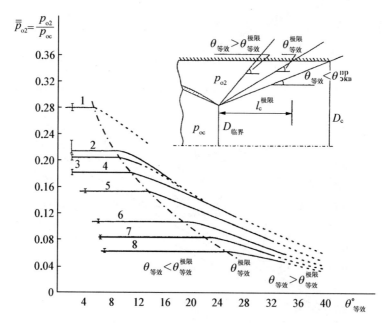

图 3-86　具有声速喷口和圆柱形唇口的喷管的极限锥度角 $\vartheta\bar{Q}_2 = 0$
1— $\bar{F}_c = 1.1$;2— $\bar{F}_c = 1.21$;3— $\bar{F}_c = 1.31$;4— $\bar{F}_c = 1.4$;5— $\bar{F}_c = 1.5$;6— $\bar{F}_c = 2.0$;7— $\bar{F}_c = 2.5$;8— $\bar{F}_c = 3.0$

图 3-86 上所示诺莫图,可在主要几何参数(喷口相对面积 $\bar{F}_c$ 和等效锥度角 $\theta_{等效}$)变化的相当宽的范围内(适于在飞行器上使用引射喷管),确定具有圆柱形唇

口的引射喷管内的压力。

等效锥度角极限值 $\theta_{等效}^{极限}$ 和超声速段的相对长度 $\bar{l}_c^{极限}/D_{临界}$，以及图 3-86 对应的 $\bar{p}_{02}^{极限}$ 值，都不随 $\theta_{等效}$ 变化，如图 3-87 所示，而是随喷口相对面积 $\bar{F}_c$ 变化。这些参数对应于具有声速喷口和圆柱形唇口的喷管引射通道中引气流量为零（$\vartheta\bar{Q}_2 = 0$）的情况。自成型流动极限状态参数变化的主要趋势是随着喷口相对面积 $\bar{F}_c$ 的增大而变化，也即是极限锥度角 $\theta_{等效}^{极限}$ 和超声速段极限长度 $\bar{l}_c^{极限}/D_{临界}$ 增大，如图 3-87(a) 所示。这用图 3-87(b) 上部喷管示意图上的虚线来进行说明。虚线左边的区域表示多个引射喷管的集合，根据图 3-86（$\theta_{等效} > \theta_{等效}^{极限}$），这些喷管二次通道中的压力数值 $\bar{p}_{02}$ 取决于 $\theta_{等效}$ 值。虚线右侧的区域（$\bar{l}_c > \bar{l}_c^{极限}$）表示具有圆柱形唇口的多个引射喷管的集合，在 $\bar{F}_c = \text{const}$ 时，其引射通道中的压力不取决于 $\theta_{等效}$ 值，并且对应于图 3-86 上的 $\theta_{等效} < \theta_{等效}^{极限}$ 区域。因此，引射喷管的集合对应着唯一的一条曲线 $\bar{p}_{02}^{极限} = f(\bar{F}_c)$，示于图 3-87(b) 上。

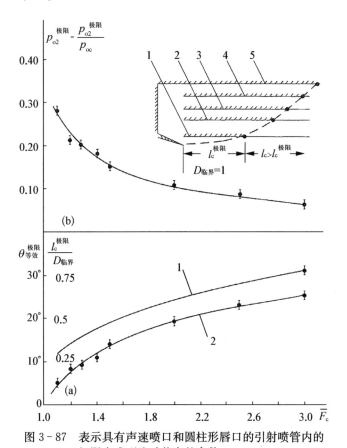

图 3-87　表示具有声速喷口和圆柱形唇口的引射喷管内的
极限自成型流动状态的参数

(a) $\vartheta\bar{Q}_2 = 0$；1—$\bar{l}_c^{极限}/D_{临界}$，2—$\theta_{等效}^{极限}$　(b) $\vartheta\bar{Q}_2 = 0$；1—$\bar{F}_c = 1.21$；2—$\bar{F}_c = 1.7$；3—$\bar{F}_c = 2.0$；4—$\bar{F}_c = 2.5$，5—$\bar{F}_c = 3.0$

文献[6]在喷管二次通道中空气流量为零时流动物理性质的研究成果的基础上，试图解释自成型流动状态下引射喷管超声速段存在极限长度的问题。

研究内容包括使用油流法对喷流在唇口内壁上的附着情况进行显形，同时测量静压分布，并使用泰普勒纹影仪拍摄喷口后方的气流。

图 3-88 做出了示意性的解释说明。图 3-88 的左部曲线对应于超声速段长度大于极限长度 $\bar{l}_c > \bar{l}_c^{极限}$ 情况下的自成型流动状态（等效锥度角 $\theta_{等效} < \theta_{等效}^{极限}$），亦即关系曲线 $\bar{\bar{p}}_{o2} = f(\theta_{等效})$ 上的区域 (A)。相应地，图 3-88 的右部曲线对应于超声速段长度短时的自成型流动状态，$\bar{l}_c < \bar{l}_c^{极限}$，等效锥度角 $\theta_{等效} > \theta_{等效}^{极限}$，亦图 3-88 区域 B。唇口内表面及安装在垂直平面内声速喷管喷口后方的平板上的流动显形表明，唇口壁上可分出 3 个流动区域。区域 I（靠近声速喷管喷口或底部区域）内的滑油膜实际上保持完整。该区域的尺寸与唇口壁上的压力（在该区域内恒定）图相比，表明该区域内的流动很弱，对炭黑-滑油薄膜不起作用。区域 II 内可观察到滑油薄膜外形的某些变化：滑油纵向溢流，证明存在着流向底部区域的回返流动。区

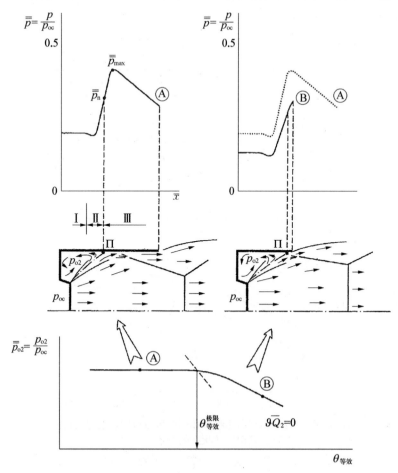

图 3-88   引射喷管内的流动示意图

域Ⅲ内的滑油薄膜完全被气流冲去,一直到喷口的出口截面为止,只留下一条很窄的横条带,其中心在图3-88上用点"Π"来表示,根据文献[6]中的试验数据,该条带的宽度为1 mm。在达到某个最大值$\bar{p}_{\max}$之前,区域Ⅲ内的流动伴有壁上压力的急剧升高。这证明存在着来自图3-88中点"Π"向右流向喷口截面的强烈流动,该点表示气流的附着点。

这可在文献[6]中做出一个假设,即一条气流分隔线(用气流示意图上的虚线表示)从点"Π"中穿过,一部分气流流向喷口截面,另一部分转向引射喷管的底部区域,即引射通道中压力恒定的区域。

从点"Π"向右流出的气流,与喷管壁相遇后转向喷口,形成激波系。这些激波相互交叉,产生流向喷口后方的斜激波。

文献[6]进行的研究表明,如果引射喷管超声速段的长度$\bar{l}_c > \bar{l}_c^{极限}$,按照图3-87,则图3-88区域Ⅲ内的超声速段的长度$\bar{l}_c$缩减,不会对引射喷管底部区域内的压力、附着点位置的变化、附着点内的压力值$\bar{p}_{\Pi}$及最大压力$\bar{p}_{\max}$数值,以及在引射喷口上观察到的和激波倾角数值产生影响。最大压力点$\bar{p}_{\max}$后方区域Ⅲ内喷管壁上压力的下降,证明在该区段内存在超声速加速气流。

$\bar{l}_c < \bar{l}_c^{极限}(\theta_{等效} > \theta_{等效}^{极限})$时,对应于图3-88区域$B$,通道壁上的最大压力及出口上的和激波倾角减小。附着线后方气流扰动的减小,会导致引射喷管底部区域内的压力减小。这样,喷管引射通道中针对图3-88区域(A)或(B)的压力数值,由唇口壁上气流附着区域内的最大压力$\bar{p}_{\max}$数值来确定,对于引射喷管中的自成型流动状态,该数值随着喷管超声速段长度$[\bar{l}_c < \bar{l}_c^{极限}(\theta_{等效} > \theta_{等效}^{极限})]$的减小而减小。

引射喷管的主要几何参数,如喷口相对面积$\bar{F}_c$和等效锥度角$\theta_{等效}$,在空气流量为零,即$\vartheta\bar{Q}_2 = 0$时,推力损失的影响示于图3-89～图3-91上。对于每个关系曲线$\Delta\bar{P}_c = f(\pi_c)$,引射喷管内的流动用所研究的上述三个流动状态——分离流动状态、转换流动状态及自成型流动状态来表示。这些状态以等效锥度角$\theta_{等效} = 3.5°$方案为例,示于图3-89上。π_c值不大时($\pi_c \ll 1.4$),该方案中的喷管处于分离流动状态,喷流未黏附在唇口壁上。这里的转换流动状态处于$\pi_c \approx 1.6 \sim 1.8$的范围内。$\pi_c \approx 1.8$时,损失"尖峰"对应引射通道内压力急剧下降的情况,与喷管"起动"及向自成型流动转换的时刻有关(见图3-85)。自成型流动状态下的π_c增大时,推力损失的下降与喷流膨胀度减小至对应于计算流动状态的π_c为止。当$\pi_c = \pi_{c计算}$时,推力损失达到最小值,随后,当π_c值继续增大时,由于喷流膨胀不足,该值应增大。$\bar{F}_c = const$时,根据图3-77,$\theta_{等效}$的增大(见图3-89)会导致"起动"压力的增大,此时存在推力损失的"尖峰"并且该"尖峰"下降。$\theta_{等效}$数值大$\theta_{等效} > 17°$时,推力损失"尖峰"在$\pi_c \approx 3.4 \sim 6$时达到,并且超过了最小推力损失量级。推力损失的"尖峰"的下降及其随着$\theta_{等效}$增大变得更加平缓的变化特点,与喷管引射通道内压力p_{o2}/p_{∞}量级的增大有关,这在针对具有圆柱形唇口的那些方案的图3-85(b)上可很清楚地看到,图3-89上也是这种情况。

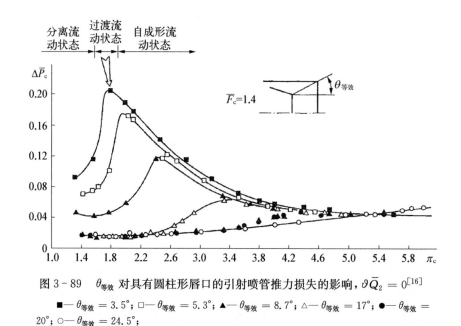

图 3-89　$\theta_{等效}$ 对具有圆柱形唇口的引射喷管推力损失的影响, $\vartheta\overline{Q}_2 = 0^{[16]}$

■—$\theta_{等效} = 3.5°$；□—$\theta_{等效} = 5.3°$；▲—$\theta_{等效} = 8.7°$；△—$\theta_{等效} = 17°$；●—$\theta_{等效} = 20°$；○—$\theta_{等效} = 24.5°$；

　　根据图 3-77, 喷口相对面积 $\overline{F}_c$ 的增大, 也和 $\theta_{等效}$ 增大时的情况一样, 会导致喷管的"起动"状态向大 π_c 值的方向偏移, 因而, 也就向推力损失"尖峰"方向偏移,

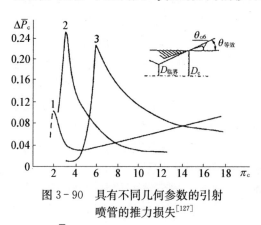

图 3-90　具有不同几何参数的引射喷管的推力损失[127]

1—$\overline{F}_c = 1.21, \theta_{等效} = 3.6, \theta_{唇口} = 0$；2—$\overline{F}_c = 2.15, \theta_{等效} = 6.2°, \theta_{唇口} = 0$；3—$\overline{F}_c = 3.4, \theta_{等效} = 19°, \theta_{唇口} = 10°$

如图 3-90 所示。具有圆柱形唇口喷管的 $\overline{F}_c$ 和 $\theta_{等效}$ 的变化, 如图 3-89 和图 3-90 所示, 其推力损失"尖峰"偏移的特点, 仍然与具有锥形唇口的喷管一样, 如图 3-91 所示。图 3-89～图 3-91表明, 当引射通道中的引气流量为零时, 在引射喷管的"起动"时刻, 推力损失"尖峰"可达到喷管理想推力数值的 20%, 这是极其严重的。

　　与喷管内计算的流动状态对应的最小推力损失量级可达到很高水平, 并且首先由喷口相对面积 $\overline{F}_c$ 和等效锥度角 $\theta_{等效}$ 来确定, 也由布局更加复杂的引射喷管的其他几何参数来确定。图 3-85～图 3-91 所示各文献研究成果表明, 喷管引射通道内空气流量为零时, 第二通道内压力及引射喷管推力损失的变化趋势。实验研究结果还表明, 存在引气, 实际上会导致所研究所有喷管布局的引射通道中压力均增大(见图 3-92)。这既适用于具有圆柱形唇口的喷管, 也适用于具有收缩喷口的喷管、具有超声速加长段的喷管及具有外部锥形唇口的喷管。当然, 随着喷

口相对面积 $\overline{F}_c$ 的增大,引射通道中的压力要么更明显地增大(对于小 $\overline{F}_c$ 值),要么缓慢增大(对于大 $\overline{F}_c$ 值)。还有一个显而易见的地方,$\vartheta\overline{Q}_2$ 恒定时,喷口相对面积 $\overline{F}_c$ 的增大,会导致流动着引气的腔室相对空间(或容积)的减小,也就相应增大了其在该腔室内对提升压力的作用。

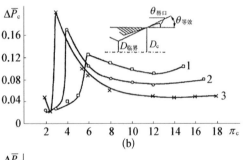

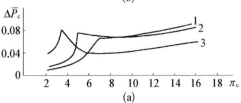

图 3-91　具有不同几何参数的引射喷管的推力损失

（a）$\overline{F}_c = 1.54$,1—$\theta_{等效} = 28°$,$\theta_{唇口} = 25°$;2—$\theta_{等效} = 23°$,$\theta_{唇口} = 20°$;3—$\theta_{等效} = 18°$,$\theta_{唇口} = 15°$　（b）$\overline{F}_c = 2.13$,1—$\theta_{等效} = 30°$,$\theta_{唇口} = 25°$;2—$\theta_{等效} = 25°$,$\theta_{唇口} = 20°$;3—$\theta_{等效} = 19°$,$\theta_{唇口} = 15°$

图 3-92 上的数据还表明,在供送空气的初始阶段,亦即在 $\vartheta\overline{Q}_2(\vartheta\overline{Q}_2 \leqslant 0.10)$ 数值较小时,引射喷管中引气流量数值的影响最大。$\vartheta\overline{Q}_2$ 继续增大,引射通道中的压力增长放缓,并且接近于线性规律。还应当指出,在某个 $\vartheta\overline{Q}_2$ 值下,如方案 $\overline{D}_{唇口} = 1.14$,$\theta_{唇口} = 5.5°$,$\overline{F}_c = 1.5$,来自文献[127],$\vartheta\overline{Q}_2 = 0.1$,临界截面与唇口"喉道" $D_{唇口}$ 之间存在相当窄的缝隙或"喉道"时,对于具有锥形唇口的引射喷管,会达到流动"壅塞"状态,亦即在唇口"喉道"区域内的引气气流中,达到声速,并且压力增长的特点也急剧变化。由于处于该流动状态,随着 $\vartheta\overline{Q}_2$ 的增大,第二通道中压力的增大(虚线)比初始 $\vartheta\overline{Q}_2$ 值下迅猛得多。引射喷管的二次气流中产生"壅塞"状态,与唇口的几何参数、是否存在超声速加长段有关,亦即与决定了针对引气的狭窄部位(或缝隙)的几何参数有关。

图 3-93 示出了按图 3-86 针对恒定 $\overline{p}_{02}$ 值(亦即针对 $\theta_{等效} \ll \theta_{等效}^{极限}$ 的区域)及唇口"喉道"区域内的"壅塞"流动(如果研究的是具有锥形唇口的引射喷管)的喷口相对面积 $\overline{F}_c$,在不同 $\vartheta\overline{Q}_2$ 数值下,对不同布局喷管引射通道内的压力的影响。

应当指出,不同文献作者针对具有声速喷口和圆柱形唇口的引射喷管,在很宽的 $\overline{F}_c$ 及 $\vartheta\overline{Q}_2$ 变化范围内,得到了最大数量的实验数据。针对具有锥形(收缩或扩散)唇口的引射喷管、具有超声速加长段喷管的数量有限的现有数据,在相应的 $\overline{F}_c$ 及 $\vartheta\overline{Q}_2$ 数值下,与针对具有圆柱形唇口喷管的曲线上的数据相当接近。

图 3-93 给出了在实际上是足够的喷口相对面积 $\overline{F}_c$ 和喷管第二(引射)通道中的空气流量数值下,根据实验研究结果确定引射喷管第二通道中压力数值的可行性。

还应当指出,上述结果是在进行具有冷空气的模型研究的情况下获得的,此时,喷流及二次气流的温度实际上相同,亦即对于这些情况,有 $\vartheta\overline{Q}_2 = \overline{Q}_2(\vartheta = 1)$。一般情况下,供送一定量的引气,既可使推力损失下降,也可冷却喷管。在真实发

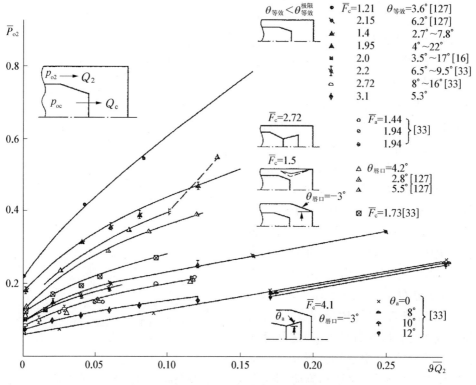

图 3-92 空气相对流量对引射喷管二次通道中压力的影响

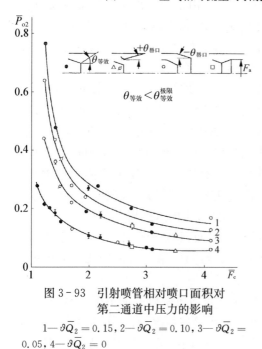

图 3-93 引射喷管相对喷口面积对
第二通道中压力的影响

1—$\vartheta \overline{Q}_2 = 0.15$，2—$\vartheta \overline{Q}_2 = 0.10$，3—$\vartheta \overline{Q}_2 = 0.05$，4—$\vartheta \overline{Q}_2 = 0$

动机的实际喷管中，通常同时使用引气的这两个效应。

喷管的引射通道中存在引气，在引气流量为零时，即 $\vartheta \overline{Q}_2 = 0$，会导致喷管的推力损失数值与类似的喷管方案相比而有所变化。在这种情况下，有两种方式来表示现有文献内的推力损失：要么针对流量为 Q_1 的主（一次）喷管确定与理想推力相除的喷管推力，要么针对分别测得的流量 Q_1 和 Q_2，确定与一次和二次气流理想推力之和（$p_{理想1}$ + $p_{理想2}$）相除的喷管推力。

图 3-94 和图 3-95 示出了使用第一种方式确定推力损失时具有圆柱形唇口的引射喷管性能的研究结果。相当明显的是，在这种情况下，由于流向

喷口后方的空气产生了一个对主（内部）喷管的附加推力，随着二次流量的增大，推力损失会成比例地下降。此外，存在引气，导致引射通道中的压力升高（见图 3-92），并且促使喷流的再次膨胀减缓，使喷流对喷管"起动"时唇口壁的冲击变得柔和。引气流量增大时，这伴随着"起动"时刻推力损失的平缓增长、推力损失"尖峰"的下降及该"尖峰"向大 π_c 方向的偏移（见图 3-94）。

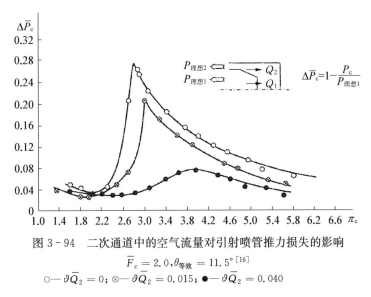

图 3-94　二次通道中的空气流量对引射喷管推力损失的影响

$$\overline{F}_c = 2.0, \theta_{等效} = 11.5^{\circ}\ {}^{[16]}$$

$\bigcirc$— $\vartheta\overline{Q}_2 = 0$；$\otimes$— $\vartheta\overline{Q}_2 = 0.015$；$\bullet$— $\vartheta\overline{Q}_2 = 0.040$

如果喷管引射通道中的引气流量达到了较大数值（约为流过喷管主通道空气流量的 1%），则来自引气的对一次喷管推力的补充，可能会相当明显。此时，来自一次和二次气流的推力总和，可能大于主喷管的理想推力 $p_{理想1}$，并且此推力下按第一种方式确定的推力损失值，在某些 $\vartheta\overline{Q}_2$ 数值下，将为负值（见图 3-95）。

反映引射喷管实际性能的更正确的方式，是确定推力损失的第二种方式，此时，主喷管的实际推力加上来自二次气流的推力，除以理想推力之和 $p_{理想1} + p_{理想2}$，亦即根据式（1-41）和式（1-48）来确定推力损失。针对引射喷管的各种方案，在不同的第二通道中的引气流量下，使用这样的方法确定的推力损失数值，示于图 3-96[127] 上。可以看出，并不是所有情况下，空气流量值的增大都会导致引射喷管推力损失的下降，尽管推力损失变化的总趋势仍然是随着所有研究 $\vartheta\overline{Q}_2$ 值下喷管内落压比的增大而变化。例如，尽管空气流量的增大并不正比于 $\vartheta\overline{Q}_2$ 数值，仍会导致喷管"起动"状态下推力损失的下降。

然而，在引射喷管流动计算状态下，针对给定的 $\vartheta\overline{Q}_2$ 值并对应最小推力损失，当 $\vartheta\overline{Q}_2$ 单调增大时，如图 3-95 和图 3-96 所示，观察不到推力损失明确下降的情况。在图 3-96 上所研究的 $\vartheta\overline{Q}_2$ 值方案中，最小推力损失对应于 $\vartheta\overline{Q}_2 = 0.03$ 情况。因此，图 3-97 按照不同文献的数据，并针对不同的引射喷管构型，给出了按照图 3-96 所示同样方法确定的最小推力损失 $\Delta\overline{P}_{cmin}$，与喷管引射通道中空气流量值

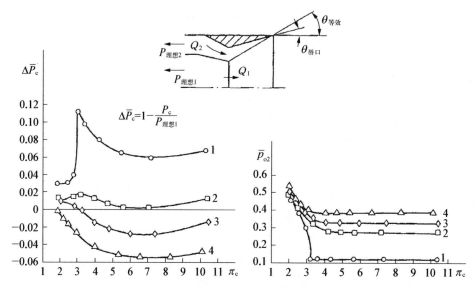

图 3 - 95　二次通道中存在空气时引射喷管的特性，$\overline{F}_c = 1.5$，$\theta_{\text{等效}} = 15°$，$\theta_{\text{唇口}} = 2.8°^{[127]}$

1 — $\vartheta \overline{Q}_2 = 0.2$，2 — $\vartheta \overline{Q}_2 = 0.058$，3 — $\vartheta \overline{Q}_2 = 0.086$，4 — $\vartheta \overline{Q}_2 = 0.118$

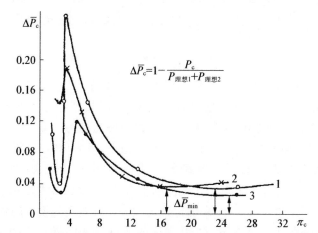

图 3 - 96　考虑引气输入冲量时的引射喷管特性，$\overline{F}_c = 3.3$，$\theta_{\text{等效}} = 17°$，$\theta_{\text{唇口}} = 15°^{[127]}$

1 — $\vartheta \overline{Q}_2 = 0.0$，2 — $\vartheta \overline{Q}_2 = 0.163$，3 — $\vartheta \overline{Q}_2 = 0.033$

$\vartheta \overline{Q}_2$ 的关系曲线。图 3 - 97 上相当明确地给出了推力损失变化中的几个时刻：空气流量对推力损失数值影响较弱，并在 $\vartheta \overline{Q}_2 \cong 0.03 \sim 0.06$ 时，存在相当模糊的最小推力损失表达式。在最佳 $\vartheta \overline{Q}_2$ 值后继续增大该数值，会使推力损失稍有增加。开始向喷管引射通道中供送引气时 $\vartheta \overline{Q}_2 = 0.02 \sim 0.03$，可观察到对降低引射喷管推力损失的最明显的影响：在理想推力的几个百分点的范围内。继续增大 $\vartheta \overline{Q}_2$，对于降低喷管内部的推力损失效率不高。

　　应当指出，从实际的角度看，按照使用冷空气的模型试验结果，数值 $\vartheta \overline{Q}_2 =$

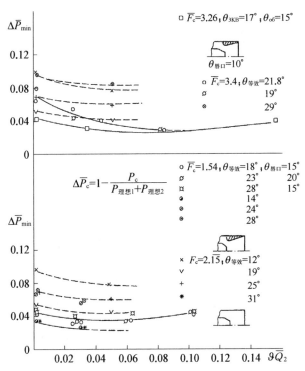

图 3-97   第二通道中的空气相对流量对引射喷管推力损失的影响

0.02～0.03 与获得最小推力损失时的最佳数值接近,并且在使用引射喷管的大多
数情况下,足以用于冷却喷管。还应当再一次强调,图 3-96 和图 3-97 说的最小
推力损失,既是计算 π_c 值下(根据图 3-96)的最小推力损失,也是最佳 $\vartheta\bar{Q}_2$ =
0.02～0.03 下的最小推力损失(根据图 3-97)。

　　将图 3-97 上获得的引射喷管的最小推力损失(也就是说,最小推力损失一方
面对应于计算的喷管内流动状态,另一方面则对应于最佳的引气流量值 $\vartheta\bar{Q}_2$),与
常规锥形喷管的冲量损失或最小推力损失进行比较,是有意义的。根据图 3-27,
锥形喷管的冲量损失主要由超声速段的扩张角 θ_c 来确定。最小推力损失 $\Delta\bar{P}_{min}$ 与
冲量损失 $\Delta\bar{J}_c$ 之间的关系,可由相当简单的关系式(1-49)和式(1-50)给出。因
此,图 3-98 比较了引射喷管第二通道内空气流量为零和最佳时的锥形超声速喷管
和引射喷管的推力特性量级。此时,在所研究引射喷管的等效锥度角 $\theta_{等效}$ 及固壁
常规锥形喷管的锥度角 θ_a 的变化范围内,在假设 $\theta_{等效}=\theta_a$ 的情况下,对推力特性进
行了比较。图 3-98(a)上用虚线指明了引射喷管最小推力所处区域。图 3-98(a)
表明,在该空气流量为零时,实际上,在所讨论文献中研究的不同布局引射喷管的
所有方案,与常规锥形超声速喷管相比,总体上来说,推力特性都更差。$\vartheta\bar{Q}_2=0$ 时,
与锥形超声速喷管相比,引射喷管的推力损失更高,可解释为喷流在引射喷管内喷
口边缘上急速膨胀时,与唇口壁进行碰撞,产生了压力损失。在具有固壁的锥形喷

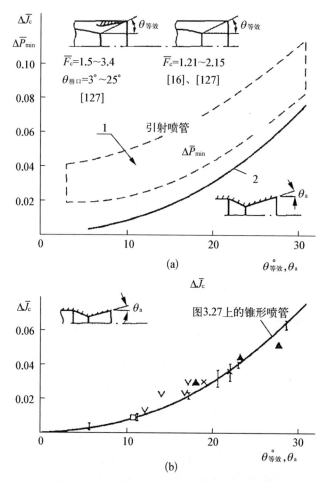

图 3 - 98　引射喷管与锥形喷管的性能比较

(a) 1— $\vartheta \bar{Q}_2 = 0$, 2— $\Delta \bar{J}_c$ 针对的是图 3 - 27 上的锥形喷管

(b) 引射喷管, $\vartheta \bar{Q}_2 = \bar{Q}_{2最佳}$, 按式(1 - 50), $\Delta \bar{P}_{min} \rightarrow \Delta \bar{J}_c$,

▲— $\bar{F}_c = 1.54$；○— $\bar{F}_c = 3.3$；×— $\bar{F}_c = 3.4^{[127]}$；□— $\bar{F}_c = 2.66 \sim 2.72^{[72]}$

管中,气流在临界截面后方连续膨胀,并且平缓地绕流扩张的固壁,没有喷流与喷管表面的碰撞。

　　如果使用图 3 - 97 来研究最佳引气流量值下的引射喷管最小推力损失,并按式(1 - 50)将这些推力损失换算成冲量损失,则图 3 - 98(b)表明, $\vartheta \bar{Q}_2 = \bar{Q}_{2最佳}$ 时的引射喷管推力特性及固壁锥形喷管的推力特性,彼此之间是相当接近的。

　　在这种情况下,引射通道中的引气,对减小喷流与唇口壁碰撞时产生的推力损失,具有有利的影响,这时,沿喷流周边溢出的引气,起着"气垫"的作用,减缓了喷流与唇口内壁的撞击,并导致引射通道中的压力增大。

　　图 3 - 98(b)表明,无论是在固壁锥形喷管中,还是在引射喷管内,在所选择的可保证计算流动状态下最小推力损失的第二通道中的最佳空气流量数值下,决定

冲量（或推力）损失量级的主要参数是喷管的锥度角。喷口的相对面积在相当大的数值范围内变化时，即 $\overline{F}_c \approx 1.5 \sim 3.5$，对喷管的冲量损失（最小推力损失）数值的影响很弱。这些数据再加上图 3-33，就可让我们相当自信地确认，与出口上的流动锥度有关的不同布局引射喷管内的冲量损失，在对喷管内部的流动过程进行相应的优化时，可能接近固壁等效超声速锥形喷管的冲量损失。

3.3.6　带有中心体的圆形喷管的特性

具有中心体的圆形喷管或环形喷管，既应用于火箭技术中，也应用于航空技术中。这些喷管与前面研究的轴对称锥形喷管或拉瓦尔喷管的区别，在于喷管的临界截面不是圆形，而是环形（或缝隙）形。在火箭技术中，带中心体喷管，用于减小喷气发动机的外形尺寸和重量。在航空技术中，很多情况下，例如，使用涵道比大、涵道内气流不混流的发动机时，风扇（外）涵道内存在中心体，是双涵道喷管的不可分割的特性［见图 2-1(f)］。图 2-1、图 2-3、图 2-5～图 2-7 上所示带中心体喷管布局表明，这些喷管既可能是圆形的，也可能是扁平的，可以是具有直临界截面或者是斜临界截面［见图 2-7(c)］，可以是具有按型面设计的中心体（见图 2-1）或是锥形的中心体（见图 2-5），可以是没有外部唇口［见图 2-7(b)］或是有外部唇口［见图 2-7(c)］，中心体的长度可以是缩短的［见图 2-7(b)］或是全长度［见图 2-7(c)］，可以是对称喷管［见图 2-7(b)］或是非对称喷管［见图 2-7(c)］等。

可以有条件地将带中心体喷管划分成两种类型，其中的流动会有明显差异：超声速飞行器上使用的具有中心体的单通道喷管［见图 2-1(e)］，其流动特性与落压比 π_c 变化时拉瓦尔喷管中的流动特性接近，以及主要应用于亚声速飞行器上的内外涵发动机喷管（双通道喷管）［见图 2-1(f)］。

3.3.6.1　单通道喷管

尽管带中心体喷管种类繁多，其中燃气气流加速至超声速的原理仍然与常规超声速喷管中一样，使用几何原理：收缩段中的亚声速气流加速至喷管临界截面，随后，气流在扩散段内加速至给定的超声速。

正如前面 3.3 节（见图 3-22）已经指出的，具有中心体喷管的特点是在喷流膨胀状态下，当喷管内的落压比小于计算值时，具有中心体喷管的推力系数高于拉瓦尔喷管或锥形喷管的推力系数。这是因为更高的周围大气压力向中心体通道中传送，这与拉瓦尔喷管不同，在喷流过膨胀状态下，拉瓦尔喷管大部分超声速段管壁上的压力，都低于周围大气压力，只有在喷口附近，这些压力之间才彼此均衡。

应当特别强调，具有中心体喷管的这种性能，表现在喷流流向固定不动的介质中的情况下。一般而言，存在外流会导致具有中心体喷管推力特性的明显下降，这验证了实验研究结果。因此，存在外流时，应特别注意带中心体喷管在过膨胀状态下的特性。

图 3-99[48] 示出了具有中心体的轴对称喷管的喷流流向固定不动的介质

（$Ma_\infty = 0$）时，喷管主工作状态（喷流的计算状态、过膨胀状态、膨胀不足状态）下的流动示意图及压力沿中心体长度的分布情况。

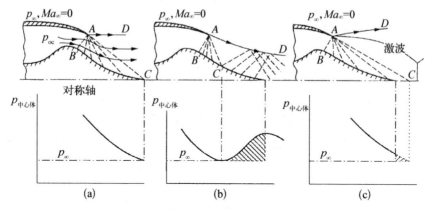

图 3 - 99   带中心体喷管内的流动示意图
（a）计算状态   （b）过膨胀状态   （c）膨胀不足状态

在计算的喷流流动状态下［见图 3 - 99（a）］，稀疏波的声速气流从临界截面 AB 开始在扇形面内膨胀，其中的稀疏波最新特性线 AC 在中心体的顶点达到。流线的外边界 AD（喷流的自由边界）平行于带中心体喷管对称轴。

中心体表面上的静压，随着中心体顶部气流加速至周围大气中的静压 p_∞ 而平稳下降，并且气流以均匀的速度从喷管流出时平行于对称轴，其静压等于 p_∞。气流从 $Ma=1$ 开始，从临界截面 AB 膨胀，不是一个重要限制，并且初始 Ma 数可以是 $Ma=1$ 与喷口上 Ma 数之间的任何一个 Ma 数（沿着最新特性线 AC）。因此，对于给定的计算压力（p_{∞}/p_∞）$_{计算}$，都有一组带中心体喷管，其内部的几何膨胀比不同。

在过膨胀状态下，当喷管内的相对总压小于计算值时，由于外侧没有喷管壁进行限制，则气流自动适应周围大气条件。此时，喷流 AD 的自由边界向对称轴倾斜，稀疏波扇形面的最新特性 AC 到达中心体上的顶点［见图 3 - 99（b）］。气流在 C 点后进行压缩，中心体表面上的静压增大，产生推力的一部分附加增量［见图 3 - 99（b）曲线上的虚线部分］。这决定了带中心体喷管与常规锥形喷管或拉瓦尔喷管不同，没有因喷流的过膨胀而导致的推力损失。

喷流膨胀不足的流动状态下，当喷流中的相对总压高于计算压力时［见图 3 - 99（c）］，自由喷流边界 AD 偏离对称轴，并且在气流中形成激波。稀疏波扇形面的最新特性 AC 在中心体顶部后方与对称轴相交，中心体上的静压大于周围大气静压 P_∞。在这些条件下，带中心体喷管类似于固壁常规超声速喷管：没有到达最新特性 AC 的喷管表面，可在该表面上补充增加静压，这会导致与喷流膨胀不足有关的推力损失［见图 3 - 99（c）曲线上的纹影线部分］。

图 3 - 100 针对向固定不变的介质中流动的状态（$Ma_\infty = 0$），示出了按文献

[92]数据得到的具有锥形中心体喷管
的一个方案的中心体表面压力分布研
究结果。

该文献中,对具有中心体且缩减程
度不同的各种喷管方案特性进行了综
合实验研究。

喷管针对出口 Ma 数为 $Ma_c =$
2.46(与燃气比热容 $k_c = 1.266$ 相除)
而设计,喷管内的计算相对压力为
$\pi_{c计算} = 16.5$。喷流是过氧化氢分解
90% 的结果,喷流中的温度为 $T_{oc} =$
$1\,013\,K$。具有中心体喷管的主要几何
参数示于图 3-100 上。图上示出了喷
流边界并比较了压力沿锥形中心体
($\theta_{中心体} = 15°$)的分布情况。压力分布
是按照特性法根据实验研究结果和计
算得到的。通过计算得到的激波或强

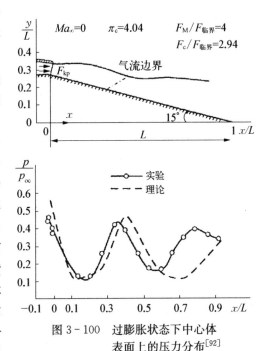

图 3-100　过膨胀状态下中心体
表面上的压力分布[92]

烈压缩区域的位置,在示意图上用虚线标出。由于气流是非等熵的,在气流强烈压
缩区域内,可观察到确定压缩区域位置时计算结果与实验结果的差异。

实验中观察到的第二个压缩区域的位置,以中心体表面上的第二个"尖峰"形
式出现,由于在确定第一个压缩区域位置时,计算结果与实验结果存在差异而引起
的误差,使用特性法确定的第二个压缩区域的位置不可能足够精确。

正如文献[92]指出的,在曲线初始
段中,计算结果与实验结果存在的差
异,大概与声速线为直线的假设有关,
在计算时的临界截面内,以及在气流方
向垂直于该声速线时,实验中,这一假
设有可能并不成立。

图 3-101[123] 给出了具有锥形中心
体($\theta_{中心体} = 15°$)的喷管推力系数与锥
形超声速喷管($\theta_c = 10°$)推力系数在相
同的喷管内压差($\pi_{c计算} = 20$)情况下的
比较。根据图 3-99 上所研究的流动
示意图,在具有锥形中心体和圆柱形唇
口喷管的过膨胀状态下,见图 3-101
上的虚线 1,由于喷流会在中心体绕流

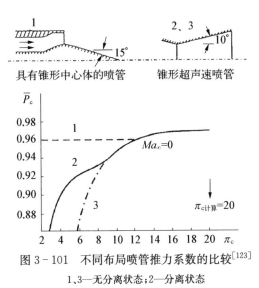

图 3-101　不同布局喷管推力系数的比较[123]

1、3—无分离状态;2—分离状态

的情况下,在减小 $\pi_c \leqslant 12$ 情况下的推力损失的同时,自动适应周围大气条件,推力系数为 $\overline{P}_c = 0.96$。

　　过膨胀状态下,常规锥形超声速喷管可能有两个流动状态:有来自超声速管壁的分离气流的状态(曲线 2)及没有分离流的状态(曲线 3)。在有来自喷管壁的分离流的情况下,有分离气流那部分管壁上的静压,实际上等于周围大气压力,而在喷流的过膨胀状态下,在没有分离扰流时,该压力低于周围大气压力。这会导致锥形超声速喷管在分离流动状态下的推力系数高于喷管壁无分离扰流时的推力系数。并且,对于不同用途飞机起动状态下特有的 $\pi_c \approx 3$ 数值,$\theta_c = 10°$ 的超声速锥形喷管的推力系数,低于具有锥形中心体喷管的推力系数。

　　图 3-102[64] 示出了针对较大压差($\pi_c > 50$)的具有中心体喷管的各种布局的推力系数与拉瓦尔喷管力系数的比较。喷流过膨胀流动状态下,与拉瓦尔喷管相比,具有中心体喷管的优势相当明显。

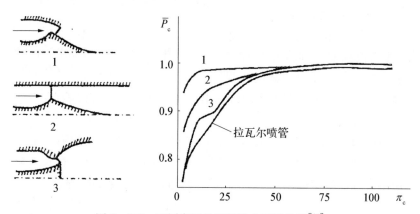

图 3-102　不同布局的喷管推力系数比较[64]

1—临界截面倾斜的喷管;2—内膨胀喷管;3—盘形喷管

　　此时,具有中心体和外部膨胀气流的喷管(喷管 1),由于周围大气压力的作用实际上表现在其临界截面后方中心体的整个长度上,可保证最大的推力系数优势。

　　具有中心体的轴对称喷管的一个重要性能是中心体长度有所缩短时,推力系数下降不大。从燃气动力的角度看,中心体缩短时,一方面减小了与中心体表面上气流摩擦力有关的推力损失,另一方面,与端部阻力有关的推力损失(底部推力损失)可能会增大。因此,可以寻找最佳的中心体长度。根据设计思想,这样缩短喷管相当有利,因为减少了重量、外形尺寸,必要时,也减少了喷管冷却面积。图 3-103 示出了缩短中心体情况下,落压比 $\pi_{c计算} \approx 11$ (喷口截面相对面积 $\overline{F}_c = 2$)时的喷管推力损失 $\Delta\overline{P}_c$ 的变化。如果完全缩短中心体($X/L = 0$)会导致喷管推力损失数值等于理想推力的 4%,即使中心体长度增加量不大,为其总长度的 23%($X/$

$L = 0.23$），与中心体长度为零时相比，推力损失的下降量也在一半左右。延长中心体 $X/L \approx 0.66$，实际上并不影响喷管的推力损失量级[140]。

带中心体喷管还具有一个性能——在同样的推力效率下，其比等效的拉瓦尔喷管更短。这在图 3-104 上进行了说明。按照文献[64]的数据，示出了拉瓦尔喷管及带中心体和外膨胀气流喷管的总冲量损失数值随超声速段长度 $l_c / R_{临界}$ 的变化曲线。

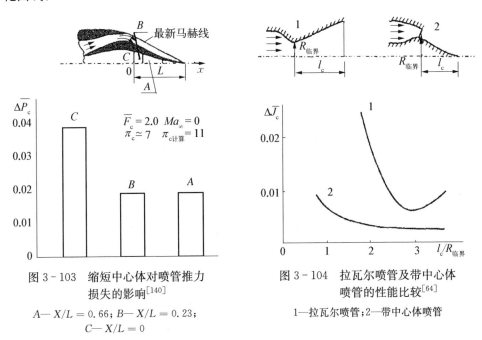

图 3-103　缩短中心体对喷管推力
损失的影响[140]

A— $X/L = 0.66$；B— $X/L = 0.23$；
C— $X/L = 0$

图 3-104　拉瓦尔喷管及带中心体
喷管的性能比较[64]

1—拉瓦尔喷管；2—带中心体喷管

所有喷管针对的都是喷口商的气流 Ma 数 $Ma_c = 3.7$。喷管的总冲量损失包括主要损失分量——摩擦损失、气流散射损失及底部损失的计算值和实验值。

从图 3-104 上可以看出，总冲量损失与带中心体喷管的长度的关系曲线没有圆形喷管特有的最小特征值（由于受与摩擦力及气流散射有关的损失的影响）。因此，缩短中心体，实际上并不改变其相对冲量。

推力损失相同时，带中心体的喷管要比发瓦尔喷管短 $2/3$；尽管缩短中心体也会使冲量（或推力）系数有所下降，然而，其仍然相当高。

另一方面，带中心体喷管的相对长度与拉瓦尔喷管的最佳长度（针对所研究的 $l_c / R_{临界} \approx 3$ 的情况）相同时，带中心体喷管可保证比拉瓦尔喷管拥有更高的推力系数[64]。

选择有中心体喷管外唇口的长度也可明显影响其推力效率。该效应可在图 3-105 上见到，其上示出了唇口长度与其最佳值的百分比偏差（向唇口长度减小和增大的方向偏差），与最佳长度相比，对推力损失增量 $\delta\Delta\overline{P}_c$ 的影响。按照文献[124]的数据，该增量用占有锥形中心体喷管（$\theta_{中心体} = 15°$）推力损失数值的百分比来表示。所列结果表，圆柱形唇口长度向偏离最佳值而增大和减小方向的变化，不影响有中心体喷管的效率。

中心体底部台阶的数值与 Ma 数及喷口截面内的气流方向的关系极为密切,文献[141]中使用特性法进行的参数计算,就证明了这一点。图 3-106 示出了带中心体喷管(既包括带外流的喷管,也包括内部气流局部膨胀的喷管)内的流动计算示意图。计算时,将点 A 和 B 看做是拐点,以便较可靠地确定特性曲线上的气流参数 AE_1 和 BE_1。

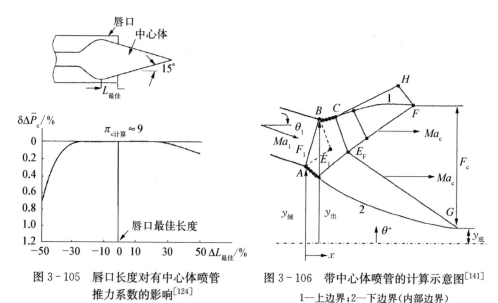

图 3-105　唇口长度对有中心体喷管
推力系数的影响[124]

图 3-106　带中心体喷管的计算示意图[141]
1—上边界;2—下边界(内部边界)

图 3-107~图 3-109 所示计算曲线,可根据初始截面 AB 内的 Ma 数及速度矢量倾角,确定中心体和喷管唇口的尺寸。底部台阶数值随着速度矢量与喷管在临界截面内对称轴的倾角 θ_1 的增大而减小,并有可能在喷管的任意扩散度 $F_c/F_{临界}$ 下,以及在初始截面 AB 和喷管轴的任意倾角下变成零值(见图 3-107)。随着喷管初始截面内 Ma 数的增大,中心体台阶的数值稍有下降(见图 3-108)。此时,随着喷管初始截面内 Ma 数的增大,中心体的长度也将增大。

在喷口截面中的气流沿对称轴流动的计算状态下,如果初始截面内的气流倾角为零 $(\theta_1 = 0)$,中心体的长度总是大于外唇口的长度。此时,为消除中心体上的底部台阶 $(y_{底} = 0)$,需要确定喷管初始截面的计算扩散度 $F_c/F_{临界}$ 与坐标比 $y_{倾}/y_{出}$ (姿态)之间的关系式(见图 3-109)。

3.3.6.2　双通道喷管

双通道喷管是指具有内外涵道发动机的喷管,其气流经不同的临界截面分别从第 1 通道(内涵道)和第 2 通道(外涵道或风扇通道)中流出。此时,内、外气流的参数不同。如果内外涵发动机不同通道的气流在喷管汇并临界截面前方的一个公共腔室内混合,则这样的喷管就进入了之前研究过的单通道喷管的行列。

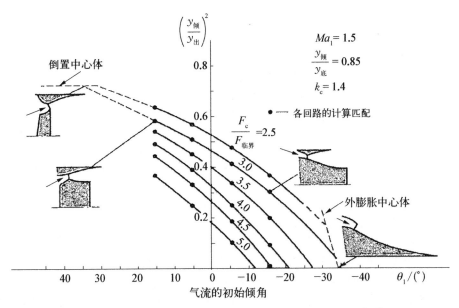

图 3 - 107 气流初始倾角与中心体底部喷口尺寸的匹配[141]

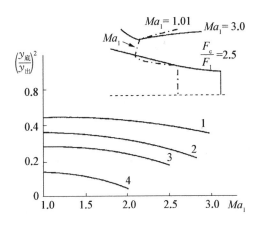

图 3 - 108 喷管内的气流初始 Ma 数对中心体底部喷口尺寸的影响，$y_{倾}/y_{出}=0.85, \theta_1=10°$[141]

1—$F_c/F_1=2.5$,2—$F_c/F_1=3.0$,3—$F_c/F_1=3.5$,4—$F_c/F_1=4.0$

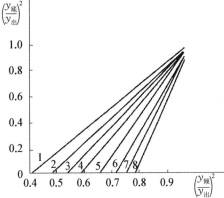

图 3 - 109 中心体尺寸，$Ma_1=1.5$，$\theta_1=0, k_c=1.4$ [141]

1—$F_c/F_1=2.5$, 2—$F_c/F_1=3.0$,3—$F_c/F_1=3.5$,4—$F_c/F_1=4.0$,5—$F_c/F_1=5.0$, 6—$F_c/F_1=6.0$, 7—$F_c/F_1=7.0$, 8—$F_c/F_1=8.0$

图 3 - 110 示出了无气流混合的内外涵发动机喷管(亦即双通道喷管)内的流动示意图。内外涵发动机喷口区域内的流动特性相当复杂,形成了一个稀疏波和激波扇形区,一个通道临界截面后方的流动,也有可能影响另一个通道的流动。

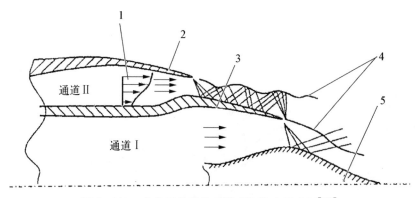

图 3-110 内外涵发动机喷管内的流动示意图[128]
1—速度剖面;2—唇口;3—核心机整流罩;4—喷流边界;5—中心体

外(风扇)通道中的流场相当不均匀,图 3-111 上示出了在文献[128]中获得的该通道内全压剖面的测量结果。相对全压在横着喷管外通道方向的湍流度,在逐渐接近喷口时,从一个截面到另一个截面的变化相当弱。在图 3-111 所示例子中,通道上、下管壁压力差为 30%～40%。此时,外通道喷口截面中速度剖面的湍流度可达截面宽度的 10%(见图 3-112)。

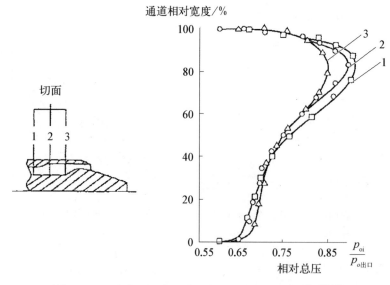

图 3-111 发动机风扇通道中典型通道内的全压剖面[128]

实验研究结果中得到的双通道喷管主通道和风扇通道流量系数测量值与风扇通道喷管内落压比 π_{cII} 的关系曲线,示于图 3-113 上。测量结果表明,第 1(主)和第 2(风扇)通道喷管内达到临界落压比(对于冷空气为 $\pi_{cII} = 1.89$)后,流量系数 μ_I 和 μ_{II} 实际上并不取决于落压比,亦即在两个通道的喷管内,当 $\pi_c = 2～3$ 时,处

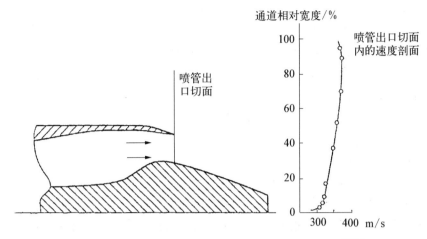

图 3 - 112　发动机风扇通道中喷口截面内的速度剖面[128]

于"起动"流动状态。该示例还图示出,通道中的流量系数相当高 $\mu \cong 0.98 \sim$ 0.987,并且与 3.2 节研究的标准喷管流量系数接近,误差范围为 1%。

内外涵涡轮喷气发动机外(风扇)通道产生了整个发动机推力的 80% 的推力。

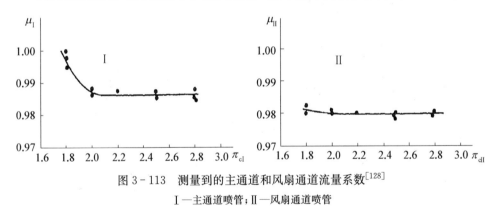

图 3 - 113　测量到的主通道和风扇通道流量系数[128]

Ⅰ—主通道喷管;Ⅱ—风扇通道喷管

因此,应特别注意通道按型面设计和该通道几何参数的选择问题,例如,如果因为按型面设计不好,喷管内的推力损失增大量占理想推力的 1%,则此时的发动机推力损失增大 3%。

图 3 - 111~图 3 - 112 上示出的双通道喷管外(风扇)通道参数的湍流度,与该通道的设计有关。该通道喷管是环形喷管,外唇口直径与林及其截面高度的比值很大。此时现有的风扇通道的纵向曲率,会导致前面所说的出口截面内的气流湍流度,使其流动性能下降,并对主(内或外)通道核心机整流罩附近的气流流动产生作用。用出口截面高度 h_c 与内通道曲率半径 $R_{倒圆}$ 的比值来表示风扇通道通道的曲率[见图 3 - 114(a)]。由于通道曲率的影响,喷管内的声速线严重弯曲,从唇口边缘出发,指向喷管深处风扇的内壁[见图 3 - 114(b)][110]。风扇通道喷口截面区

域内的 Ma 数分布示例图形,表明了喷口截面内的速度湍流度程度。

如果考虑气流的上述湍流度,文献[110]中确定了流量系数 μ_{II} 和喷管推力 $\overline{P}_c$,示于图 3-114(a)上,形式为与风扇通道内壁曲度 $h_c / R_{倒圆}$ 的关系曲线。喷口截面高度 h_c 恒定时,通道曲率增大的影响,亦即倒圆半径 $R_{倒圆}$ 减小,会导致喷管流量系数的下降,与锥形喷管亚声速段收缩角增大时的情况类似(见 3.2 节)。通道曲率增大($h_c / R_{倒圆}$ 增大)对喷管推力系数 $\overline{P}_c$ 的影响并不单调。

在某个数值下 $h_c / R_{倒圆} \approx 0.16$,推力系数具有最大值,随后,喷管内壁曲率增大,导致推力系数下降。

除了环形通道壁通道曲率对喷管推力系数数值的影响外,环形通道的弯曲,也会产生明显的影响。文献[146]中,通道的这种弯曲表示为喷口上的通道轴较之入口上通道轴的偏移量 ΔH。按照文献[146],与通道轴弯曲有关的喷管推力损失 $\overline{P}_c$,示于图 3-115 上。

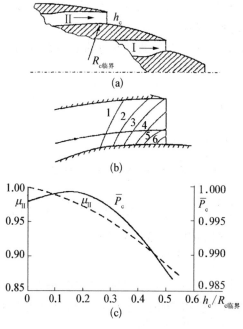

图 3-114　内外涵发动机喷管特性[110]

(a) 喷管示意图　(b) 风扇(外)通道喷管内的流场 $\pi_{\text{cII}} = 2.5$　(c) 风扇(外)通道喷管特性

$1—Ma_{\infty} = 0.8$；$2—Ma = 0.9$，$3—Ma = 1.0$，$4—Ma = 1.1$，$5—Ma = 1.25$，$6—Ma = 1.4$

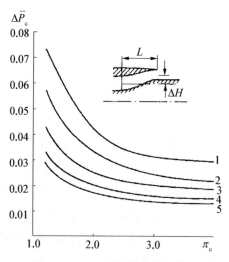

图 3-115　环形通道弯曲对推力损失的影响[146]

$1—\Delta H/L = 0.8$，$2—\Delta H/L = 0.6$，$3—\Delta H/L = 0.4$，$4—\Delta H/L = 0.2$，$5—\Delta H/L = 0$

既可以通过增大喷管入口和出口上通道轴之间的距离 ΔH 来改变环形通道的曲度(通道弯曲段长度 L 恒定时),也可以在 $\Delta H = \text{const}$ 时通过减小弯曲段长度 L 来实现上述目标。通道弯曲可对喷管的推力损失数值产生重大影响,尤其是在落

压比 π_c 大时。

研究双涵道内气流单独流动的内外涵发动机喷管内的流动时,已查明,对双通道喷管推力损失起主要作用的是核心机整流罩(其被从风扇通道中流出的气流完全浸润)的型面阻力(见图 3 - 100)。很多研究人员致力于研究这一绕流。图 3 - 116 和图3 - 117说明了取自文献[50]的内外涵发动机喷管核心机绕流研究的计算和实验数据。

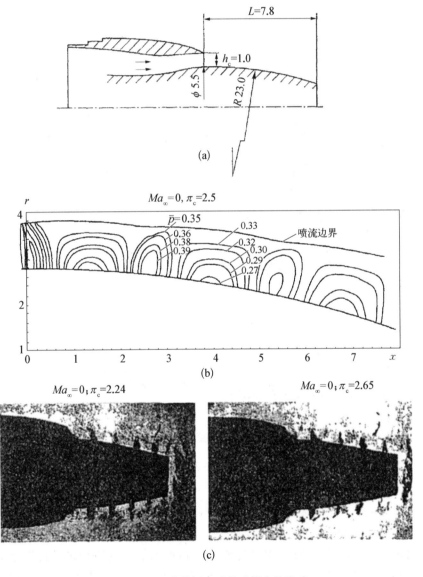

图 3 - 116　内外涵发动机喷管内的流动

(a) 喷管示意图　(b) 流场计算　(c) 流场照片[50]

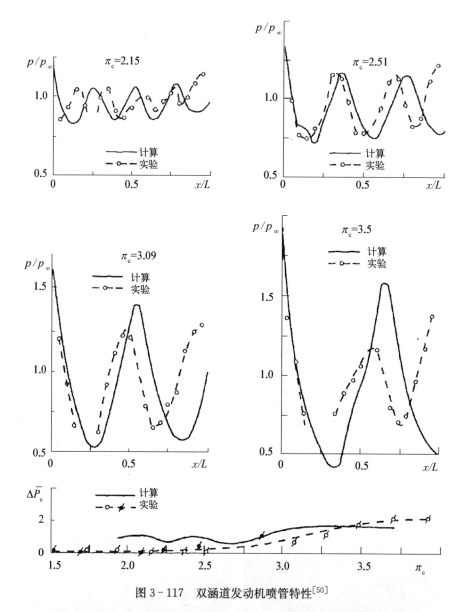

图 3-117　双涵道发动机喷管特性[50]

　　该文献中的数值计算结果是使用基于理想气体非定常流动方程得出的。

　　计算时,假设没有外部绕流($Ma_\infty = 0$)及喷管外(风扇)通道和主(第 1)通道的作用。将主气流的内部喷流替换成固体,并且以得到问题解前的初始数据的形式,给出模拟喷流边界的固体边界的位置。

　　图 3-116 示出了喷管示意图及其主要几何参数、相对静压场的计算及某些落压比 π_c 特征值下使用泰勒仪得到的流场照片。图 3-116(a)和图 3-116(b)上的所有线性尺寸,都是与第 2(外)通道出口截面高度 h_c 相除之后的数值,而静压则是与

喷流中的阻滞压力相除之后得到的数值。流场照片及静压等压线证明,第二通道喷流中的超临界压差下($k_c = 1.4$ 时,$\pi_c > 1.89$),通道中的流动,具有相当复杂的特点。在紧邻喷口的地方,气流在外唇口边缘附近发生膨胀和转动,与在中心处的情况一样。可实现普朗特-麦耶流动。核心机整流罩表面上的静压可比周围大气静压低很多。稀疏波在到达核心机整流罩表面并从该表面反射回去之后,由于核心机整流罩母线的曲度,会被大大加强。达到喷流边界后,稀疏波从边界以压缩波的形式反射回来,并形成激波。在很多情况下,这发生在波从核心机整流罩表面的二次反射之后。接下来气流重新加速,系数区域与压缩区域交替,沿着核心机整流罩表面传播。整流罩长度相当长时,可多次观察到这样的情况,正如从图 3 - 116 (c)上的流场照片所见。

气流加速区和减速区的交替表明,静压(p/p_∞)沿喷管长度传递(见图 3 - 117)。图 3 - 117 上的实线为计算结果,虚线汇总了实验值。无论是计算结果,还是实验结果,都表明,随着风扇通道喷管内落压比 π_c 的增大,核心机表面上的稀疏波和压缩波区域数减少,但气流的稀疏和压缩比增大,核心机唇口表面上相对静压 p/p_∞ 的最小值减小,而最大值增大,就证明了这一点。

在文献[50]中,随着 π_c 的增大,不断增大的压力分布计算数据与实验数据之间的差异,与气流黏度影响增大有关,表现在核心机唇口表面上的附面层将潜力流挤出,并且喷流边界上存在偏移区域。

然而,尽管不考虑气流的黏度因素,喷管推力损失的计算值,与存在黏度效应的实验值一样,由于前面所述核心机唇口表面上流动特点的变化,在总体上具有随着落压比 π_c 增大而增大的趋势。

4　二元喷管特性

从圆形或轴对称喷管向二元或非轴对称喷管的转变,是与新型先进战机的要求提高相关联的。这些要求主要包括提高机动性、缩短起飞着陆时滑跑长度的喷管偏转和推力反向、降低雷达和红外波长范围内针对缩短飞机探测距离和提高其生存率(即减少飞机战斗减员)的识破伪装标记级。对二元喷管的重视甚至从高超声速飞行器的研制之初就开始了。最近二、三十年,国外在述评和文献[14,40,42~49,51,56~61]中对二元喷管的研究结果做出了相当详细的评述,其中,分析研究了与研制和使用二元喷管相关的不同方面,并且分析了二元喷管的推力特性、阻力、在飞机布局中有效推力的损失、重量及其结构等等。影响这些喷管航空气体动力学特性的几何参数和二元喷管的主要布局见本书第2章。

美国研究机构所进行的分析表明,二元(非轴对称)喷管构想可以满足上文所提及的对先进战机的要求并能保证一系列优势。这些优势可以归纳如下:

(1)提高飞机的机动性和稳定性,能够保证在低速飞行并结合喷管推力矢量偏转情况下的较大的升力系数值;

(2)二元喷管与现有的轴对称喷管相比较,它与双发布局的飞机机体结合的更加良好,减小了飞机在亚声速和超声速巡航飞行状态下的阻力;

(3)改善了飞机在战斗状态下的纵向稳定性,提高了飞机在大迎角俯冲并结合推力反向的使用情况下从空中向地面目标射击时的视界和射击精度;

(4)减小了红外辐射和雷达散射截面;

(5)结合喷管推力矢量偏转和反向的使用,能够针对来袭的敌方导弹进行较快速机动;

(6)利用机翼上表面的吹风来提高升力的办法来降低飞机以最大升力系数值进行机动时的阻力;

(7)改善具有较大发动机大推力的飞机的起降特性;

此外,与轴对称喷管相比,二元喷管的优势还有:调节元件数目减少,经过这些元件产生的气体渗漏较少。所以,二元喷管是先进飞机未来采用的最优技术方案之一[80,81]。

但是,与轴对称喷管相比,二元喷管也存在不足。主要不足如下:

(1)在由发动机圆截面向平面(矩形)截面转换时,加大了喷管入口处的管道内部的推力和压力损失；

（2）鉴于其结构特点，二元喷管的重量会增加；

（3）鉴于使用二元可调喷管的数据不足，技术风险很大。

所以，下面要研究的第一个问题就是关于二元喷管过渡管道内的压力和推力损失问题。

4.1 喷管管道过渡段的损失

管道形状的改变和弯曲、喷管入口处从发动机圆截面向矩形截面的过渡段，这一切都会导致喷管推力和压力的损失。二元喷管过渡段内的压力损失图解见图 4-1，该图是根据二元喷管不同布局的实验研究结果得到的。根据两个几何参数：过渡段收缩比 $F_{入口}/F_{临界}$ 和在过渡段长度恒定 $l/D_{入口} = 1.3$ 及入口直径 $D_{入口} = \mathrm{const}$ 情况下的喷管临界截面扁率比（宽度和高度之比 $b_{入口}/h_{临界}$），给出从入口段到临界截面的压力损失 $\Delta \bar{p}_0 = 1 - \dfrac{p_{0入口}}{p_{0临界}}$。数值 $b_{入口}/h_{临界} = 1$ 代表圆形喷管。图 4-1 所给出的结果表明，在从入口到临界截面的管道收缩比足够大，即 $F_{入口}/F_{临界} \geqslant 4$ 情况下，对于具有较大喷管临界截面扁率比 $b_{入口}/h_{临界} \approx 10$ 的二元喷管而言，过渡段内的压力损失不超过喷管入口处全压值的 1%，就是说，压力损失相当的小。

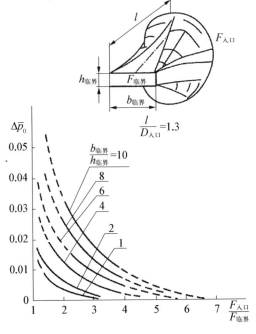

图 4-1 收缩形管道内的压力损失

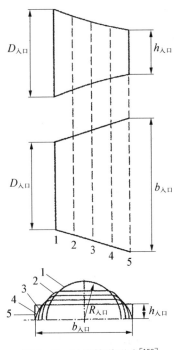

图 4-2 过渡管道形式[153]

文献[153]和[47]指出,对于带有二元喷管的空气-喷气发动机,采用横截面积沿长度恒定变化的过渡段是合理的(见图 4-2),并且,为了保证过渡段的最小长度和其中的最小压力损失,必须满足下列 4 个主要要求:

—— 横截面积沿过渡段长度的变化规律恒定;

—— 沿过渡段长度的拐点倒圆半径线性减小;

—— 扩张段侧壁的直线性;

—— 过渡段侧壁的开度角不应超过 45°。

满足这些条件后,就可确定上下表面的曲率以及过渡段的长度。在这种情况下,即使具有较大的喷管临界截面扁率比,过渡段内的全压损失相当于喷管入口处的全压值的 1%。

与等效的声速轴对称喷管相比,不同资料在具有不同喷管临界截面扁率比 $b_{入口}/h_{临界}$ 的平面声速喷管内的推力损失增长值方面的结论总结见图 4-3。图 4-3 上使用黑色标记的是国外文献[51,153]的数据,使用浅色符号标注的是作者在中央空气流体动力学研究院内与 B. A. 图马诺夫和 E. H. 克拉切夫共同获得的实验研究结果。使用浅色菱形符号标注的数据对应的是带有从圆形向矩形截面过渡的对称管道(在垂直和水平面上)的声速喷管模型,类似于图 4-3 上针对黑色三角形所给出的文献[151]示意图。使用浅色矩形所标注的数据对应的是垂直面上过渡段的非对称管道:由圆形向矩形临界截面的过渡仅通过收缩下部管道(此时的上部管道为直线型)来实现,管道过渡段的侧壁以图 4-3 所示的角度 β 对称扩张。使用浅色符号所标注的实验数据是在很大的管道过渡段主要几何参数变换范围内获得的:从二元喷管的输入(圆形)截面向临界截面的(过渡段)收缩比($F_{临界}/F_{入口} = 0.2 \sim 0.6$)、侧壁扩开度角($\beta = 18° \sim 30°$)、临界截面扁率比($b_{入口}/h_{临界} \approx 1 \sim 25$)。必须指出,从过渡段(侧)壁上的气流分离角度看,在最不利的($F_{临界}/F_{入口} = 0.6$ 和 $\beta = 30°$)条件下,这一切对应的是用于所研究方案的管道最大的气流速度值和最大的扩开度角,使用炭黑-滑油涂层法所进行的流场显形结果和沿过渡段长度进行的静压测量表明,在侧壁上不存在气流分离。

这也就说明,在相对较大的喷管"扁率"级——临界截面扁率比 $b_{入口}/h_{临界} \approx 25$ 情况下,为什么与过渡段上压力损失相关的平面声速喷管内的推力损失超出量相对不大。

图 4-3 上阴影部分说明的是所得到的实验数据的分布范围并表明,由于 $\delta \Delta \bar{P}_c$ 值相对较小,实验误差与所确定的推力损失增量值相当。

文献[151]中超出数值 $\delta \Delta \bar{P}_c = 1\%$ 的数据可以反映出,在 $b_{入口}/h_{临界} = 17$ 情况下,在管道过渡段侧壁上存在气流分离。

在过渡段内壁气流连续绕流情况下,与圆形喷管相比,二元喷管的推力损失增量为 $\delta \Delta \bar{P}_c = 0.5\% \sim 1\%$。

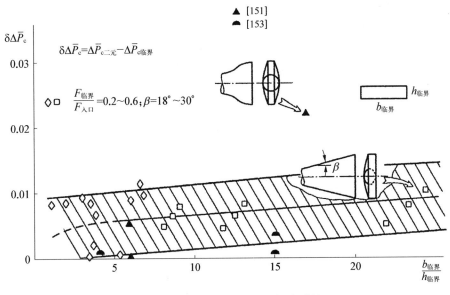

图 4 - 3　二元喷管内的推力损失增量

4.2　具有刚性管道的二元喷管

在本章节中讲述的二元超声速喷管(带有圆锥形或定出断面的亚声速或超声速段)、带有中心体的喷管和带有一块用于膨胀气流壁板的二元喷管,如平面楔板或具有斜切口的喷管,它们都属于具有刚性管道的喷管。

第 2 章中所研究的二元喷管布局具有这样一个特点,它们在传统思维中通常不是二元的,而是具有有限宽度与高度比值 b/h。在这种情况下可能出现的情形是,在某些有限的、数值 b/h 足够大情况下,这些喷管内气流的确接近二元喷管内的气流。甚至可以设想,在数值 b/h 不大(例如,$b/h \approx 2 \sim 3$)情况下,可以将二元喷管划归为具有立体气流类型的三维喷管之列。这些文献的一系列研究试验表明,具有某些有限数值 b/h 的二元喷管内的气流的确不属于纯粹的平面流类型。在文献[106]中,使用炭黑-滑油涂层法对带有楔形中心体的二元喷管表面上的压力分布进行了测量和流谱研究。喷管出口截面的管道接近于矩形 $b_c/h_c \approx 1$,然而,由于中心体的存在,楔板每一侧的喷管临界截面扁率比等于 $b_{临界}/h_{临界} \approx 7$。中心体圆锥半角为 $10°$。喷管出口截面相对面积 $F_c/F_{临界} = 3.5$。减压比的两个数值 $\pi_c = 3$ 和 $\pi_c = 6$ 情况下的气流示意图及相应的沿中心体的压力分布如图 4-4 和图 4-5 所示。需要指出的是,二元喷管亚声速部分(直到临界截面为止)的气流是平面流。但在临界截面之后,特别是在超声速压差情况下,中心楔表面上的气流就变成了三维流。

这种气流的三维性通过中心体表面上的滑油涂层性状(或分布)得到证实。在

减压比相对较大 $\pi_c \geqslant 6$ 情况下的三维性特别明显[见图 4-4(a)]。楔板表面上的横向滑油线证实了产生于喷管临界截面后面的强激波的存在，在 $\pi_c = 3$ 和 $\pi_c = 6$ 情况下，激波痕迹均可见。

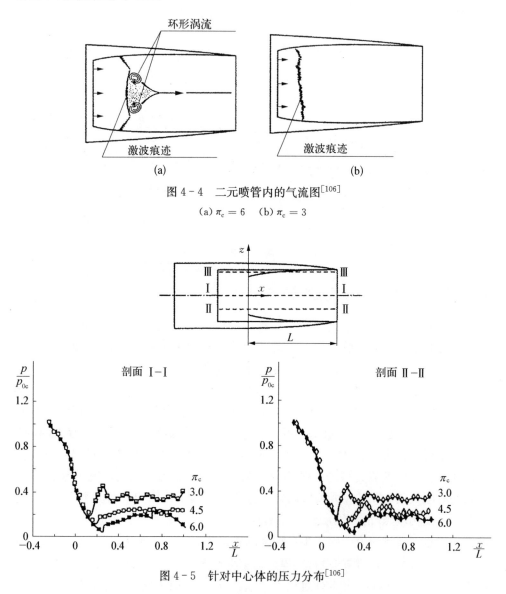

图 4-4 二元喷管内的气流图[106]

(a) $\pi_c = 6$ (b) $\pi_c = 3$

图 4-5 针对中心体的压力分布[106]

在激波后面，沿轴线两侧会产生两个对立的旋转涡流，激波以及产生于其后的涡流是喷管临界截面后面气流变成三维的先决条件。在数值 π_c 相对较高情况下，三维效应在喷管轴面上起支配作用，在不同剖面内所测量的压力沿中心体表面上的分布证明了这一点[见图 4-5]。黏性效应致力于减小沿喷管轴(剖面Ⅰ-Ⅰ)靠近激波处的压力梯度值。因此，沿喷管轴的压力变化显得最小。在轴线一侧(剖面

Ⅱ-Ⅱ)黏度效应弱化并对压力梯度值的影响有限。因此,随着远离轴线,静压沿喷管表面的变化越发明显($\pi_c = 6$)。

类似的三维效应是针对带有下壁板的二元喷管表现出来的,其研究结果是由作者和 B. A. 图马诺夫在中央空气流体动力学研究院共同获得的(见图 4-6)。在这种情况下,正如所发现的那样,气流的三维性是针对中心体管道(直线、凸起或凹陷)的不同形式出现的。图 4-6 所列举的数据是在没有侧鱼鳞板情况下,针对具有斜切口的二元喷管获得的,有别于存在侧鱼鳞板的文献[106](见图 4-4 和图 4-5)中的数据。原则上讲,侧鱼鳞板的有无不会改变中心楔板上的气流特性,三维气流的产生是中心楔板的特点,但是,在这些情况下,对平面气流出现时的量的评估可能或有所不同。

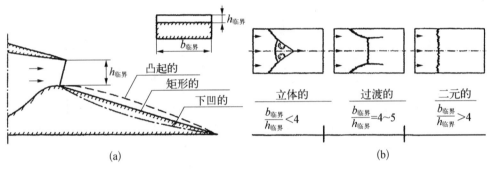

图 4-6　二元喷管楔板上的气流图

(a) 中心体(楔板)管道形式　　(b) 楔板表面的气流类型

在当今,上面所提及的二元喷管内的三维效应还未在用于确定尾喷管内部特性的数值法中有所反映。由于绝大多数情况下是非黏性的,因此,对于近似二维流动气体可以利用数值法得到二元喷管的推力特性。

通常,无论是在计算中,还是在实验研究中,二元喷管的特性都可与等效的轴对称喷管进行比较。

特别是,在文献[85,116,152]中所列的确定二元超声速喷管的相对冲量(或冲量系数)的结果引起了人们的兴趣。文献[116]中的数据是基于实验数据的经验总结得出的,文献[152]中的数据是在使用特性曲线法(不考虑侧鱼鳞板上的摩擦)进行气流计算的基础上得出的,文献[85]中的数据是利用特性曲线法和单调有限-差数图得出的。文献[116]的成果如图 4-7 所示,其形式为轴对称喷管和二元喷管的冲量系数与喷管的切口相对面积 $\overline{P}_c$ 和超声速段开度角 θ_c 的关系曲线,而文献[85]的数据在图 4-8 上以二元喷管(与轴对称喷管相比)的冲量系数增量($\delta \overline{J}_c = \overline{J}_c^{二维} - \overline{J}_c^{轴对称}$)的形式出现。文献[152]的数据类似于图 4-7(b)上(文献[116])的数据。首先研究图 4-7 和图 4-8 上所列的结果,需要指出的是,二元喷管和与之等效的轴对称喷管的比较可以使用不同方式进行。纯粹的二元喷管(喷管宽 $b = \infty$)

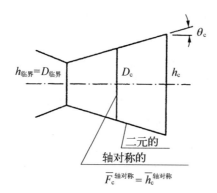

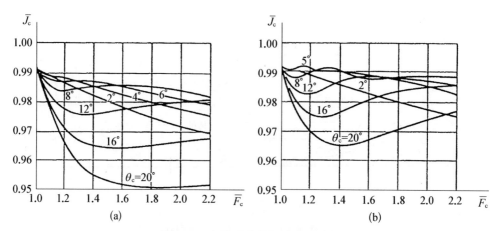

图 4 - 7　超声速喷管相对冲量系数

(a) 轴对称喷管　(b) 二元喷管

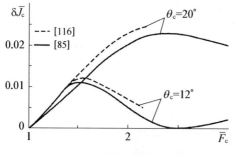

图 4 - 8　二元喷管和轴对称喷管的
冲量系数比较

和等效轴对称喷管具有一样的临界截面线性尺寸（$h_{临界}^{二维} = D_{临界}^{轴对称}$）、一样的超声速段开度角 $\theta_c^{二维} = \theta_c^{轴对称}$ 和一样的喷管切口相对面积 $\overline{h}_c^{二维} = \overline{F}_c^{轴对称}$，在这种情况下，二元喷管要比轴对称喷管长。

在第二种情况，可以使喷管超声速段的相对长度相等来代替开度角的相等（在保证其他两个条件 $h_{临界}^{二维} = D_{临界}^{轴对称}$；$\overline{h}_c^{二维} = \overline{F}_c^{轴对称}$ 情况下）。在这种情况下，二元喷管的超声速段的开度角要大于轴对称的喷管的开度角。

针对具有有限的扁率比 b/h 的二元喷管，可以研究具有与二元喷管的出口截面和临界截面面积一样的等效轴对称喷管。在这种情况下，二元喷管的临界截面和切口的高度不再与轴对称喷管的直径 $D_{临界}$ 和 D_c 重合。

在所研究的文献内以及图 4 - 7 和图 4 - 8 上，利用第一种方法（即在开度角和喷管出口截面面积比相等的情况下)可以实现轴对称喷管与具体的二元喷管等效。在这种情况下,如图 4-7 所示那样,轴对称喷管会很短。

鉴于此,可以利用下列方式按照图 4-7 和图 4-8 来解释二元喷管的较大的相对冲量值 $\bar{J}_c$(与轴对称喷管比较,在 $\theta_c = \text{const}$ 和 $\bar{F}_c = \text{const}$ 情况下)。

较长的二元喷管在喷管出口处的气流不均匀性的冲量损失较小;此外,在计算时不考虑摩擦损失,由于二元喷管较长,该摩擦损失可能很大;在计算时甚至不考虑三维和边际效应,鉴于其空间(立体)形式以及拐角处和过渡段的存在,在实际的二元喷管内存在着三维和边际效应。所有这一切导致了通过数值法得到的用于二元喷管的数值 $\bar{J}_c$ 在开度角 $\theta_c \leqslant 20°$ 和 $\bar{F}_c \approx 1 \sim 2$ 范围内可能要比等效的轴对称喷管大 $1\% \sim 2\%$,如果平面和轴对称喷管的比较可通过上文所给出的第一种方式进行的话。

如果二元喷管和等效的轴对称喷管的比较是在假设喷管超声速段长度恒定情况下进行的,那么,二元喷管的开度角要比轴对称喷管的开度角大。既然在研究轴对称喷管特性时表明了冲量损失可能会随着喷管锥角 θ_c 的增大而明显增加(见图 3-27),(那么)数值计算结果就应该在比较轴对称喷管和二元喷管特性时反应这一点。

在进行实验研究时,这种方法得到了较好的运用,因为,从实践的角度讲,选择与所研究的二元喷管一样的长度和相对切口面积的等效的轴对称喷管角比较容易。在这种情况下,在实际的二元喷管上存在着三维效应和边际效应,这些在上文中已提及并且这些效应在等效的轴对称喷管上不存在。所以,在进行二元喷管的实验研究(这些将在下文中涉及)时,正如在文献[116,152,85](见图 4-7 和图 4-8)中所得到的结论一样,二元喷管的这一优势没有体现出来(与轴对称喷管相比)。

根据在模型上的实验研究数据,某些布局的平面尾喷管的推力系数 $\bar{P}_c$ 及其与等效的轴对称喷管的推力系数的比较如图 4-9~图 4-12[93,162](也可参见文献[42])。

作为等效的轴对称喷管(所研究的二元喷管与之进行过比较),实际发动机的基准轴对称喷管在这里起作用,而二元喷管的选择多数是作为该基准喷管的替换方案来进行的,以保证相应的发动机工作状态。三个方案(超声速的喷管,见图 4-9;带有中心体的喷管,见图 4-10 和具有斜切口或上壁板的喷管,见图 4-11)的等效圆喷管和二元喷管推力系数的比较是针对喷管切口的相对面积的两个数值进行的。较小数值 $\bar{F}_c = 1.15$ 对应的是无加力的发动机工作状态,而较大值 $\bar{F}_c \approx 1.21 \sim 1.27$ 对应的则是有加力的发动机工作状态。所计算的尾喷管内的相对压力在发动机的这些工作状态下分别对应 $\pi_c = 3.5$ 和 5.0[162]。大体上,根据所列举的用于所计算的工作状态的数据 $\pi_c = \pi_{c\text{计算}}$,就推力系数而言,在图 4-9~图 4-11 上未发现二元喷管优于轴对称喷管。

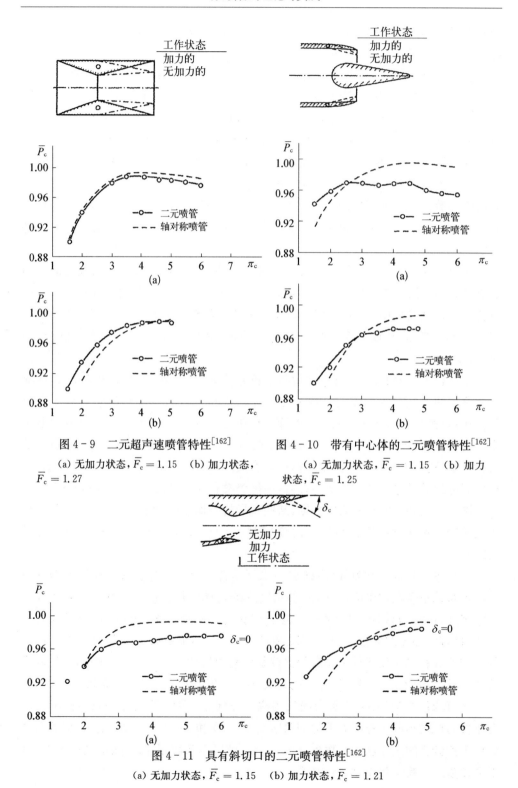

图 4 – 9　二元超声速喷管特性[162]

(a) 无加力状态，$\overline{F}_c = 1.15$　(b) 加力状态，$\overline{F}_c = 1.27$

图 4 – 10　带有中心体的二元喷管特性[162]

(a) 无加力状态，$\overline{F}_c = 1.15$　(b) 加力状态，$\overline{F}_c = 1.25$

图 4 – 11　具有斜切口的二元喷管特性[162]

(a) 无加力状态，$\overline{F}_c = 1.15$　(b) 加力状态，$\overline{F}_c = 1.21$

图 4 - 12 所示的针对数值 $\overline{F}_c =$ 1.15 的二元喷管与轴对称喷管的三个方案的比较表明,我们将二元喷管推力系数级与轴对称喷管推力系数级进行比较[93]。总体上讲,根据不同作者针对发动机工作的无加力和加力状态(所得出)的数据[93,125,162,42],不同布局的二元喷管的推力损失要高出等效的轴对称喷管的(喷管理想推力的)1%~2%。

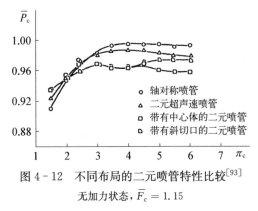

图 4 - 12　不同布局的二元喷管特性比较[93]
无加力状态, $\overline{F}_c = 1.15$

在落压比 π_c 变化情况下,推力矢量方向的不固定是具有斜切口和一个用于膨胀气流的壁板的非对称二元喷管的特点之一,壁板位于上方的喷管推力系数见图 4 - 11。这一现象可使用图 4 - 13 上的数据进行图解说明。喷管壁板切口上的内管道负的倾角值 $\delta_c^\circ \approx -5^\circ$ 对应的是管道锥角的延伸线,数值 $\delta_c^\circ = 0$ 对应的是壁板切口处的射流水平方向[162]。所列举的结果表明,在几何形状不变情况下,在从 1.5~5~6 的 π_c 变化区间,尾喷管的推力矢量倾角围绕某一平均值 δ_c 在 $\pm 3^\circ$ 范围内变换。在这种情况下,根据状态和数值 π_c,角度值 δ_c 既可以是正值,也可以是负值。

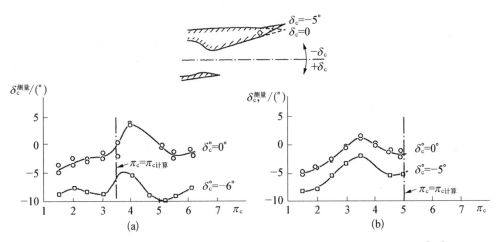

图 4 - 13　落压比对所测量的具有斜切口的二元喷管推力矢量倾角的影响[162]
(a) 无加力状态, $\overline{F}_c = 1.15$　　(b) 加力状态, $\overline{F}_c = 1.21$

所以,针对与发动机工作状态对应并在图 4 - 13 中使用垂直虚线表示的计算值 $\pi_{c计算}$,在必要情况下,要通过楔板壁后段的相应位置来选择(决定)喷管推力矢量倾角值接近于零或某一给定值。需要指出,所研究的其特性已在图 4 - 9~图 4 - 13 上给出的尾喷管方案,甚至对于无加力发动机工作状态 ($\overline{F}_c = 1.15$),具有相对不大的临界截面"扁率"比:其临界截面的宽度 b 与高度 h 的比不超过数值 $b/h = 4$。

在文献[153]内所进行的计算和实验研究的结果表明,在数值 $b/h \approx 1 \sim 15$ 的相当大的变化范围内,二元喷管的凸阶宽度 b 与凸阶高度 h 的比对其推力系数的影响不大(见图4-14)。

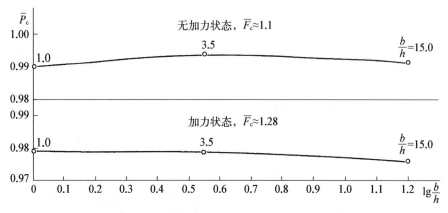

图 4-14　二元超声速喷管出口截面相对宽度对推力系数的影响[153]

该文献所进行的研究甚至使内部几何参数达到最佳,该参数可保证喷管内部推力系数值最大。

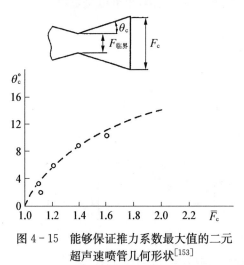

图 4-15　能够保证推力系数最大值的二元超声速喷管几何形状[153]

图 4-15 展示的是二元喷管超声速段的开度角与喷管切口相对面积 $\bar{F}_c$ 的关系曲线,该曲线可保证推力系数最大值。这些结果既可在实验研究基础上获得,也可根据特性曲线法和计算得到(见图 4-15 上的虚线曲线)[153]。

文献[153]所得到的另一个令人感兴趣的结果是其所发现的倾斜板的形状和尺寸缩短率对二元超声速喷管内部推力系数的较弱影响,如图 4-16 所示。

说明二元喷管特点的这一令人感兴趣的结果值是针对带有楔形中心楔板的二元喷管得到的[137]。在飞行器上实现带有中心体的圆形或二元喷管时,中心体的长度尺寸长度和相应的重量是重要的问题。所以,设计师们自然希望减小喷管中心体的尺寸和重量,但,这不应同时使推力特性明显变坏。针对带有中心体的圆形喷管所得到的结果表明,中心体的长度可以变短,同时喷管的推力特性又没有出现本质上的改变[见图3-103]。根据文献[137]的结果,对于带有中心体的二元喷管,甚至相对略微使中心体变短(大致为中心体总长度的25%)都可能导致喷管推力特性出现明显的变坏,尤其对无加力的

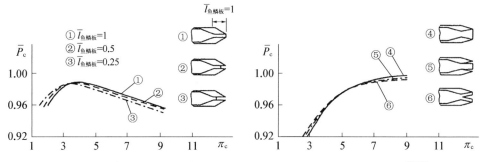

图 4-16 侧鱼鳞板的尺寸和形状对二元超声速喷管推力系数的影响[153]

发动机工作状态,与喷管的总体轮廓相比,其中心体的横截面面积相当大,如图 4-17 所示。图 4-17 所给出的带有中心体的二元喷管的最大推力系数值 $\bar{p}_{cmax}$,在中心体长度大致缩短 1/4 情况下,可能会减小喷管理想推力 1%～2%,由此可见,喷管特性级的下降是非常明显的。

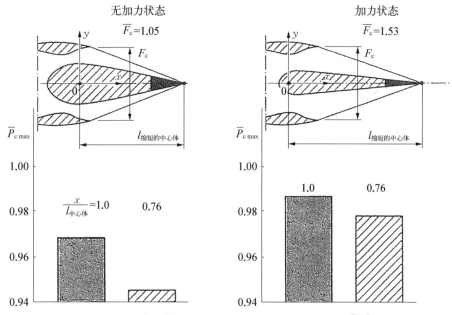

图 4-17 中心体的缩短对二元喷管推力系数的影响[137]

根据文献[162]数据进行的二元喷管和等效的轴对称喷管的推力内部损失比较情况如图 4-18 所示。在图 4-18 上还给出了喷管切口的相对面积 $\bar{F}_c$ 和用于两种发动机工作状态(无加力和加力状态)的落压比值 π_c。

比较表明,所研究的二元喷管布局的推力内部损失水平,虽然较高,但仍可将其与轴对称喷管的推力损失水平相提并论。并且,如果二元喷管的推力特性在理想推力的 1% 范围内表现突出的话,与轴对称喷管相比,其竞争力还是有的。根据

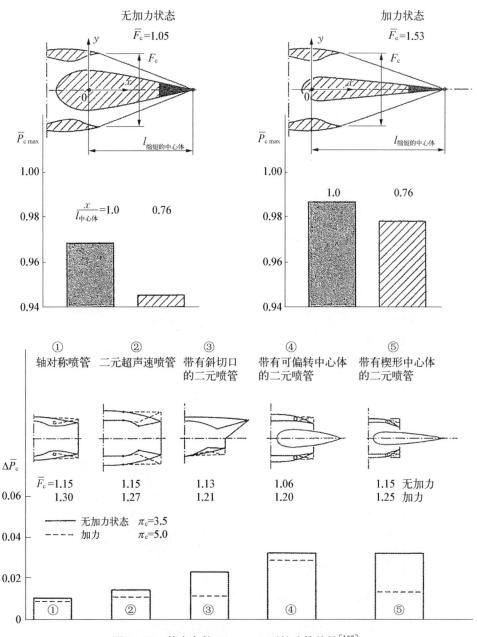

图 4-18　静态条件 $Ma_\infty = 0$ 下的喷管特性[162]

图 4-18，对最大加力状态而言，四个二元喷管方案中有三个方案满足这一条件，对于无加力状态，有两个二元喷管方案能够满足这一条件。然而，仅考虑其有效推力和向动力装置及整个飞行器所提出的要求就可得出二元喷管优于轴对称喷管的最终结论。

4.3　具有斜切口的二元喷管

可将带有切口或出口截面在平面上倾斜成某一角度,即喷管切口与喷管轴不垂直的喷管归结为二元喷管的变体。当喷管在具有倾斜的机翼后缘的机体体系中自成一体的时候,就在这类飞机上采用该型喷管。例如,美国研制的"隐形飞机"(见图2-18~图2-20)就属于这类飞机。图4-19所示的就是具有倾角为χ的倾斜(在平面上)切口的二元喷管布局实例。该布局的特点是,喷管出口截面的宽 b 和高 h 之比相当大、存在一排起射流分流作用和提高结构强度的垂直隔板(格栅)和置于喷管切口后面的偏转壁板。

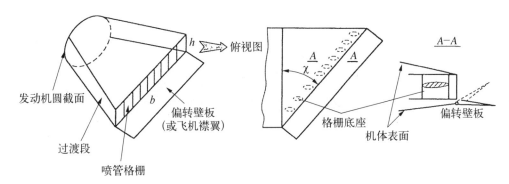

图4-19　具有斜切口的二元喷管布局

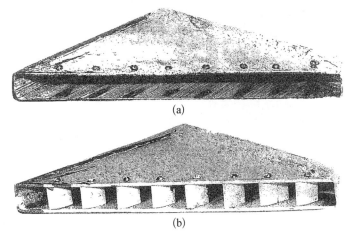

(a)

(b)

图4-20　具有斜切口的喷管模型照片

(a) 无垂直隔板　(b) 带有成型隔板

尽管对这种布局的喷管研究不够,并且其特性未公开发表过,但曾对具有斜切口的喷管的各种不同方案进行过综合性的实验研究,包括对垂直隔板的数目和形状的影响以及置于喷管切口处的壁板的尺寸等进行评估[35,37]。出口截面处有无垂直隔板情况下具有斜切口的二元喷管模型的几种方案照片如图 4-20～图 4-22 所示。所有被研究的模型都具有喷管切口的平面倾角 $\chi = 40°$（角 χ 见图 4-19）。具有斜切口的喷管管道具有两种类型：止于喷管切口的矩形柱（过渡段之后）和在垂直面上朝向喷管出口截面收缩的矩形柱。

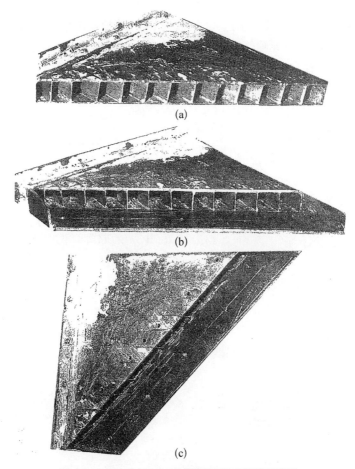

(a)

(b)

(c)

图 4-21　具有斜切口和薄隔板的喷管模型照片

(a) 无下壁板　(b) 带有下壁板　(c) 带有下壁板的喷管俯视图

喷管的两个矩形柱在垂直于喷管轴的平面投影内，其扁率比等于 $b_{临界}/h_{临界} \approx$ 7 和 10（考虑到喷管切口倾斜 40°——相应地 $b_{临界}/h_{临界} \approx 9.1$ 和 13）。

长度为 15 mm 的垂直隔板置于喷管切口上，它有两种类型：可替换的相对厚度为 $t/h_c \approx 0.35$ 的成型隔板和薄（厚度为 $t/h_c \approx 0.07$ 的不可替换）隔板。可替换的成型隔板数目最大为 8，而薄的不可替换隔板最大数则为 12。这些隔板沿相应的喷管宽度均匀安装。在安装有隔板情况下，喷管的临界截面位于隔板厚度最大处，所以，在安装有隔板情况下，喷管切口上具有超声速 Ma。喷管切口的相对厚度

$\overline{F}_c = 1.09$（对于薄隔板）和最大 $\overline{F}_c = 1.55$（对于 8 块成型可替换隔板）。

沿斜切口下边缘安装的板片具有不同的长度和不同形状的后缘（见图 4 - 22）。

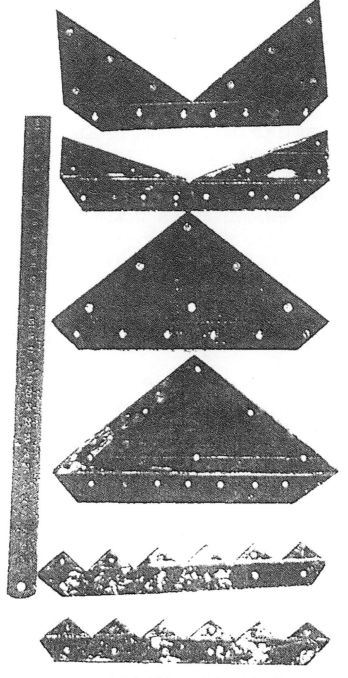

图 4 - 22　安装在喷管切口上的水平下壁板类型

　　某些方案的下壁板(喷管切口高度约为 2~3)可自轴线向上和向下偏转 10°。

　　在研究具有斜切口的二元喷管方案的同时,还研究了圆形及标准二元喷管,目的是评价从圆截面向平截面转换的过渡段上的推力损失和具有斜切口的二元喷管推力损失程度,如图 4-23 所示。所有模型被置于喷管入口处内管道直径 $D_{入口} = 74$ mm 的圆形空气道上。

　　使用三元应变天平对作用于尾喷模型上的力进行测量,这使我们能够对作用于喷管模型上的力的可能的侧向或垂直分量值进行评价。

　　根据在第 3 章所分析研究的标准喷管,由中央空气流体动力学研究院研制完成了标准的圆形喷管。

　　借助于全压测压耙测量了圆形标准喷管出口处的全压,据此,确定了这些喷管临界截面内按面积平均的全压。在管道内无气流分离情况下,在所研究的喷管入口处(截面 1)所测量的压力和标准喷管切口 3 上的压力差决定了与入口截面到其临界截面的摩擦相关联的压力损失。

　　尽管在第 3 章中所研究的圆形标准喷管是在不同的科研中心按照不同的方式研制的,但它们都能保证接近于 1 的流量系数。"标准"二元喷管作为术语多少有些象征性意味,因为在这里其几何形状的选择具有很大的随意性。在研究具有斜切口的二元喷管时,"标准"二元喷管具有从截面 2 到截面 3 的过渡段(见图 4-23)和到入口截面的距离,具有斜切口的喷管也如此(从截面 3 到截面 4)。

　　接下来,在研究二元喷管模型时,在截面 4 建立了带 40°角斜切口的管道。在研究时,标准圆形和"标准"二元喷管的主要几何参数的变化区域要比具有斜切口的喷管宽。

　　"标准"二元喷管使用的主要任务是保证接近于 1 的流量系数,这一点利用"标准"二元喷管临界(出口)截面前的矩形柱区段来实现(见图 4-23)。在这种情况下,圆形标准喷管和"标准"二元喷管特性的比较可保证对与管道圆截面和喷管矩形截面(从截面 2 到截面 4)间的过渡段的存在相关联的推力损失进行评价。

　　具有斜切口的喷管与标准圆形喷管和"标准"二元喷管的模型特性比较,是与摩擦、垂直隔板等的存在有关联的推力(从截面 4 到喷管切口,见图 4-23)损失有所增加。

　　由于对具有斜切口的二元喷管射流内的流场和特性的研究结果在文献中并未出现,(所以)人们对这些射流谱与源于普通二元喷管的射流谱进行比较产生了兴趣。图 4-23 上所分析研究的"标准"二元喷管可以为这一比较做例子。

　　源于"标准"超声速二元喷管(扁率比等于 $b/h = 12$ 和 21)的膨胀不充分的平面射流内的流谱图片如图 4-24 和图 4-25 所示。该图片是利用阴影法并借助仪器 Тендер 在二元喷管侧视图上得到。侧视图上膨胀不充分的平面射流流谱与已经很好地研究过的膨胀不充分的轴对称射流流谱[2,6,7]等本质上的类似。

　　在这里,与轴对称射流类似,(平面射流所体现出的)显著特点是射流膨胀的

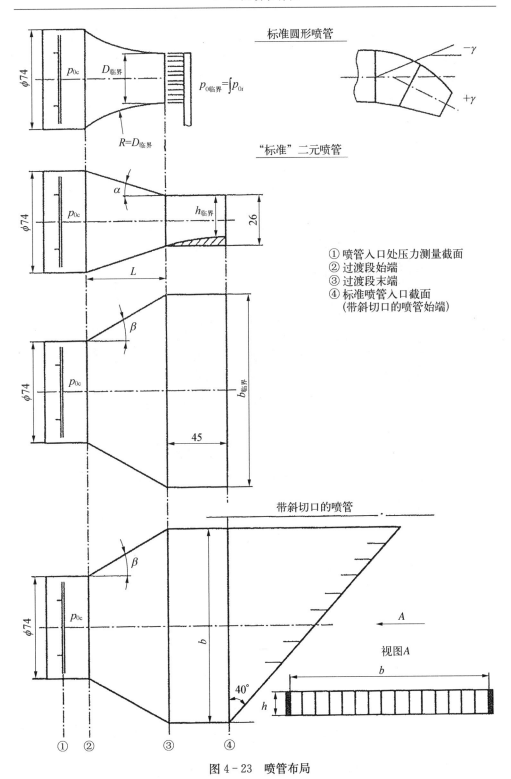

标准圆形喷管

"标准"二元喷管

① 喷管入口处压力测量截面
② 过渡段始端
③ 过渡段末端
④ 标准喷管入口截面
  (带斜切口的喷管始端)

带斜切口的喷管

视图A

图 4-23 喷管布局

"桶形"特点,并伴有收缩区(图片上射流的阴暗区段)和减压区(浅色区段)交替、马赫盘形成、射流横向尺寸随着远离喷管切口而增加以及在尾喷内落压比增大情况下"喷射距离"增加(即保持距喷管切口更远距离的周期性结构)(见图 4-24 和图 4-25)。

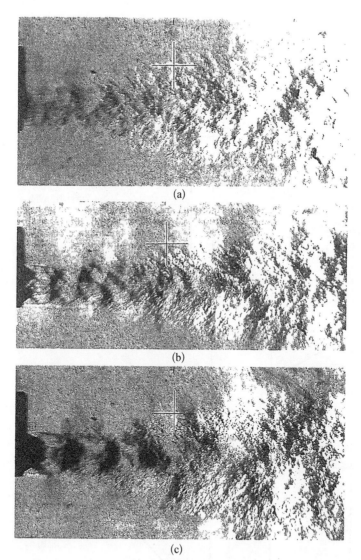

(a)

(b)

(c)

图 4-24　$b/h = 12$ 的声速喷管平面射流阴影照片(侧视图)

(a) $\pi_c = 2.2$　(b) $\pi_c = 3.0$　(c) $\pi_c = 4.0$

同轴对称射流一样,针对平面射流研究了射流的初始段、过渡段和主要段(见图 4-24,$\pi_c = 4.0$)。

平面射流的特点是不同观测平面内的流谱不同,例如,侧视和俯视观看。

　　源于"标准"二元喷管($b/h=21$)的射流内的流动照片见图4-26上的俯视图,侧视图上的该射流内的流动照片如图4-25所示。在侧视图和俯视图中,落压比值大体一样情况下的射流内的流动结构的周期性是一样的,但是,在垂直面内(侧视图)的射流膨胀相当剧烈。在$\pi_c \approx 3$,距喷管切口距离大致相当于临界(出口)截面高度10倍的地方,在射流垂直面内,射流膨胀尺寸会比喷管出口截面尺寸相对提高到3～3.5倍(见图4-25),而在水平面上,同一距离处的这种射流尺寸的

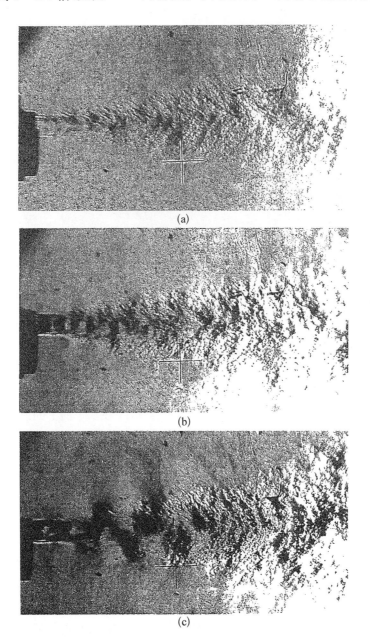

(a)

(b)

(c)

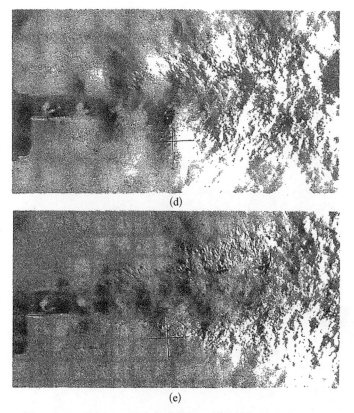

图 4-25 $b/h = 12$ 的声速喷管平面射流阴影照片(侧视图)

(a) $\pi_c = 2.3$ (b) $\pi_c = 3.4$ (c) $\pi_c = 3.7$ (d) $\pi_c = 4.1$ (e) $\pi_c = 4.25$

相对增加值不超过俯视图上的喷管出口截面尺寸的 30% (见图 4-26)。

　　与源于"标准"矩形喷管的平面射流相比,二元喷管斜切口的存在(俯视图上)会导致平面射流内流谱的改变。图 4-27 所列的是俯视图情况下源于具有斜切口的平面声速喷管(斜切口平面上的扁率比 $b/h = 9.1$)在水平面上的射流阴影照片。在侧视图中,无法得到足够准确的带斜切口的喷管内的阴影流谱,这是因为,第一,无论是在左视图还是在右视图上,喷管切口后面的初始段被凸起的喷管拐角给"遮挡"住了;第二,从凸起的喷管拐角沿气流向下,在每一个带斜切口的喷管垂直截面上,由于从观测截面到喷管切口的距离不同,阴影流谱变得"模糊不清"。在 $\pi_c \approx$ 3.2 时,带斜切口和直切口的喷管射流在水平面上(见图 4-27 和图 4-26)的比较表明,射流结构内所形成的周期性区域,无论在形状上还是在数量上均不同。

　　与普通的膨胀不充分的平面声速射流激波相比,在平面图上,带斜切口的喷管所形成的激波出现剧烈弯曲,这引起了人们的注意。在这种情况下,带斜切口的喷管的"周期性结构"的数目要比普通的二元喷管少。

　　垂直隔板在带斜切口的喷管出口截面处的安装使尾喷内的流动结构更加复

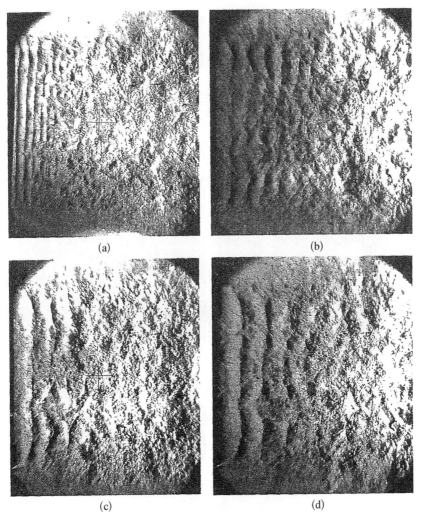

(a)　　　　　　　　　　　　(b)

(c)　　　　　　　　　　　　(d)

图 4-26　$b/h = 12$ 的声速喷管平面射流阴影照片(俯视图)

(a) $\pi_c = 2.7$　(b) $\pi_c = 3.2$　(c) $\pi_c = 3.7$　(d) $\pi_c = 4.1$

杂。在沿喷管出口截面宽度安装有12块薄隔板情况下,带斜切面的二元喷管内的流谱图片如图4-28所示。在平面视图上,从每个垂直隔板上各有两个尾部闭合的激波叠加在产生于喷管切口后面与无隔板的喷管所产生的激波类似的激波上,尾部闭合的激波具有一定的厚度并且像翼型一样环绕。激波的这种叠加在平面上产生了"格状的"流谱,π_c增加的流谱变体以"格状"尺寸增大的形式出现(见图4-28)。为了保证喷管切口后面的流动结构的"格状化",在安装更厚隔板情况下,隔板厚度的增加(从 $t/h = 0.07$ 到 0.35)会导致(无论是整个的,还是两个相邻隔板间的)喷管临界截面的减小,会使两个相邻隔板间形成超声速二元喷管和在喷管切口的隔板末端产生更强烈的闭合激波,其在某种程度上相当于很厚的翼型(见图

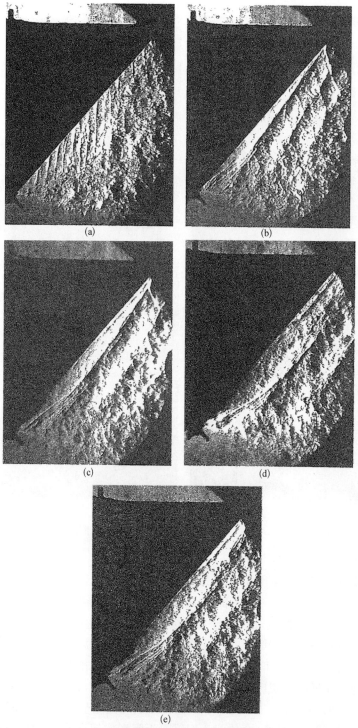

图 4 - 27　$b/h = 9.1$ 的带斜切口声速喷管平面射流阴影照片（俯视图）

(a) $\pi_c = 1.9$　(b) $\pi_c = 2.4$　(c) $\pi_c = 2.6$　(d) $\pi_c = 2.8$　(e) $\pi_c = 3.2$

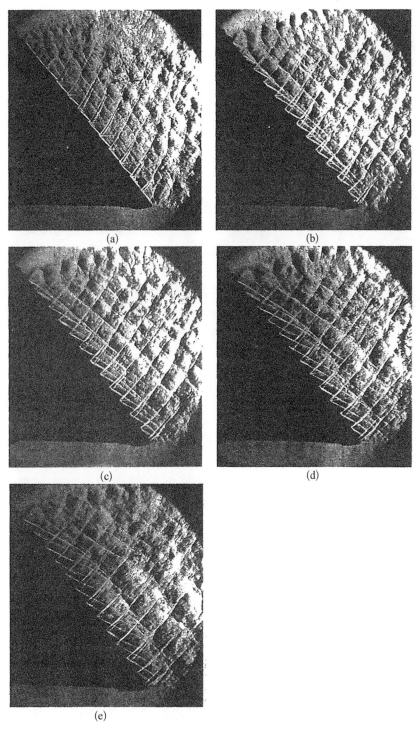

图 4-28 带斜切口和 12 块薄隔板的声速喷管平面射流阴影照片(俯视图)

(a) $\pi_c = 2.8$ (b) $\pi_c = 3.3$ (c) $\pi_c = 3.7$ (d) $\pi_c = 4.2$ (e) $\pi_c = 4.5$

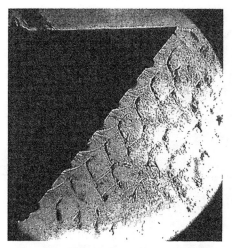

图4-29 带斜切口和8块成型垂直隔板的声速喷管平面射流阴影照片(俯视图)

$\pi_c = 4.1$

4-29)。安装在喷管斜切口上的直线形或"锯齿形"的水平壁板实际上不会改变射流内的"格状的"流动结构。这一点可通过比较数值 π_c 相同情况下带斜切口和12块垂直薄隔板(无壁板)(见图4-28)和带"锯齿形"壁板(见图4-30)的喷管射流的阴影图片来发现。

带斜切口喷管主要特性与落压比 π_c 关系曲线的实例如图4-31所示。在这里,对带12块垂直薄隔板(隔板后端与喷管斜切口重合)的喷管方案特性与等效的圆形和标准二元喷管特性进行了比较。

所列特性包括轴向推力分量 $\Delta \overline{P}_x$ 损失(同喷管理想推力比较),属于同样的喷管理想推力的相对侧力和作用在喷管上的合力 P_c 与 x 轴的倾角 ψ_c(推力矢量偏转角)。如果侧力 P_z 朝向较长的带斜切口喷管的侧壁一侧(见图4-31),则角度 ψ_c(单位为°)被认为是正值。圆形和二元喷管与带斜切口的喷管方案的等效性意味着,所有喷管都具有一样的喷管入口截面的临界截面面积比。此外,"标准"二元喷管具有同带斜切口喷管一样的扁率比($b_{临界}/h_{临界}$)。

圆形和二元标准喷管之间推力损失接近,并且由于从圆形入口截面到矩形出口(临界截面)间的过渡段上的损失相对较小,略微超出二元喷管的推力损失(不足理想推力的5%)。对于标准喷管,由于其水平面上的对称性和喷管(或射流)轴与 x 轴的重合,$P_z = 0$ 和 $\psi_c = 0$,这一切可通过重量测量结果来证实。

在带斜切口的喷管上可发现,侧力 P_z 和相应的合力 P_c 的倾角 ψ_c(推力 P_c 偏转角)随着落压比的增大而近乎直线地上升。带斜切口喷管的侧力 P_z 随 π_c 增加而增大这一情况与平面射流(平面图上)轴围绕喷管轴(x 轴)向喷管较短的侧壁一侧偏转相对应,这一点在流场阴影照片上就可发现(见图4-27)。

由于某些原因,所测量的带斜切口喷管的轴向推力分量 $\Delta \overline{P}_x$ 损失要超过标准喷管推力损失。

首先,由于12块垂直隔板的阻力,该方案喷管的推力损伤会增加。其次,由于这些隔板在结构上具有一定的厚度,并且以带有对称翼型的机翼形式定型,所以,在翼型最大厚度分布区,相邻隔板的外管道形成了一系列带临界截面的二元超声速喷管。由于垂直隔板足够薄,喷管的整个临界截面比出口截面(垂直隔板端部就位于出口截面切口上)面积要小一些,所以,在该截面,其厚度实际上为零。在这种情况下,带斜切口的喷管出口截面面积 F_c 与(按流量)所测量的隔板区域内的喷管

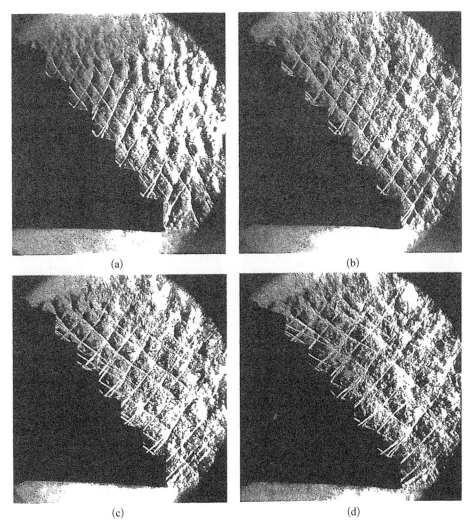

图 4 - 30 带斜切口和 12 块薄隔板及"锯齿形"下壁板的喷管平面射流阴影照片

(a) $\pi_c = 2.7$ (b) $\pi_c = 3.2$ (c) $\pi_c = 3.8$ (d) $\pi_c = 4.5$

临界截面面积 $\mu F_{临界}$ 的比为 $F_c/\mu F_{临界} \approx 1.09$，所以，带有垂直隔板的喷管的推力损失最小值 $\Delta \bar{P}_x$ 在 $\pi_c \approx 3 \sim 3.5$ 范围内（见图 4 - 31）。由于存在隔板情况下二元喷管实际上是超声速的，所以，该喷管总的推力损失级要高于标准喷管（的推力损失级），况且喷管超声速段的冲量损伤会增加。第三，带斜切口的喷管额外损失与射流轴跟水平轴的偏转角余弦的损伤有关。

由于带斜切口的喷管在垂直面上的对称性，所测量的垂直分量值 P_y 等于零。

其他不同方案的带斜切口的二元喷管（存在厚隔板、带直线形或"锯齿形"边缘的水平壁板等情况下）的轴向推力分量损失 $\Delta \bar{P}_x$、侧力 $\bar{P}_z$ 和推力矢量 P_c 的倾角 ψ_c 变化特性在本质上类似于图 4 - 31 上的特性变化。区别仅在于 $\Delta \bar{P}_x$、$\bar{P}_z$ 和 ψ_c 量值

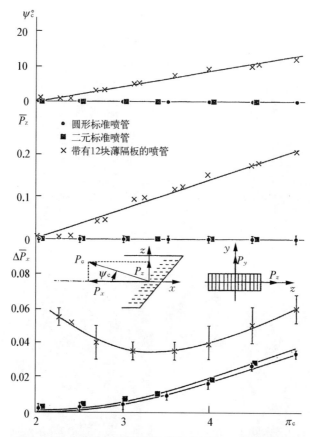

图 4-31   带斜切口的喷管特性与落压比 π_c 的关系曲线

上。所以,接下来进行的带斜切口的二元喷管各方案的比较是在说明轴向推力分量损失 $\Delta \overline{P}_x$ 的最小级和相应数值 $\overline{P}_z$ 和 ψ_c 情况下进行的。对于下面所研究的方案,这一数值接近 $\pi_c \approx 3.2$。带斜切口的二元喷管这几种方案与普通的带直切口("标准")平面声速喷管的比较如图 4-32 和图 4-33 所示。在这种情况下,图 4-32 和图 4-33 上的数值 $\delta\Delta \overline{P}_x$ 属于带斜切口喷管方案的推力损失(与平面声速喷管推力损失相比较)的超出量。所以,对于"标准"二元喷管而言,图 4-32 和图 4-33 上的数值 $\delta\Delta \overline{P}_x$ 等于零。此外,由于这种喷管在垂面和平面上是对称的,根据图 4-31,其侧向分量 $\overline{P}_z$ 和推力矢量倾角 ψ_c 为零。

直接在喷管切口处的管道内安装隔板情况下,图 4-32 所示的是与"标准"二元喷管相比较的属于理想喷管推力的轴向推力分量损失级 $\delta\Delta \overline{P}_x$、侧向推力分量值 $\overline{P}_z$ 和带斜切口(以矩形柱的形式始于过渡段端部,终到切口)的不同二元喷管方案在水平面上的推力矢量偏转角 ψ_c。喷管的变化包括安装 12 块薄($t/h_{临界} = 0.07$)的和 8 块相对厚($t/h_{临界} = 0.35$)的隔板;在这种情况下,由于隔板具有成型的管道,喷管最小截面位于这些隔板最大厚度区域,即在喷管内距切口的某一距离处。

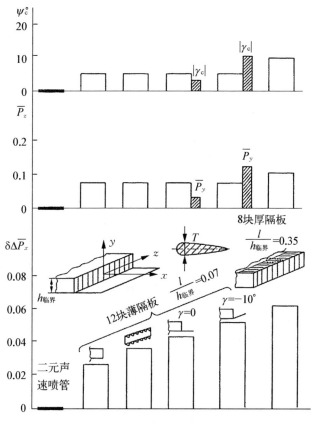

图 4-32　带斜切口和垂直隔板的喷管特性 $\pi_c \approx 3.2$

本质上讲,这些带斜切口的二元喷管方案属于超声速喷管(在每两个相邻隔板之间)。此外,针对带有 12 块薄隔板的喷管,我们还补充研究了喷管切口上下边缘为"锯齿形"的方案(上下边缘各 6 个"锯齿","锯齿"边缘倾角为 40°)。这种边缘情况下的流场照片如图 4-30 所示。其他两个方案具有一个沿喷管轴安装的下板片($\gamma = 0$)和一个向上偏转的板片($\gamma = -10°$)。图 4-32 所示的是带斜切口的二元喷管轴向推力分量损失超出理想推力 2.5% 的情况(与普通平面声速喷管比较)。该超出量是由于垂直板片阻力和平面上的喷管推力矢量偏转角余弦推力损失($\psi_c = 5°$)形成的。在这种情况下,推力侧向分量值可达到喷管理想推力的 7%。"锯齿形"板片或用于推力矢量偏转的板片在喷管切口上的安装不会改变侧向分离值 $\overline{P}_z$ 和推力矢量在平面上的偏角,但其会导致轴向分量的损失增加(见图 4-32)。在这种情况下,由于喷管在垂直面上是对称的,无板片或带有对称安装的"锯齿形"板片在喷管切口上,不会产生垂直的推力分量 $\overline{P}_y$。从喷管一侧(下侧)安装板片($\gamma = 0$ 或 $\gamma \neq 0$)会引起垂直面上的流动不对称、在垂直面上产生推力的垂直分量 $\overline{P}_y$ 和相应的喷管推力矢量偏角 γ_c。

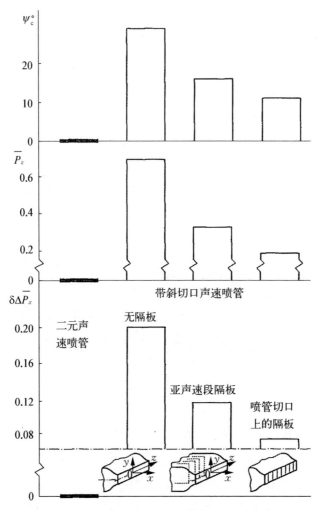

图 4-33　带斜切口的收缩形喷管特性 $\pi_c \approx 3.2$

　　垂直隔板厚度的增加(从 $t/h_{临界} = 0.07 \sim 0.35$)会导致喷管推力损失的明显增大,这不仅是由于这些隔板阻力的增加,也是由于在所研究数值 $\pi_c \approx 3.2$ 情况下两块相邻隔板间的射流过渡膨胀造成的。最后一种现象与在出口截面面积恒定、其中的隔板厚度接近于零时的隔板厚度的增加导致两块相邻隔板间最小截面面积(也就是,喷管临界截面总面积)减小有关。这意味着,喷管切口的相对面积会增加(如同两块相邻隔板出口处的管道相对面积增加一样),即喷管变成超声速喷管并且其计算的落压比 $\pi_{c计算} > 3.2$,这就因过渡膨胀导致了推力损失的增大。

　　大体上,可以指出,在使用这些隔板作为划分射流的工具、增加其与周围空气的混合等情况下,利用安装在出口截面区内喷管管道上的垂直薄隔板可使推力损失的增加(即约为喷管理想推力的 2%)变得能够令人接受。

如果所研究的图 4 - 32 上的带斜切口喷管方案以图 4 - 33 所示的切口上的收缩段结束的话，那就会得到令人相当满意的结果。在这种情况下，水平分量值 P_z（几乎达到喷管理想推力的一半）和侧向平面上的推力矢量偏转角 ψ_c（达到约 30°）会明显地增大。在这种情况下，轴向分量的损失 $\delta\Delta\bar{P}_x$ 会达到理想推力的 20% 且其大部分与推力矢量偏转有关。这与带斜切口的喷管处作用于侧表面上的力无法得到平衡有关。喷管在出口截面处的收缩会导致喷管亚声速段的流动速度下降、侧墙上的压力上升和较长侧墙上的应力的增大。在亚声速段安装垂直隔板会使侧向分量值 $\bar{P}_z$ 和水平面上的推力矢量偏角减小；在这种情况下，轴向分量损失会下降到约 12%。隔板向带斜切口的收缩形喷管的靠近更加大了这一效应并且喷管推力轴向矢量会大致下降到理想推力的 8%（见图 4 - 33）。

本章所列举的结果表明，在水平面上带斜切口的二元喷管与普通喷管相比，其特点与其说是轴向推力分量损失额外有所增大（一般而言，可以将额外增大的损失最小化，使其达到普通二元喷管的轴向推力分量损失水平），不如说是存在侧向推力分量 P_z，该数值可随喷管的类型和几何特性在喷管推力的 5%～50% 之间变化（在这种情况下，随着 π_c 的增大，数值 P_z 呈线性增加）。带斜切口喷管的侧向推力分量的存在导致在飞行器上偶数（成对）使用这种喷管的必要性，以补偿由每个喷管产生的数值 P_z，并且对于普通的平飞状态而言，侧向分量为零。此外，带斜切口二元喷管所特有的性质——在飞机平面机动时，不使用机体控制机构，仅考虑发动机（或喷管）的工作状态的不同变化，侧向推力分量可以说是有益的。

5　二元引射喷管特性

本章节所研究的二元引射喷管在布局或流动类型方面与第 3 章所研究的圆形引射喷管类似,与其具有一系列共性,但又有不同于它的特点。"二元"引射喷管这一称呼就是为了顺应第 4 章所研究的二元喷管的传统称呼。实际上,由于临界截面和出口截面有宽度和高度,因此所研究的引射喷管是矩形的,并且,引射喷管内的流动与其说接近于二维,不如说接近于三维或立体。

与圆形引射喷管的现有数据不同,人们对这种引射喷管内的流动及其特性研究的还不够并且围绕这个问题所公开发表的文章极其有限[35,37,49,156]。

本章将研究二元矩形引射喷管的流动特性并将其特性与第 3 章内所研究的著名的圆形或轴对称引射喷管的特性进行比较。鉴于二元引射喷管内流动的复杂性(三维性),其信息是根据在模型上进行的试验研究的结果得到的。

5.1　二元引射喷管布局形式

矩形引射喷管原理图如图 5-1 所示。如果对于圆形超声速引射喷管,特别是对于最普通型——带声速喷口和圆柱形唇口的喷管,其主要几何参数是喷口相对面积 $\bar{F}_c = \dfrac{F_c}{F_{临界}}$ 和超声速段的长度与直径比 $\bar{l}_c = \dfrac{l_c}{D_{临界}}$ (或等效锥度角 $\theta_{等效}$)[见第 2 章,图 2-6(b)],那么,对于平面超声速引射喷管,其特有的几何参数数目会增加。根据图 5-1,对于带声速喷口和圆柱形唇口(即平面管壁)的二元引射喷管的最普通型,除了 $\bar{F}_c$ 和 $\bar{l}_c$ 之外,对这些参数补充了临界截面相对宽度 $\bar{b}_{临界} = \dfrac{b_{临界}}{h_{临界}}$ 和引射器喷口 $\bar{b}_c = \dfrac{b_c}{h_c}$,并且至少有三个喷口和临界截面边缘间的锥度角数值:垂面上的 $\theta_{垂面}$、平面上的 $\theta_{平面}$ 和经过临界截面及引射器喷口的拐点的平面上的 $\theta_{拐角}$ (该平面可能不经过二元引射喷管对称轴)。

二元引射喷管只有喷管超声速段的相对长度与直径比 $\bar{l}_c = \dfrac{l_c}{D_{等效}}$,式中,$D_{等效}$ 为与二元引射喷管临界截面面积对应的圆形喷管等效直径,它不能完全地说明引射器内的流动的性质,因为上文所指出的不同子午面上的二元引射喷管的锥度角不同。

　　鉴于喷管等效锥度角数值的这种多样性,引进二元引射喷管等效锥度角这一概念是合理的,其形式为沿不同子午面的积分角:

$$\widetilde{\theta}_{\text{等效}} = \int_0^1 \theta_{\text{等效}} \, \mathrm{d}\overline{\varphi}, \quad \left(\overline{\varphi} = \frac{\varphi}{2\pi}\right) \tag{5-1}$$

　　一般情况下,在三个锥度角数值存在于不同平面($\theta_{\text{垂面}}$、$\theta_{\text{平面}}$、$\theta_{\text{拐角}}$)内情况下,二元引射喷管等效锥度角的确定如图 5-1 所示。

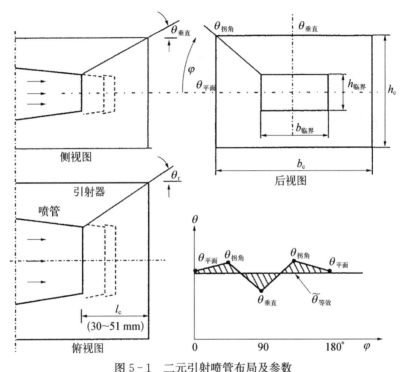

图 5-1　二元引射喷管布局及参数

所研究参数的范围: $b_{\text{临界}}/h_{\text{临界}} = 1.2 \sim 2.85, b_\text{c}/h_\text{c} = 1.28 \sim 2.95, \overline{F}_\text{c} = 1.8 \sim 3.5,$
$\theta_{\text{垂面}} = 4° \sim 24°, \theta_{\text{平面}} = 2° \sim 41°, \widetilde{\theta}_{\text{等效}} = 12° \sim 37°, \theta_{\text{拐角}} = 15° \sim 44°$

　　几何锥度角的改变,在临界截面和引射器喷口的几何参数恒定情况下,可以通过改变超声速段的长度来实现,或者在超声速段长度恒定情况下,通过改变临界截面和/或引射器喷口的宽度和高度比值来实现。垂直和水平面上的内喷口亚声速段的锥度角很小,不超过 8°。

　　为了弄清楚二元引射喷管内的流动特点,在引射器内表面上沿喷管对称轴垂直和水平面以及引射器下表面拐角处放置有静压传感器。

　　压力分布的更详细的研究是在二元引射喷管的基本(原始)模型上进行的,该模型的相对喷口面积 $\overline{F}_\text{c} = 3$,宽度和高度之比 $b_\text{c}/h_\text{c} = b_{\text{临界}}/h_{\text{临界}} = 2$。引射器出口

截面 $h_c = 63$ mm，宽 $b_c = 126$ mm。

针对该模型，研究制定了三套方案，每套方案的喷管超声速段的长度不同。这些方案的主要几何参数如表 5-1 所示。

表 5-1　三套喷管方案的几何参数

方　案	l_c/mm	$l_c/D_{等效}$	$\overline{F}_c$	$\widetilde{\theta}^\circ_{等效}$	$\theta^\circ_{垂直}$	$\theta^\circ_{水平}$	$\theta^\circ_{拐角}$
1	51	0.87	3.0	24.8	14.6	27.5	30.4
2	43	0.73	3.0	28.3	17.3	32.0	35.0
3	30	0.51	3.0	36.7	24.0	41.6	44.7

压力传感器的分布原理如图 5-2 所示，该图中甚至给出了压力传感器沿喷管不同截面的坐标。压力分布的测量是在不同的一系列压力传感器的结合情况下进行的：其中，在测量侧表面上的压力时，使用方案 I，即压力传感器分布在引射器下表面上，在测量拐角处的压力时，使用方案 II。

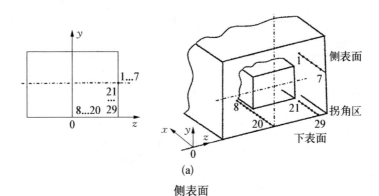

(a)

侧表面

$y = \dfrac{h_c}{2}$	No.点	1	2	3	4	5	6	7
	x/mm	50	40	30	20	15	10	5

下表面
方案 I
$z = 0$

No.点	8	9	10	11	12	13	14	15	16	17	18	19	20
x/mm	70	60	50	45	40	35	30	25	20	15	10	5	0

方案 II
$z = 0$

No.点	8	9	10	11	12	13	14	15	16	17	18	19	20
x/mm	79	77.5	76	75	73	71.5	70	60	50	40	30	20	10

拐角区

$z = 0.49b_c$

No.点	21	22	23	24	25	26	27	28	29
x/mm	50	40	30	25	20	15	10	5	0

(b)

图 5-2　二元引射喷管排气示意图

(a) 引射喷管排气示意图　(b) 各通气点坐标表

5.2　燃气参数和几何参数对喷管特性的影响

下文的压力分布是测量的引射器内表面不同截面上的静压 p_i 随纵向坐标 x 的变化关系曲线形式,或者是尾喷口内的全压 p_{oc},或者是周围介质内的静压 p_∞。坐标圆点位于喷管(引射器)出口截面喷口上,读数方向为喷管内部从引射器喷口到临界截面。在纵轴上还给出了压力传感器编号,这些编号在这些压力传感器分布图上针对相应的喷管方案标出。

图 5-3～图 5-5 针对表 5-1 所指出的三个喷管方案图解说明了属于喷管内全压的压力沿侧表面和下表面的变化情况。而图 5-6～图 5-8 则是针对这些方案图解说明的是属于周围介质内的压力在尾喷内不同的落压比 π_c 情况下的变化情况。

图 5-3～图 5-8 上所示的数据是在喷管第二引射回路内的空气流量为零($v\overline{Q}_2 = 0$)情况下得到的。

在这些图上,为了直观起见,使用垂直线段来标注引射喷管喷口(针对所有方案,在 $x = 0$ 情况下)和临界截面的位置(针对相应的超声速段长度与直径比)。首先分析了对二元引射喷管的研究结果,合理地指出了带有柱体引射器的圆形声速喷管内的流动的主要特点和特征变化,这一切在第 3 章第 3.3.5 节已详细分析研究过。第一个特点——根据落压比值 π_c,圆形引射喷管内存在三种流动状态:分离状态、过渡状态和无分离状态(或自成型状态),如图 3-68 所示。第二个特点——在射流与喷口附着瞬间(喷管"起动"时刻),在从分离流动向无分离流动过渡时,引射器喷口壁上的压力会急剧增大,如图 3-71 所示。第三个特点——在数值 π_c 低于该喷管的计算值 $\pi_{c计算}$ 时,达到无分离(自成型)流动。

例如,对于喷口相对面积 $\overline{F}_c = 3$ 和等效锥度角 $\theta_{等效} \approx 32°$ 的圆形引射喷管,根据图 3-77,在喷管内达到无分离(自成型)流动状态(所要求)的落压比,即,喷管"起动"压力,$\pi_c^{起动} \approx 9$。使用冷空气进行试验($k_c = 1.4$)时,用于该喷管方案的计算值 π_c,$\pi_{c计算} = 21.2$。

同上文提到的圆形引射喷管喷口相对面积一样,例如,表 5-1 的方案 1,通过对喷口相对面积为 $\overline{F}_c = 3$ 的二元引射喷管进行分析,可得出如下结论(见图 5-3～图 5-8)。用于二元引射喷管的分离流动状态,同用于圆形引射喷管的一样,其特

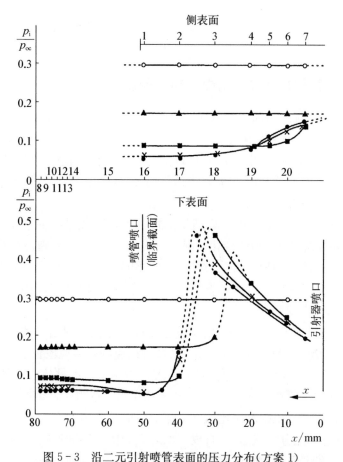

图 5 - 3 沿二元引射喷管表面的压力分布(方案 1)

○—$\pi_c \approx 3.3$;▲—$\pi_c \approx 5.9$;■—$\pi_c \approx 10.9$;×—$\pi_c \approx 13.3$;●—$\pi_c \approx 19.5$

点是沿喷管下壁或侧壁的静压分布不变,而射流与引射器内壁附着状态——特点则是该压力的急剧增大,此时,可以很清楚地看到压力"峰值",例如,在引射器下壁,如图 5-3,方案 1,$\pi_c > 10$ 情况下。该图甚至表明,无论在分离状态,还是在射流与引射器壁附着之后,引射器管道下壁上的压力在附着区左侧,即在引射管道内,也是常数,同用于圆形引射器喷管的一样。

但是,由于在不同子午面($\theta_{\text{垂面}}$、$\theta_{\text{平面}}$、$\theta_{\text{拐角}}$)上的锥度角值不同(见表 5 - 1),在落压比 π_c 增大情况下,射流与二元引射喷管壁的附着过程与针对圆形引射喷管的这一过程有区别。

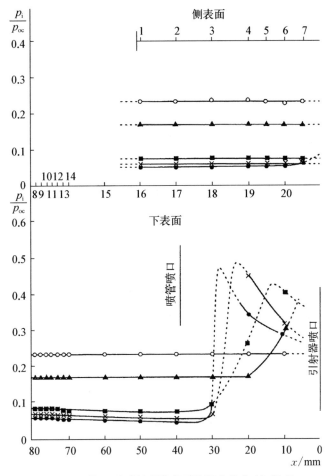

图 5-4 沿二元引射喷管表面的压力分布（方案 2）

○ —$\pi_c \approx 4.1$；▲ —$\pi_c \approx 5.6$；■ —$\pi_c \approx 11.0$；× —$\pi_c \approx 13.3$；● —$\pi_c \approx 20.1$

很显然，根据圆形引射喷管的研究结果，随着引射喷管等效锥度角的增大，在 $\overline{P}_x = \text{const}$ 情况下，根据图 3-77，"起动"压力值 $\pi_c^{起动}$ 会增加，在该压力下射流会附着在引射器壁上。如果射流与二元引射喷管壁的附着过程的发生情况与针对圆形喷管的情况一样，那么，对于方案 1（$\theta_{垂面} \approx 14°$、$\theta_{平面} \approx 27°$、$\theta_{拐角} \approx 30°$、$\tilde{\theta}_{等效} \approx 24°$），根据图 3-77，$\overline{F}_c = 3$ 时，二元引射喷管射流与下/上壁的附着是在 $\pi_c^{起动} \approx 3.5$ 情况下发生的，与侧壁的附着是在 $\pi_c^{起动} \approx 7$ 情况下发生的，在引射器拐角处——是在 $\pi_c^{起动} \approx 8$ 情况下发生的，而在利用积分等效角 $\tilde{\theta}_{等效} = 24.8°$ 时——是在 $\pi_c \approx 6$ 情况下发生的。在射流与引射器内壁附着后，——达到无分离（自成型）流动状态——在圆形引射喷管内的引射回路的相对压力停止对落压比 π_c 的依赖，如图 3-72 和图 3-73 所示。

对于如图 5-3 所示的二元引射喷管，甚至在 $\pi_c = 10 \sim 13$ 情况下还发现了在

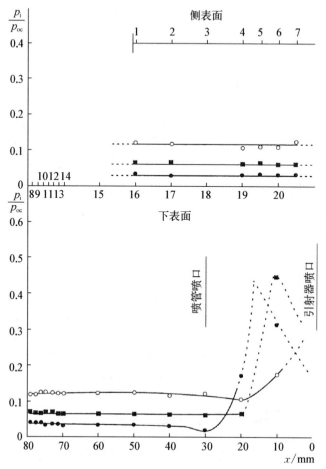

图 5-5　沿二元引射喷管表面的压力分布(方案 3)

○—$\pi_c \approx 6.8$；■—$\pi_c \approx 10.7$；●—$\pi_c \approx 16.6$

引射喷管内的静压变化(在 $x > 50$ mm 情况下)，而这些数值 π_c 要比上文所指出的数值 $\pi_c^{起动}$ 大很多，上文所指出的这些数值说明圆形引射喷管内射流的附着过程的性质，如果为之取对应于二元引射喷管的数值 $\theta_{垂面}$、$\theta_{平面}$、$\theta_{拐角}$ 作为等效锥度角的话。射流在平面和圆形引射喷管内的附着的非相似性可使我们假设，在二元引射器侧壁上存在某种源于声速平面(矩形)喷管的射流的边界形成特点。

仅在 $\pi_c > 13 \sim 20$ 情况下，如图 5-3 所示，方案 1，由于射流附着区左侧，二元引射喷管下壁和侧壁上的相对静压 p_i / p_{∞} 实际上会停止对落压比 π_c 的依赖，即与圆形引射喷管类似，在平面喷管内会达到无分离(自成型)流动状态。

与 π_c 其他值相比，在 $\pi_c = 19.5$ 情况下，引射管道内，即在图 5-6 上的方案 1中的附着区左侧，相对静压 p_i / p_{∞} 的增大证实了在二元引射喷管内这种流动状态

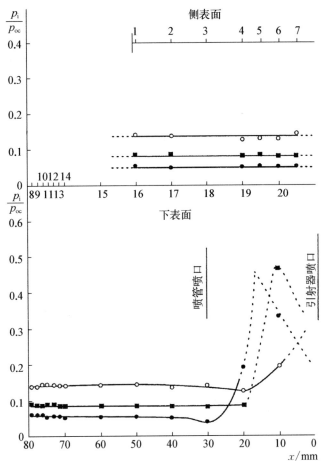

图 5 - 6　沿二元引射喷管表面的压力分布(方案 1)

○ $-\pi_c \approx 3.3$；▲ $-\pi_c \approx 5.9$；■ $-\pi_c \approx 10.9$；× $-\pi_c \approx 13.3$；● $-\pi_c \approx 19.5$

的出现,针对圆形引射喷管(见图 3 - 68)而言,这一点对应的是从状态 2 向状态 3 的过渡,π_c 增大情况下喷管第二(引射)回路的相对压力 p_{o2}/p_∞ 的提高就说明了这种过渡的性质。

二元引射喷管超声速段的长度缩短(不同子午面上的超声速段锥度角增大),即根据表 5 - 1,从方案 1 向方案 2 和方案 3 的过渡,会像针对圆形喷管一样,导致射流与引射器下壁和上壁的附着点(压力“峰值”)向其喷口移近(分别见图 5 - 3 ～图 5 - 5 和图 5 - 6 ～图 5 - 8)。在这种情况下,对于足够大的数值 $\pi_c \approx 20$,即接近于计算值 $\pi_{c\text{计算}}$(对于喷管该喷口面积 $\overline{F}_c = 3$),在侧壁上未发现压力“峰值”,沿引射器长度,侧壁上的静压实际上恒定并且随着 π_c 的增大而减小,即在引射喷管的侧壁上存在所有的非自成型(分离)流动标记,尽管在数值 $\pi_c = 10 \sim 20$ 情况下,发生了射流与二元引射喷管上下壁的附着。

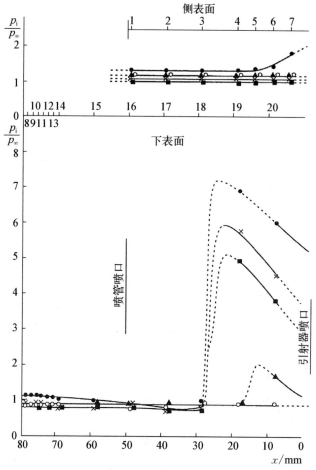

图 5-7　沿二元引射喷管表面的压力分布(方案 2)

○—$\pi_c \approx 4.1$；▲—$\pi_c \approx 5.6$；■—$\pi_c \approx 11.0$；×—$\pi_c \approx 13.3$；●—$\pi_c \approx 20.1$

二元引射喷管喷口相对面积 $\overline{F}_c$ 对静压在引射器下/上壁上的分布的影响如图 5-9 和图 5-10 所示,在这些图上甚至针对相应的方案给出了相应的积分等效锥度角值 $\widetilde{\theta}_{等效}$。引射器喷口相对面积 $\overline{F}_c$ 的变化是在超声速段长度 l_c 恒定、引射器高度 h_c 恒定、垂直面上的锥度角 $\theta_{垂直}$ 相同情况下,结合引射器宽度 b_c 的较小实现的。显然,在这种情况下,锥度角是在平面 $\theta_{平面}$ 和拐角 $\theta_{拐角}$ 的子午面上发生变化的,这就导致了二元引射喷管积分等效锥度角 $\widetilde{\theta}_{等效}$ 的改变。

在所研究的所有数值 $\overline{F}_c$ 情况下,引射器下上壁静压随 π_c 增加而变化的特点,与二元引射喷管的 $\overline{F}_c = 3$(见图 5-3)情况下的压力变化特点类似,研究结果表明,仅在 $\pi_c \geqslant \pi_{c计算}$ 情况下在所研究的二元引射喷管方案中出现自成型(无分离)流动状态,此时,引射管道和射流附着区的压力不再依赖于 π_c(见图 5-9 和图 5-10)。

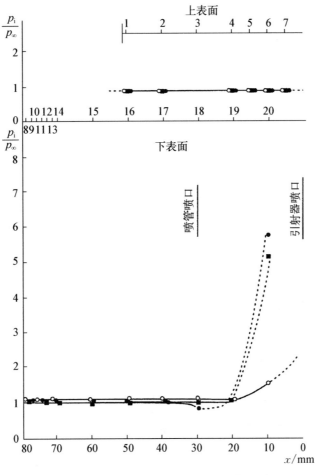

图 5-8 沿二元引射喷管表面的压力分布(方案 3)

$\circ\!-\!\pi_c \approx 6.8;\blacksquare\!-\!\pi_c \approx 10.7;\bullet\!-\!\pi_c \approx 16.6$

　　射流和周围介质内压差足够大情况下($\pi_c > 18 \sim 20$)$\overline{F}_c = 3$ 的二元引射喷管内表面不同截面上的压力分布比较如图 5-11 所示。

　　在这些 π_c 数值下,根据一维理论,当 $k_c = 1.4$ 时,$\pi_{c\text{计算}} = 21.3$,尾喷内既存在流动的计算状态,也存在无分离或自成型状态,此时,所测量的压力分布与 π_c 值无关。同前面所给出的各图一样,在曲线图上标注了喷管和引射器喷口的位置,并且为了方便,将坐标原点取在引射器的喷口上。喷管内部的距离按照该坐标原点计算。

　　图 5-11 上所示的数据表明,实际上,在引射管道内空气流量为零时,得到的时"死水区"的低压,射流位于附着区左侧,在所有测量截面——引射喷管下表面、侧表面和拐角处都是一样的。正如前面所指出的那样,如果射流与下表面的附着过程伴随着压力"峰值",而在侧壁上压力上升很小,那么,在引射管道拐角处的射流

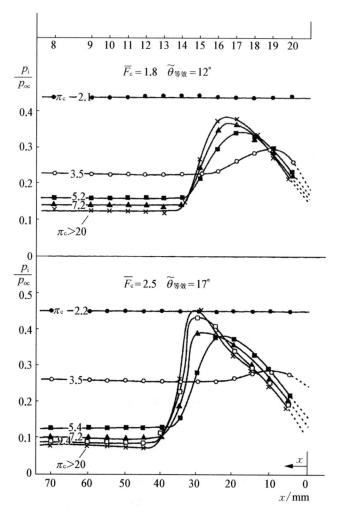

图 5 - 9 沿引射器下表面中心面上的压力分布

附着过程伴随着的压力上升要比在喷管侧壁上（的压力上升）还要小很多。压力分布的这种区别说明的是与拐角处附面层厚度增加相关联的平面（矩形）引射喷管内的"拐角效应"出现的特点。

在与喷管内无分离（自成型）流动对应的落压比值相当大情况下，空气相对流量值对引射喷管下壁和侧壁上的压力分布的影响如图 5 - 12(a)、(b)、(c)所示。

从所列数据可以看出，声速喷口置于最深处的 3 个二元引射喷管方案具有如下特点：图 5 - 12(a)喷管喷口相对面积为 $\overline{F}_c = 3$，如表 5 - 1 所示，方案 1；图 5 - 12(b)喷管喷口相对面积为 $\overline{F}_c = 2.3$ 和图 5 - 12(c)喷管喷口相对面积为 $\overline{F}_c = 2.5$，这些方案的数值 $\overline{F}_c$ 仅在考虑方案 1 的引射喷管宽度的减少就可得到。第二股气流的流量对二元引射喷管内的压力分布的影响类似于圆形引射

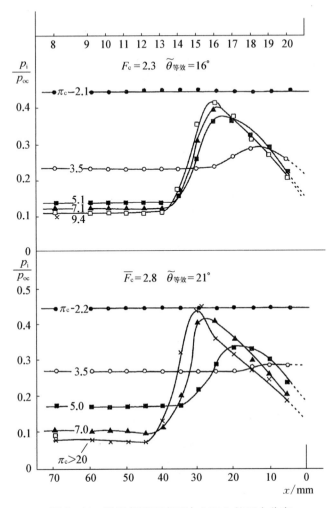

图 5 - 10　沿引射器下表面中心面上的压力分布

喷管内的这种影响。

　　喷管引射回路内的空气流量增加会导致喷管引射回路"死水区"内的压力上升,使附着区内的压力"峰值"移近引射器喷口,同时该"峰值"高度略有下降。上文所提出的引射回路内的空气相对流量 $v\overline{Q}_2$ 的影响对图 5 - 12 上所列的喷管喷口相对面积的所有数值而言,大体上是一样的。

　　根据表 5 - 1,针对喷管喷口相对于引射器喷口分布的三个方案,或针对喷管等效锥度角的三个不同数值,引射管道内空气流量为零情况下的二元引射喷管($\overline{F}_c=3$)的下壁和侧壁上的压力分布比较如图 5 - 13 所示。二元引射喷管的超声段长度 l_c 减小(或锥度角增大),例如,在垂面上的影响类似与圆形引射喷管,并伴随着压力"峰值"向引射器喷口的移动,即在射流与引射器表面附着区。l_c 或 $\theta_{平面}$ 的影响在二元引射喷管侧壁上的本质上和在下壁板上的表现是一样的。但是,正如上文提到

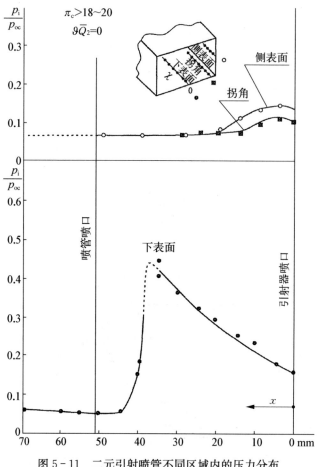

图 5-11　二元引射喷管不同区域内的压力分布

的,压力"峰值"在这里所表现出来的特点不如在下壁板上多。甚至需要指出,在图 5-13 上所图解说明的超声段长度的影响情况下,如同平面喷管引射回路内的相对压力一样,这种积分特性变化很弱 $p_i/p_{oc} \approx$ const。

对于不同的喷管喷口相对面积 $\bar{F}_c$ 数值,自成型流动状态下($v\bar{Q}_2 = 0$)的中心垂面上的压力沿引射喷管内下/上表面分布情况的比较如图 5-14 所示。

总之,二元引射喷管喷口相对面积的变化,可以通过改变临界截面或喷管喷口的宽度和高度,或者同时改变高度和宽度来实现。就是说,改变二元引射喷管喷口相对面积的方法是相当多的。在该情形下,平面(矩形)引射喷管喷口面积的变化可通过引射器高度 h_c 为常数情况下改变引射器喷口宽度 b_c 来实现,如图 5-14 所示。在这种情况下,喷口相对面积由 $\bar{F}_c = 3.0$ 减少到 1.8 所对应的是引射喷管喷口相对宽度 b_c/h_c 由 2 减小到 1.28。所研究的喷管所有方案的超声速段的长度 l_c 对应的是表 5-1 内的方案 1。

对每个方案所列的压力分布对应的是引射喷管内无分离(自成型)流动,即分

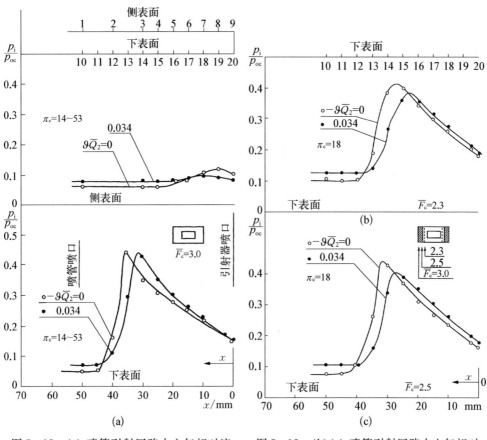

图 5-12　(a) 喷管引射回路内空气相对流量对引射器表面上的压力分布的影响

图 5-12　(b)(c) 喷管引射回路内空气相对流量对引射器表面上的压力分布的影响

布不取决于落压比 π_c 的情形。喷管喷口相对面积由 $\overline{F}_c = 3.0$ 减少到 1.8 会导致引射回路内的压力和射流与喷管壁的附着区前面及其该区后面直至引射器喷口的喷管壁上的压力单边上升。在这种情况下，随着 $\overline{F}_c$ 的减小，压力"峰值"的程度略有下降，并在射流附着区内向引射器喷口移动，这是由引射回路内较高的压力级所决定的。

5.3　二元引射喷管内流动形式

根据二元引射喷管内压力分布测量结果和流动显示试验结果，再结合所发现的特点，使我们得到了比较接近实际的流动形式。利用炭黑-滑油涂层法所得到的引射器内壁流线谱照片用于图解说明二元引射喷管内的几种流动状态(例如，表 5-1 内的方案 1)。结合上文所列的针对该喷管方案的压力分布，可以划分至少四种平面(矩形)引射喷管内的流动状态，这几种状态可在图 5-15 上的照片中看到并

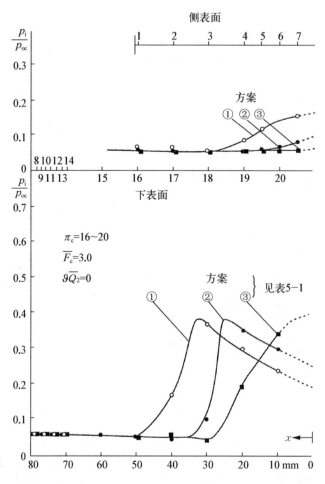

图 5-13　声速喷管相对引射器喷口的加深对引射器表面上的压力分布的影响

且在图 5-16 中进行了图解式的展示。针对 4 种状态中的每一种,图解显示了引射器下壁和侧壁表面上的临界流线行为,该流动形式如图 5-16(a)所示,以及射流和引射管道内流线的方向,对于下表面,以侧视图形式给出,对于侧表面,则以俯视图形式给出;该流动形式如图 5-16(b)所示。此外,针对每种流动状态,在图 5-16上举例展示了引射器喷口截面上的射流边界形式(后视图)。

在 $\pi_c = 2$(见图 5-15)时得到的第一张照片说明的是引射喷管内的分离流动状态(见图 5-16①),此时,射流既不与附着在喷管侧壁上,也不附着在喷管上、下壁上。在引射喷管喷口区,射流的形状为椭圆体,并且其最大程度地接近管壁(在水平和垂直面上)。使用炭黑-滑油涂层法所得到的流谱使我们有理由推测,在射流器内部存在复杂的涡流,来自周围的空气被吸入到射流器内并带有可能的环形涡气体,在该气体作用下,炭黑油膜流向下/上壁和侧壁的中间部分。

在 $\pi_c = 4$(见图 5-15)时得到的照片说明的是射流与引射器上壁和下壁的附

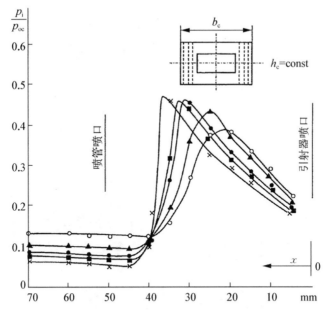

图 5 - 14　喷口相对面积对二元引射喷管下表面的中心面上的压力分布的影响

$\times - \overline{F}_c = 3.0; \blacksquare - \overline{F}_c = 2.8; \bullet - \overline{F}_c = 2.5; \blacktriangle - \overline{F}_c = 2.3; \circ - \overline{F}_c = 1.8$

着状态,此时,在侧壁上还存在流动的分离状态。在图 5 - 16 上,这一状态被称之为射流单一附着状态(状态 2)。在下/上壁附着区形成气流附着曲线(见图 5 - 16 上的"Π - Π"线),由此气流向引射器喷口和喷管内部流动。

　　喷管内部的流动伴随着回到引射管道的回流的分离曲线的形成,如图 5 - 16 中的"O - O"线,来自周围的空气沿喷管侧壁和拐角区被吸入到引射喷管内部。

　　后视图中的射流边界形状也是椭圆体,但该边界是与引射器下壁和上壁附着的。

　　在 $\pi_c = 6.7$(见图 5 - 15)时得到的照片说明的是流动已附着在引射器下壁和上壁上情况下的射流与引射器侧壁的附着瞬间的特性。在图 5 - 16 上该状态被称之为射流双附着状态(状态 3)。在这种情况下,附着线和分离线,即图中的"Π - Π"线和"O - O"线,在形式上与针对状态 2 而出现的那些线类似,仅针对状态 3,这些线已在引射器下/上壁和侧壁上形成。下/上壁和侧壁上的这些附着-分离线的区别在于附着/分离区的尺寸和引射器下/上表面上的流谱清晰度。

　　在沿喷口的横截面上,射流边界的形状是扁平的椭圆体(在所有壁面处),在这种情况下,在拐角区存在着引射管道区与周围介质的相互作用和扰动从一个区向另一个区的传递。

　　在 $\pi_c = 21.6$(见图 5 - 15)时得到的照片说明的是引射喷管内的流动无分离状态——图 5 - 16 上的状态 4。引射喷管下壁、上壁和侧壁上的附着线是相互间连接的,并在未发生扰动从一个区向另一个区传递的前提下,将引射管道区与周围介质

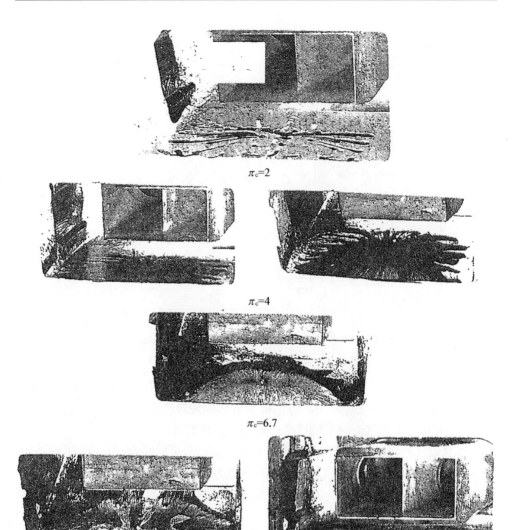

$\pi_c=2$

$\pi_c=4$

$\pi_c=6.7$

$\pi_c=21.6$

$\overline{F}_c=3$ 　　　　方案1

图 5 - 15 　使用炭黑-滑油涂层法在二元引射喷管内的流动显形

分离。尽管射流完全附着在引射器各壁上，包括拐角区，喷口截面上的射流形状还是复制着引射器的形状——矩形。

所以，矩形引射喷管内的流动与圆形引射喷管内的流动的第一个区别是：由分离状态向无分离状态的阶式过渡，起初是射流与喷管不同壁面的单个附着，后来是成对附着。第二个区别是：引射喷管管道和周围介质的相互影响和扰动从一个区向另一个区的传递，是在射流与上/下壁和侧壁成对附着后经过拐角区实现的。

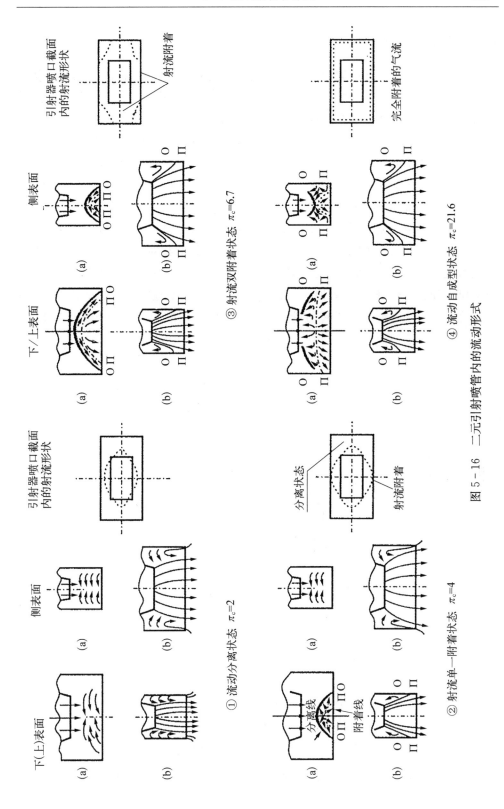

图 5 - 16　二元引射喷管内的流动形式

5.4 流动的过渡状态

上文所研究的二元引射喷管内的流动特点会对引射喷管特性产生影响,例如引射回路内的压力,以及决定二元引射喷管"起动"状态的条件——由分离状态向无分离状态转换的条件。在这种情况下,同圆形引射喷管相比较,二元引射喷管的流动瞬态现象("起动"状态)具有特殊性。针对具体的喷管方案,圆形引射喷管内达到第3章所研究的流动转换时刻需要用某一落压比值 $\pi_c^{起动}$ 表示,在这种情况下,会发生射流与引射器内壁的附着。当(压力)急剧下降后,属于尾喷内全压 $\bar{p}_{o2} = p_{o2}/p_{oc}$ 的引射器管道内的压力变为常数,数值 $\bar{p}_{o2} = p_{o2}/p_\infty$ 开始线性增大。

针对圆形引射喷管($\bar{F}_c = 2.0$)的三种方案和等效锥度角 $\theta_{等效}$ 的不同数值,图 5-17 给出了最后的两种情形。在这里,为了比较,针对相对面积 $\bar{F}_c = 1.8$ 和积分等效锥度角 $\tilde{\theta}_{等效} = 15°$ 的二元引射喷管,如同针对喷管引射回路空气流量为零情况下的圆形喷管一样,标注了数值 $\bar{p}_{o2}$ 和 $\bar{\bar{p}}_{o2}$。图 5-17 直观地图解了二元引射喷管的特点之一。对于圆形喷管,"起动"瞬间(即引射回路内的压力急剧下降),数值 $\bar{p}_{o2}$

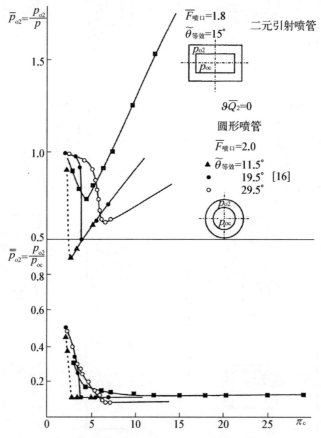

图 5-17 圆形和二元引射喷管的引射回路内的压力与落压比 π_c 的关系曲线

恒定和数值 $\bar{p}_{o2}$ 随 π_c 的增大而线性增大实际上是在针对相应方案的一个数值 $\pi_c^{起动}$（对于 $\theta_{等效} = 11.5°, \pi_c^{起动} = 2.3$；对于 $\theta_{等效} = 19.5°, \pi_c^{起动} = 3.8$；对于 $\theta_{等效} = 29.5°,$ $\pi_c^{起动} = 6.5$）情况下发生的。对于二元引射喷管，引射回路内的相对压力升高（$\bar{p}_{o2} = p_{o2}/p_\infty$）是在 $\pi_c \approx 4.2$ 情况下开始的，但在这种情况下，数值 $\bar{\bar{p}}_{o2} = p_{o2}/p_{oc}$ 在 π_c 增大时持续减小并且仅在 $\pi_c > 10$ 情况下恒定。图 5-15 和图 5-16 上的流动显形和流动形式使我们得以对二元引射碰管的这一现象给出某种解释，即数值 π_c 不吻合，从该（不吻合的）数值起会出现数值 $\bar{p}_{o2}$ 的增大和数值 $\bar{\bar{p}}_{o2}$ 的恒定。

既然二元引射喷管（$\bar{F}_c = 1.8$）的横截面的形状接近于方形（$b_c/h_c = 1.2$），射流与所有壁面的附着大体上是在同一数值 $\pi_c \approx 5.5 \sim 6$ 情况下发生的，在这种情况下，根据图 5-16 上的射流成对附着状态 3，经过拐角区，还可以从引射管道区向周围介质内（或相反）传递扰动。拐角区尺寸相对较小，所以，为了使"死水区"内的压力升高到接近或超过周围介质内的压力（$p_{o2}/p_\infty > 1$），由附着区进入引射管道"死水区"内的气体量是足够的，但是，在"死水区"内被升高的压力部分会下降，这是由于气体经由这些拐角区又重新流回到周围介质内。

与圆形引射喷管相比，针对比较图 5-17 上所给的数值大的 $\bar{F}_c$，在图 5-18 上分析研究了上文所详细和直观地标注的二元引射喷管的特点。圆形和平面（表 5-1 上的方案 3）引射喷管的等效锥度角的差别不是原则性的，所分析的现象仅在于可实现流动过渡状态的落压比 π_c 的范围不同。对于二元引射喷管，流动的过渡状态占据的区域为 $\pi_c \approx 8 \sim 18$［见图 5-18(a)］，对于圆形喷管而言，从分离流动到自成型（无分离）流动的过渡实际上是在一个数值 π_c［见图 5-18(b)、(c)］情况下发生的。在针对所研究的 $\bar{F}_c = 2.72$ 和 $\theta_{等效} = 7.8^{[33]}$ 的圆形引射喷管（$\pi_c^{起动} \approx 2.7$）达到这一数值情况下，会像第 3 章所研究的那样，出现射流与引射器内墙的跳跃式附着、从分离流动向自成型（无分离）状态的急剧过渡和在 $\pi_c > 2.7$ 情况下引射回路内的相对压力（$\bar{p}_{o2} = p_{o2}/p_\infty$）开始随 π_c 的增大而升高，而数值 $\bar{\bar{p}}_{o2} = p_{o2}/p_{oc}$ 则在此情况下恒定［见图 5-18(b)、(c)］。

对于二元引射喷管而言，与数值 $\bar{p}_{o2}$ 增大起点和数值 $\bar{\bar{p}}_{o2}$ 恒定相关联的过渡状态的特征是数值 π_c 的非单值性，在这种情况下，$\bar{p}_{o2}$ 可达到最小数值和满足 $\bar{\bar{p}}_{o2} =$ const 的条件。对于图 5-18 上所研究的具体的二元引射喷管方案（$\bar{F}_c = 3,$ $\tilde{\theta}_{等效} = 36.7°$），这些数值分别为 $\pi_{c1} = 8.5$ 和 $\pi_{c2} = 17.6$。对于所研究的所有二元引射喷管方案均可看到这种高质量的画面。

与圆形引射喷管类似，针对二元引射喷管的从分离到自成型的过渡状态实现过程所进行的分析同样令人感兴趣，其形式为绘制关系曲线 $\pi_c^{起动} = f(\bar{F}_c$ 和 $\theta_{等效})$，这项工作已在第 3 章中针对带有柱形喷口的圆形（或轴对称）声速喷管进行完毕（见图 3-77）。

为了不破坏下文所得到的结论的共性，可以仅限对 $\bar{F}_c =$ const 的平面和圆形引射喷管进行研究。于是，根据图 3-77（例如，针对 $\bar{F}_c = 3$ 的圆形引射喷管），用于喷

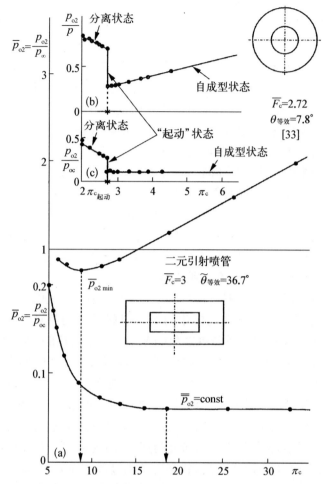

图 5-18   圆形和二元引射喷管内从分离到自成型的流动状态转换比较

管喷口相对于引射器喷口不同位置的曲线 $\pi_c^{起动} = f(\theta_{等效})$——这是一条说明"起动"状态特性的关系曲线。

超声速段锥度角值的多样性(根据图 5-1 上的喷管布局形式,对于 $l_c = \mathrm{const}$,至少有四种数值:在垂面上的 $\theta_{垂面}$、平面上的 $\theta_{平面}$、角平面上的 $\theta_{拐角}$ 和积分等效锥度角 $\tilde{\theta}_{等效}$)是所研究类型的二元引射喷管的突出特点。此外,根据图 5-18,在选择数值 $\pi_c^{起动}$ 时会出现非单值性:或者根据数值最小值条件 $\bar{p}_{o2} = p_{o2}/p_\infty$,或者根据条件 $\bar{\bar{p}}_{o2} = p_{o2}/p_{oc} = \mathrm{const}$。鉴于此,在图 5-19 上针对二元引射喷管($\bar{F}_c = 3$)并考虑锥度角的非单值性和"起动"条件(与 $\bar{F}_c = 3$ 的圆形引射喷管的"起动"条件相比)分析了流动过渡状态,根据图 3-77,该数值说明的是单值关系曲线 $\pi_c^{起动} = f(\theta_{等效})$ 的特性。如果取相对全压为常数($\bar{\bar{p}}_{o2} = \mathrm{const}$)作为"起动"状态的初始条件并且根据这一条件绘制关系曲线 $\pi_c^{起动} = f(\theta_{等效})$(其中,根据表 5-1,取喷管的最大几何锥度角

$\theta_{拐角}$ 作为数值 θ ），那么，在这种自变量的选择情况下，用于二元引射喷管的数值 $\pi_c^{起动}$ 实质上要大于用于圆形引射喷管的该数值（见图 5-19）。显然，选择其他几何参数（$\theta_{垂面}$、$\theta_{平面}$、$\widetilde{\theta}_{等效}$）作为自变量只会使用于平面和圆形引射喷管的数值 $\pi_c^{起动}$ 偏差增大。所以，喷管引射回路内相对压力恒定条件 $\overline{\overline{p}}_{o2} = const$ 给出了用于二元引射喷管的数值 $\pi_c^{起动}$（该数值实质上超出了用于圆形等效引射喷管的这些数值），并且该条件大概不能针对二元引射喷管的"起动"状态特性而使用。如果按照引射回路内的最小相对压力值的获得时刻来评价二元引射喷管的"起动"情况的话［见图 5-18(a)］，那么，作为自变量而使用的几何锥度角中的关系曲线 $\pi_c^{起动} = f(\theta_{拐角})$ 的分布最接近用于圆形引射喷管的关系曲线，即，在使用现有的最大锥度角情况下，如图 5-19 所示。

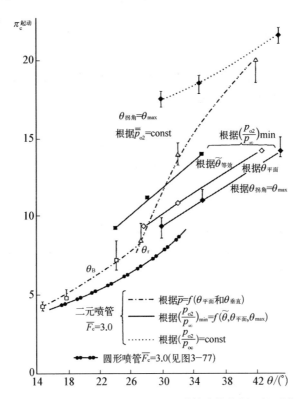

图 5-19　柱形唇口的圆形和二元引射喷管的"起动"压力

此外，关系曲线 $\pi_c^{起动} = f(\theta)$ 的分布最接近用于圆形引射喷管的曲线 $\pi_c^{起动} = f(\theta_{等效})$，此时，"起动"压力值要根据二元引射喷管下/上壁的压力"峰值"的出现情况来单独确定，即角度 $\theta_{垂直}$ 作为自变量来使用，而数值 $\pi_c^{起动}$ 要根据类似于图 5-3～图 5-8 的图形来确定。该关系曲线见图 5-19 上的虚线曲线。所以，比较合理的做法大概是，根据引射回路内相对压力最小值 $(\overline{p}_{o2} = p_{o2}/p_{\infty})_{min}$ 的得到情况并利用最大几何锥度角或根据喷管壁上的压力达到"峰值"时刻并利用相关数值 $\theta_{垂直}$ 来评价二元引射喷管"起动"状态。既然在现实条件下喷管引射回路内的压力值是最容易得到和最常使用的,那么,上文所提及的第一种方法就是最受欢迎的。

最小值 p_{o2}/p_{∞} 获得使用的条件是射流的大部分附着在二元引射喷管壁,但拐角区除外,而作为参数的 $\theta_{拐角}$ 的利用使用于二元引射喷管的关系曲线 $\pi_c^{起动} = f(\theta)$ 最大限度地接近用于圆形喷管的关系曲线。二元引射喷管内完全自成型流动 ($\bar{\bar{p}}_{o2} = \mathrm{const}$) 是在数值 $\pi_c \approx 18 \sim 22$ 足够大情况下得到的(见图 5 - 19),而这些 π_c 值接近计算值(根据一维理论),根据图 3 - 68,这些数值可保证喷管推力损失最小 ($\pi_{c计算} \approx 21.5$,对于 $\bar{F}_c = 3$,$k_c = 1.4$ 情况下)。所以,这样大的 π_c 值说明喷管"起动"状态所特有的较高的推力损失级("峰值"),令人不大可信。

5.5 流动自成型状态下二元引射喷管的特性

喷管引射回路内的压力是引射喷管最重要的综合特性之一,对该数值的分析将在下文进行。

由于射流附着区前面的引射回路区认为是"死水区"或底部区,在这里,全压实际上等于沿管道壁所测量的静压,因此,在接下来的分析中,我们取沿二元引射喷管壁面,即压力的"高原"区,也就是射流附着区的左侧,图 5 - 3～图 5 - 8 上面的压力"峰值"之前,所测量的压力平均值作为二元引射喷管引射回路内的全压值。这种假设在分析"死水区"或底部区的流动时被广泛运用。

在这种情况下,通常分析 $\bar{\bar{p}}_{o2} = p_{o2}/p_{oc} = \mathrm{const}$ 状态(见图 5 - 18)下的喷管引射回路内属于射流内全压 ($\bar{\bar{p}}_{o2} = p_{o2}/p_{oc}$) 的压力值。

在第二股气流流量为零 ($v\bar{Q}_2 = 0$) 情况下,取决于落压比 π_c (在大于图 5 - 13 上所示的比例范围内)的三个二元引射喷管方案的引射回路内的相对全压如图 5 - 20 所示。

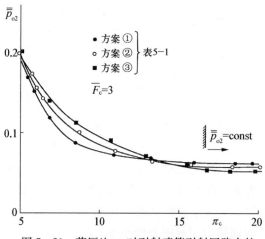

图 5 - 20 落压比 π_c 对引射喷管引射回路内的
压力的影响

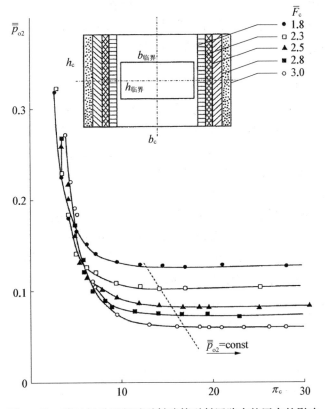

图 5 - 21　喷口相对面积对引射喷管引射回路内的压力的影响

对于所研究的喷管方案,相对压力 $\overline{\overline{p}}_{o2}$ 恒定区可在 $\pi_c \geqslant 18$ 情况下达到,在这种情况下,针对超声速段长度或等效锥度角 $\widetilde{\theta}_{等效}$ 不同的三个方案而言,数值 $\overline{\overline{p}}_{o2}$ 的差别相对较小。

针对不同的喷口相对面积值 $\overline{F}_c$ (在与表 5 - 1 内方案 1 对应的喷管超声速段厦航度 l_c 一样情况下)的相似的平面喷管引射回路内的压力关系曲线如图 5 - 21 所示。针对带有所给数值 $\overline{F}_c$ 的各方案的压力沿二元引射喷管内壁的相应分布情况如图 5 - 3、图 5 - 9 和图 5 - 10 所示。

在临界截面面积恒定 $F_{临界} = \mathrm{const}$、引射器高度恒定 $h_c = \mathrm{const}$ 和喷管喷口宽度 b_c 为变量情况下,图 5 - 21 上的二元引射喷管布局形式展示了喷管喷口相对面积 $\overline{F}_c$ 的变化方式。在图 5 - 21 上用虚线表示的是数值 π_c 的取值示范范围,从这些数值开始,相对全压值 $\overline{\overline{p}}_{o2}$ 开始成为常数。图 5 - 21 甚至完全逼真地展示了平面喷管喷口相对面积 $\overline{F}_c$ 对数值 $\overline{\overline{p}}_{o2}$ 的影响,如同针对圆形引射喷管一样:随着 $\overline{F}_c$ 的增大,喷管引射回路内的压力值 $\overline{\overline{p}}_{o2} = \mathrm{const}$ 会单调下降,无论是圆形,还是矩形尾喷管均如此。这一点与引射管道宽度的增大、射流的较大程度的膨胀以及引射器内部引射作用的增大有关,这一切导致了数值 $\overline{\overline{p}}_{o2}$ 的下降。

令人感兴趣的是，在喷管主要几何参数相同情况下，如喷管喷口相对面积 $\bar{F}_c$ 和喷管等效锥度角 $\theta_{等效}$ 相同，比较流动自成型状态下的二元和圆形引射喷管引射回路内的压力值 $\bar{p}_{o2} = \text{const}$。在这种情况下，针对平面喷管，使用在 5.1 节中所研究的积分锥度角 $\tilde{\theta}_{等效}$ 是合理的。谈论该方案——矩形引射喷管与某些等效的圆形引射喷管的对比是可行的。

下面所列的数据归属于引射回路内空气流量为零的引射喷管。

在图 5-22 上，首先给出的是针对喷口相对面积 $\bar{F}_c = 3.0$ 喷管的比较结果，然后给出了第 3 章圆形喷管，以及按图 5-20 并利用积分锥度角 $\tilde{\theta}_{等效}$ 所得到的 1-3 方案二元喷管的比较结果，给出了引射回路内的压力 $\bar{p}_{o2}$ 与喷管等效锥度角 $\theta_{等效}$ 的关系曲线。值得注意的是，所列的针对平面和圆形引射喷管的关系曲线 $\bar{p}_{o2} = f(\theta_{等效})$ 不仅在压力量级上相近，而且在 $\theta_{等效} > 24° \sim 25°$ 情况下的 $\theta_{等效}$ 影响特点上也相近：随着 $\theta_{等效}$ 的增大，喷管引射回路内的压力值变小，这一点在第 3 章详细研究过（见图 3-86）。图 5-22 表明，在等效角 $\theta_{等效}$ 小于该角的极限值情况下，引射喷管引射回路内的压力保持恒定，并且不依赖于 l_c 或 $\theta_{等效}$。

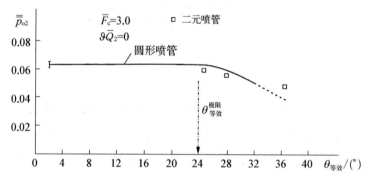

图 5-22 等效锥度角对流动自成型状态下的圆形和二元引射喷管引射回路内压力的影响

这些与超声速段临界长度或极限角 $\theta_{等效} < \theta_{等效}^{极限}$ 对应的引射回路内的压力值 $\bar{p}_{o2}$ 如图 5-23 所示，它们是针对带有声速喷口和柱形唇口的圆形和二元引射喷管而绘制的，此时，喷管引射回路内的空气流量为零。

二元引射喷管喷口相对面积值的变化，如图 5-23 所示，既可通过改变引射器喷口宽度 b_c，如图 5-21 所示，也可通过改变喷口高度 h_c、喷管临界截面的宽度 $b_{临界}$ 和高度 $h_{临界}$ 来实现。所以，图 5-23 上所给出的喷管喷口相对面积变化范围 $\bar{F}_c = 1.8 \sim 3.5$ 与喷管临界截面相对宽度 $b_{临界}/h_{临界} = 1.2 \sim 2.9$ 和引射器喷口相对宽度 $b_c/h_c = 1.3 \sim 3$ 的变化对应。图 5-23 上所列的二元引射喷管引射回路内压力测量结果表明，该压力不低于等效的圆形引射喷管引射回路内的压力。针对圆形和矩形喷管的推力损失而言，类似的比也是可以期待的。

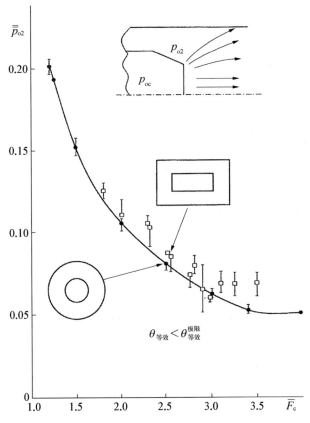

图 5 - 23 流动自成型状态下的圆形和二元引射喷管引射回路内的压力的比较

6 三元喷管特性

在最近 10～15 年期间,航空界对非轴对称喷管或三元喷管给予更大关注,这类喷管也称为空间喷管。在一系列情况下,三元喷管内的流动与常规圆形喷管或纯粹的二元喷管中的流动差别很大。

6.1 三元喷管的类型

三元超声速喷管原则上可以分为两类,这些喷管的布局形式已经在第 2 章中图示给出:

(1) 具有圆形临界截面和非圆形出口截面(椭圆形、方形、矩形、三角形等)的喷管,也就是说,在临界截面后的超声速段,流动从轴对称形式转变为非轴对称形式或空间形式。

(2) 临界截面和出口截面形状相同的喷管,如椭圆形、矩形、三角形等,可以有几种方案:一种方案是亚声速管道段的形状与临界截面和出口截面的形状类似;另一种方案是从圆形出口截面的亚声速段到喷管三元临界截面之间有一个过渡段。这些类型喷管的试验研究可参考文献[31],[37],[70]。

文献[31]详细研究了具有不同出口截面形状的 9 种三元喷管方案的推力特性,并采用流谱分析方法(油流和压敏涂层测压)研究了超声速喷管长度方向各截面上的压力分布。这 9 种三元喷管方案试验模型试验曲线及照片在图 6-1 中给出,在图 6-2 中则给出了显示喷管临界截面和出口截面特性的模型示意图。在图 6-1 和图 6-2 所给出的 9 种喷管方案中,有 7 种喷管的临界截面和入口截面为圆形,而亚声速喷管段都是相同的锥形;亚声速段的相对长度 $l_{入口}/R_{临界} = 2.9$,从入口到临界截面的收缩比 $F_{入口}/F_{临界} \approx 4.3$。方案 C-1 给出的是常规锥形超声速喷管,它的超声速段具有 $\theta_c = 10°$ 的半张开角,超声速段的长细比为 $l_c/R_{临界} = 2.44$,喷管出口截面(喷口切面)的相对面积为 $\overline{F}_c = 2.05$。这是一种当量喷管的概念,可以用它的特性去比较具有各种形状临界截面和出口截面的三元喷管。在图 6-1 和图 6-2 所给出的各种三元喷管方案中,他们具有与圆形超声速喷管相近的相对值:相对面积为 $\overline{F}_c \approx 2.05$。除此之外,对于各种三元喷管,超声速长度段横截面积的变化规律十分相近,而且与等效的超声速圆形喷管的变化规律类似。

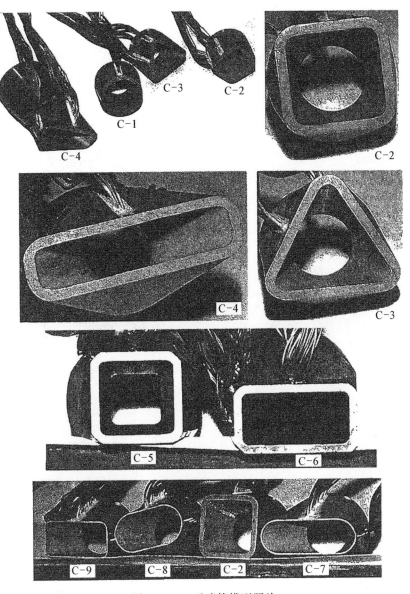

图 6-1　三元喷管模型照片

同等效圆形喷管相比,三元喷管的不同之处如下。方案 C-2、C-3、C-4、
C-9 的出口截面分别是方形、三角形和矩形,而且有倒圆角;对于两个矩形形状
的喷管,它们宽度与高度的比值是不同的:C-4 方案的 $b_c/c=4.7$,而 C-9 方案
的 $b_c/h_c=2.0$。C-7 和 C-8 喷管方案的出口截面是椭圆形,其宽度和高度比
(长轴与短轴的比值)分别等于 3 和 2。所有上述喷管方案的临界截面形状都是
相同的圆形。C-5 和 C-6 这两个喷管方案具有相同的临界截面形状和出口截
面形状,它们与上述喷管方案之间的差别在于:C-5 方案的出口截面是方形的

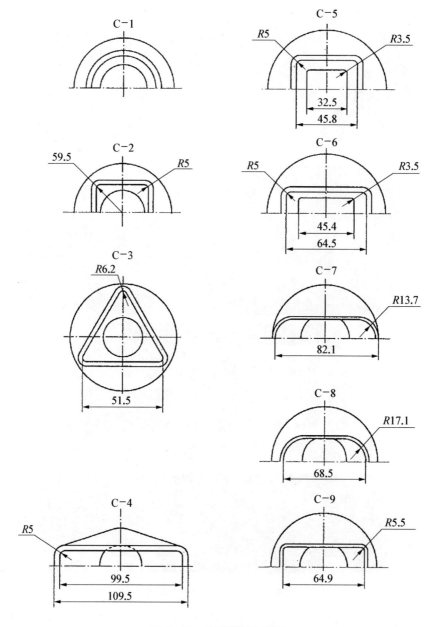

图 6-2　三元喷管示意图

$(b_c/h_c=1)$，而 C-6 方案的出口截面是矩形的 $(b_c/h_c=2)$。

　　所有三元喷管的超声速段都不是异型设计的，而是形成了锥形直线，因此，每个喷管方案中，这些喷管的超声速段在不同径向截面内的锥度角是不同的，而且每个喷管方案内也不一样。所有 9 个喷管方案的超声速段在径向平面内的锥度角 θ_c 在图 6-3 中给出。锥度角 θ_c 在 $\varphi=0\sim90°$ 之间变化，其他 4 个出口截面为圆形的喷管方案,其锥度角θ_c随φ的变化规律与图6-3相同。很显然,对于圆形超声速喷管(方案 C-1),超声速段的开度(锥度)角 θ_c 是常值:$\theta_c = 10°$。

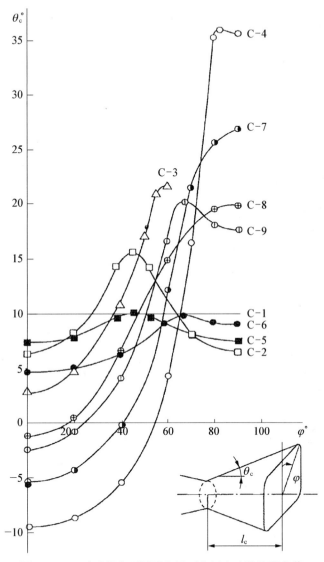

图6-3   三元喷管中不同径向平面内超声速段锥形角值

某些喷管在形成超声速段时局部倾斜角是负值,这是为了保证喷管出口截面面积等于一个常值,因此,超声速段的轮廓在某些局部地方应当收缩,而不是扩张。为了综合评价超声速段的开度角,最合理的方法是引入一个平均角 $\tilde{\theta}_c = \int_0^{2\pi} \theta_c \mathrm{d}\varphi$。前面所研究的各种喷管方案的超声速段锥度角的积分值在图6-4中给出。

模型	布局	b_c/h_c	Θ°_{max}	Θ°_{min}	$F_{临界}/cm^2$	F_c/cm^2	$F_c/F_{临界}$	$\bar{l}_c$	$\widetilde{\Theta}^\circ_c$
C-1	圆形	1：1	10	10	10.18	20.83	2.05	2.44	10.0
C-2	方形内圆	1：1	15.7	6.4	10.18	20.77	2.04	2.44	9.9
C-3	三角内圆	1：1	21.7	2.9	10.18	20.90	2.05	2.44	9.4
C-4	矩形内双圆	4.7：1	36	−9.5	10.18	20.69	2.03	2.44	8.4
C-5	方形内方	1：1	10	7.4	10.30	20.85	2.02	2.85	8.5
C-6	矩形内矩	2：1	9.6	4.7	10.08	20.78	2.06	3.31	7.0
C-7	双圆	3：1	26.8	−5.4	10.18	20.88	2.05	2.53	6.9
C-8	双圆	2：1	19.7	−1.1	10.18	20.92	2.05	2.52	8.8
C-9	矩形内双圆	2：1	19.9	−2.3	10.18	20.77	2.04	2.53	8.5
C-10	矩形内矩	4.8：1	36	8.5	10.63	21.37	2.01	1.14	12.0
C-11	矩形内双圆	7.6：1	26.3	−5.9	10.14	22.40	2.21	5.31	5.0
C-12	矩形内矩	2.5：1	23.5	3	10.28	19.76	1.92	2.49	11.0
C-13	矩形内矩	3.1：1	15.5	5	10.19	20.80	2.04	2.50	10.1

图 6-4　三元喷管几何参数值

图 6-4 表中,首先给出了各种喷管方案的编号,然后是临界截面和出口截面形状、出口截面宽度与高度的比值 b_c/h_c、超声速段开度角最大值 θ_{cmax} 和最小值 θ_{cmin}、喷管临界截面面积 $F_{临界}$ 和出口截面面积 $F_{入口}$、喷口截面相对面积 $\bar{F}_c = F_{入口}/F_{临界}$、超声速段长细比 $l_{入口}/R_{临界}$(式中 $R_{临界} = \sqrt{F_{临界}/\pi}$),以及超声速段的积分角 $\tilde{\theta}_c$。

从表中可见,其中 8 种三元喷管方案中的积分角 $\tilde{\theta}_c$ 值小于等效圆形喷管的 $\theta_c = 10°$。在图 6-4 中,又补充给出了文献[31]中的 4 种三元喷管方案:C-10~C-13,这些单元喷管超声速段锥度角的积分值 $\tilde{\theta}_c$ 与等效圆形喷管的锥度角积分值 $\theta_c = 10°$ 有所不同。除此之外,这 4 种喷管方案的出口截面是矩形的,而且出口截面的"压扁度"水平提高,也就是出口截面的宽度与高度的比值 b_c/h_c 提高:C-11 方案与 C-4 和 C-9 方案相比较,从圆形临界截面过渡到矩形出口截面;C-10、C-12 和 C-13 方案与 C-6 方案相比较,从矩形临界截面过渡到矩形出口截面。

6.2 喷管的局部特性

三元喷管试验研究数据的获得有以下几种手段:测量喷管不同母线的压力分布;利用应变天平测量喷管推力或冲量;利用油流法显示喷管内表面流谱。

在图 6-5 至图 6-8 中,给出了表 6-4 中前四种喷管方案试验测量所得到的相对静压值分布结果,这些喷管方案分别具有圆形、三角形、方形和矩形出口截面。共测量了两条母线的压力分布,这两条母线分别对应喷管超声速段的最小开度角 θ_{cmin} 和最大开度角 θ_{cmax}。喷管内表面的静压除以喷流总压后,得到沿喷管相对长度方向 $\bar{x} = x/R_{等效}$ 的压力分布曲线,式中:$R_{等效} = \sqrt{F_{临界}/\pi}$,为等效喷管临界截面的半径。坐标原点 $x = 0$ 位于喷管临界截面处。这些压力分布曲线主要是测量的超声速段,它们随喷管内的压差 π_c 变化。

由于表 6-4 中前 4 个喷管方案的相对面积基本上都在 $\bar{F}_c = 2.05$ 左右,相差不到 10%,对于这样的 $\bar{F}_c$ 值,如果喷管工作介质是压缩冷空气($k_c = 1.4$),则喷口

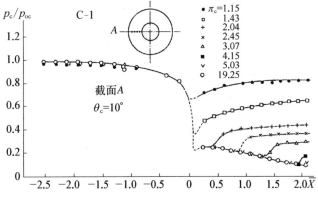

图 6-5 圆形超声速喷管(C-1 方案)内的压力分布

处的马赫数计算值和落压比分别为 $Ma_{c计算} = 2.25$ 和 $\pi_{c计算} = 11.5$。对于上面给出的图 6-5 到图 6-8 喷管方案，它们亚声速段的压力分布完全相同：不管是具有圆形临界截面的二元喷管，还是三元喷管，这些压力分布曲线如图 6-5 所示。

圆锥形超声速喷管的内表面的压力分布特性已经研究的很充分了，这些内容已经在前面第 3 章讲述过。

应当指出，对于圆形超声速喷管，喷管超声速段的气流分离发生在 $\pi_c < 5$ 时，从超声速段的压力分布可以看出这些曲线的不相似性，随着 π_c 值的逐渐提高，分离点逐步接近喷口，如图 6-5 所示。圆形喷管超声速段的流动在 $\pi_c \geqslant 5$ 时是相似的，进一步提高 π_c 值，压力分布将不再随落压比变化而变化。

实际上，从图 6-6 和图 6-7 可以得出三角形和方形出口截面喷管流动的相似

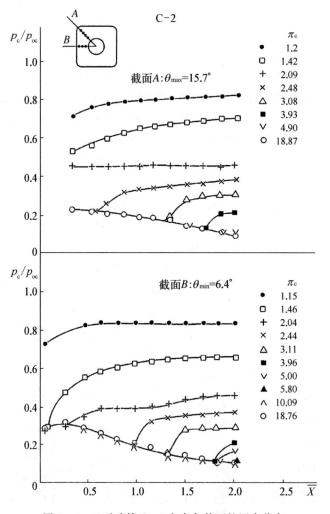

图 6-6　三元喷管 C-2 方案各截面的压力分布

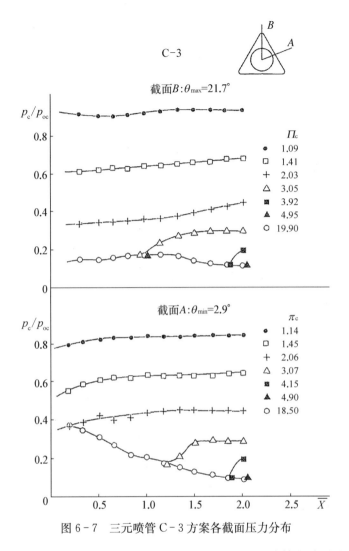

图 6-7　三元喷管 C-3 方案各截面压力分布

性和不相似性的边界,根据表 6-4 所给出的数据,这两种喷管超声速段各径向平面处的开度角与圆形喷管差别不大,即三角形和矩形喷管超声速段的流动在 $\pi_c \approx 5$ 时也是相似的。对于具有矩形出口截面的喷管,如图 6-8 所示,由于水平面内超声速段开度角明显增大,最大值达 $\theta_{max} = 36°$,如图 6-8 中的 B 截面,因此,在这个截面上的自成型流动状态到来时,落压比 π_c 增大,达到了 $\pi_c = 6.8$。

在轴对称和非轴对称喷管(圆形和三元喷管)超声速段内的分离流动的转换过程中,尽管压力分布变化具有某些共性特点,但三元喷管还是具有一些特殊的流动特性。

首先,在有分离的流动状态下存在一些值得重视的现象,甚至在超声速段局部最小锥度角为负值情况下,就像C-4方案那样存在局部收缩的情况,此时垂直截面

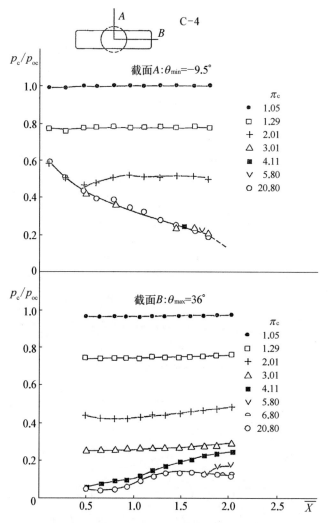

图 6-8　三元喷管 C-4 方案各截面压力分布

的锥度角 $\theta_{min} = -9.5°$，其分离流动特点与常规超声速喷管基本相同。但是，正如图 6-8 中 A 截面压力分布所表示的那样，这种分离流动只保持到落压比数值 π_c 不大（$\pi_c < 3$）时。在超声速段，最大开度角 $\theta_{max} = 36°$ 所在的那个平面内，即图 6-8 中的截面 B，当 $\pi_c = 6.8$ 时，已经出现无分离流动。

第二，在自成型流动状态，三元喷管内长度方向的相对静压变化特性及其压力值的大小，取决于三元喷管超声速段的开度角。

第三，在超声速段局部开度角值不同情况下，尽管临界截面后的静压值是不同的，但是，对于所研究的所有喷管方案，它们喷口处的相对静压还是大致相同的，如图 6-5 到图 6-8 所示，唯一例外的是方案 C-4，它的最小开度角为 $\theta_{min} = -9.5°$。

上面所指出的三元喷管的这些特点，将会在下面仔细研究。

在非自成型流动状态下,那些轴对称喷管内发生气流分离时,发生分离的截面处将产生环形流动,形成环形线,更准确地说是环形流动区,这一现象可以用流谱显示方法观察到。超声速喷管内表面分离区的压力既可以是不变的常值,也可能不是常值;越接近喷口,压力越趋近于周围大气的静压。这既可以从轴对称喷管分离流状态下的压力分布曲线中看到,也可以从三元喷管中得出同样的结论,如图6-5～图8-8所示。以轴对称超声速喷管为例,如图6-5所示,从无分离流的压力分布特性的趋势可以看出,随着π_c值的减小,气流分离区域从喷管内部移动到临界截面,当$\pi_c<2$时,分离刚好发生在临界截面后面($\bar{x}<0.2$)。从此时的压力分布曲线可见,分离区域内沿喷管长度方向的静压值,随着靠近喷口逐渐增大;这间接可以证明,在临界截面后面与喷口壁面和喷流之间所形成的较窄的分离区内,涡旋的强度足够大。

在轴对称喷管中分离流状态下,如果形成了对称的环形分离区,则图6-5到图6-8中给出的压力分布测量结果,以及油流法测得的流谱显示结果可以证明,在超声速段各截面上的气流分离是非对称的:超声速段的当地开度角越大,气流分离区越靠近临界截面。例如,图6-8所示压力分布表明,如果喷管出口截面是矩形($b_c/h_c=4.7$),当$\pi_c\approx3$时,在最大开度角所处于的平面内($\theta_{max}=36°$),在喷管临界截面后直接就发生了气流分离,而在最小开度角所在的平面($\theta_{min}=-9.5°$),流动完全是无分离的,即压力分布是自成型的。

在有分离流动状态下,不同子午面上气流分离位置也有类似的差别,从出口截面为三角形和矩形的喷管压力分布可以看出这一点,如图6-6和图6-7所示。对于具有矩形出口截面的喷管,例如,当$\pi_c\approx2.4\sim2.5$时,气流分离发生在$\theta_{max}=15.7°$且与临界截面的距离为$\bar{x}=0.56$的截面A内,而在$\theta_{min}=6.4°$时,与临界截面距离为$\bar{x}=1.0$的截面B内,则还是无分离流,如图6-6所示。对于出口截面为三角形的喷管,当$\pi_c\approx3.05\sim3.07$时,发生分离流的B和A截面对应距离分别为$\bar{x}\approx0.95$和$\bar{x}\approx1.2$,如图6-7所示。

在某些三元喷管方案中,流动图像照片可以通过油流流谱显示试验获得,如图6-9和图6-10所示,其中$\pi_c\approx3.2$。这些图像证明,π_c约为常数时,随着喷管超声速段的开度角不同,出口截面的形状和相对宽度b_c/h_c不同,喷管壁面气流发生分离的地方也不同,不同喷管上气流发生的图像差别很大。根据这些图像,可以近似构建出三元喷管分离流动状态的流动形式。

对于某些我们所研究的喷管方案,$\pi_c\approx3.2$时,针对超声速段展开图的流动形式在图6-11中给出,此时通过切开某截面内的超声段的方式获取展开图。上面的水平分支线分别对应临界截面,下面的水平分支线对应喷口位置。倾斜的直线是约定性的,用来显示超声速段各表面的对接。波浪形的横线代表喷管方案C-3/C-2/C-9/C-8内部气流时分离时($\pi_c\approx const$)的中线。对于超声速段开度角较小的喷管,气流分离线更靠近喷口,而对于较大开度角情况,则更靠近临界截面,这在前面研究的 C-2/C-3/C-4 喷管方案的压力分布特点时已经得到证明,如图6-6～图6-8所示。随着喷管出口截面的宽高比 b_c/h_c 的提高,当超声速段的长度恒定不变时,喷管两侧壁面的开度角将提高,而上下表面的倾斜角减小;因此,$\pi_c \approx \mathrm{const}$ 时,超声速段的气流分离线的曲率更大。当 $b_c/h_c \geqslant 3$ 时,分离线发生中断,C-4 和 C-7 方案的侧表面形成了分离区,该分离区就在喷管临界截面开始的地方,这种现象在图6-9～图6-11的流动照片的示意图中也可以看到。在喷管侧表面形成了一对涡,它们实际上占据了整个超声速段的膨胀区。在超声速段的收敛部分 $(\theta_{\min} < 0)$,当 $\pi_c \approx 3.2$ 时,气流是无分离的,图6-8中方案 C-4 垂直平

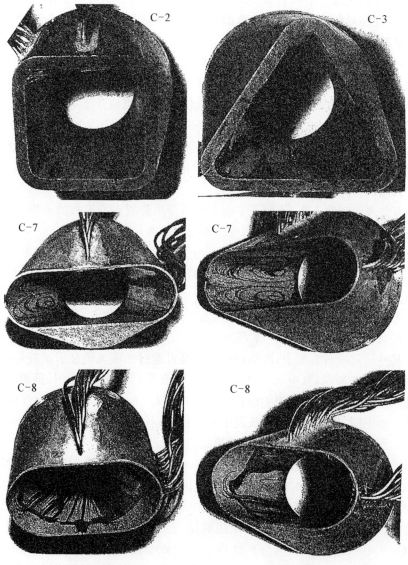

图6-9 采用油流显示试验方法测量的三元喷管流谱图,$\pi_c \approx 3.2$

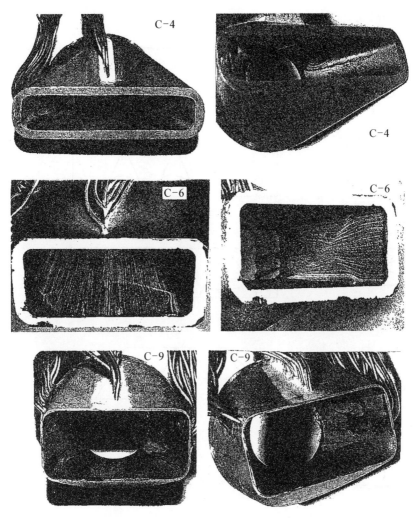

图 6-10　采用油流显示试验方法测量的三元喷管流谱图，$\pi_c \approx 3.2$

面 $A(\theta_{min} = -9.5°)$ 的压力分布也证明了这一现象。

　　三元喷管超声速段气流分离点的位置可以根据静压测量结果得到，在图 6-12 中，给出了分离点与临界截面的相对距离 $\bar{x}_{无分离}$ 与喷管超声速段局部开度角 θ_c 和落压比 π_c 的变化曲线。所给出的数据表明，当 $\pi_c \approx const$ 时，总的趋势是分离点逐渐接近喷管临界截面，即 $\bar{x}_{无分离}$ 值逐渐减小，在喷管超声速段局部开度角 θ_c 一直增加情况下，这一趋势一直保持，而且与喷管出口截面形状无关。一组对应 θ_{min} 值的黑色标示符也证明了这一点，它们整体上高于对应 θ_{max} 的浅颜色符号。此时还应当强调一点，所提到的 $\bar{x}_{无分离}$ 随开度角 θ_c 的变化关系曲线，在 $\bar{\bar{F}}_c = const$ 时，随喷管长度方向的变化与横截面面积变化规律一致，即喷管保持"一维流动"特点。对于三元喷管，当落压比提高时，分离点逐渐接近喷管的趋势类似于常规的轴对称喷管。当

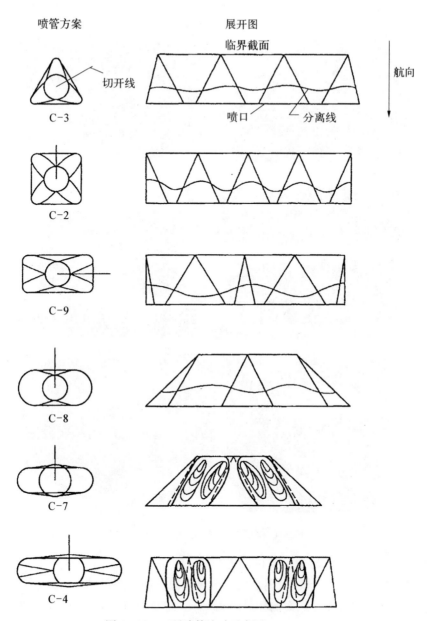

图 6-11　三元喷管流动示意图，$\pi_c \approx 3.2$

$\pi_c > 7 \sim 8$ 时，所研究的三元喷管方案的流动已经是无分离的，也就是所谓的自成型状态。

　　对于两个超声速段截面：靠近临界截面（$\bar{x}_{无分离} = 0.3$）和靠近喷口（$\bar{x}_{无分离} = 2$），它们的相对静压比值 $\bar{p}_c = p_c / p_{oc}$ 随超声速段开度角的变化关系曲线，在图 6-13 中给出。在这张图上还给出了喷管内气流分离状态的 $\pi_{c分离}$ 压力近似值，以及喷管内自成型状态（无分离流）和非自成型状态（有分离流动状态）区域边界。

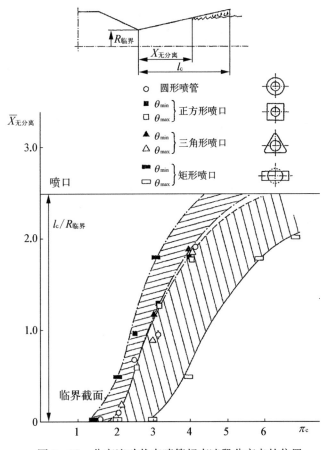

图 6-12 分离流动状态喷管超声速段分离点的位置

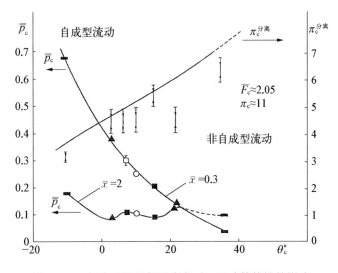

图 6-13 超声速段局部开度角对三元喷管特性的影响

从图中可见,喷口处 ($\bar{x}_{无分离} = 2$) 静压值的变化水平低于临界截面 ($\bar{x}_{无分离} = 0.3$) 附近,在临界截面 ($\bar{x}_{无分离} = 0.3$) 附近,随着开度角 θ_c 的增加,静压值下降得很快。

对于具有不同出口形状的三元喷管,$\bar{x}_{无分离} = 2$ 和 $\bar{x}_{无分离} = 0.3$ 两种状态的研究结果,再一次间接证明了所研究喷管所具有的"条件一维性"特点,而且在形成三元喷管流动中所起的重要作用,说明了具有各种不同出口截面形状的喷管特性的不同之处,也阐述了超声速段开度角不同所产生的影响。

对于各种三元喷管超声速段长度方向上典型子午面上在无分离流动状态下的压力分布进行比较后发现,此时 ($\pi_c > \pi_{c分离}$) 喷管内的压力分布已经不随落压比的变化而改变,这些结果如图 6-14 和图 6-15 所示。

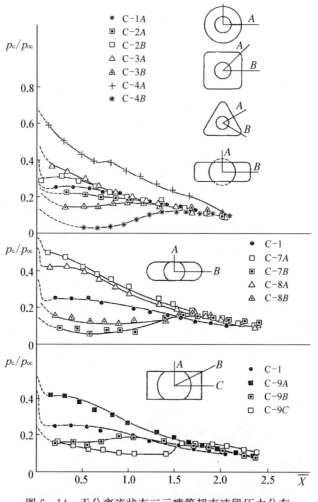

图 6-14　无分离流状态三元喷管超声速段压力分布

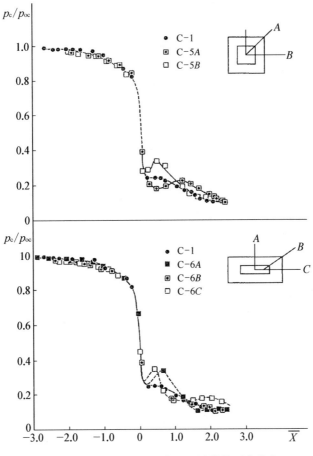

图 6 - 15　无分离流动状态三元喷管的压力分布

在喷管布局上分别给出了 A、B、C 三个面所对应的位置,以及在这些图中所对应的符号。三元喷管的压力分布与轴对称(圆形)喷管的压力分布比较清楚表明:如果三元喷管超声速段子午面的局部开度角比轴对称喷管大,则三元喷管超声速初始段的相对静压低于轴对称喷管。如果三元喷管超声速段的局部开度角低于轴对称喷管,则三元喷管初始段的相对静压高于轴对称喷管,如图 6 - 14 所示。随着接近喷口位置,三元喷管各截面处的相对静压彼此接近,并与轴对称喷管值接近。图 6 - 14 给出的所有喷管方案实际上具有相同的相对喷口面积 $(\bar{F}_{c} \approx 2.05)$,超声速段的长细比 $(\bar{l}_{c} \approx 2.5)$ 也相同,随着接近喷口,相对静压值拉平了,这也是与满足"一维流动条件"有关,即喷管超声速段的相对横截面积变化符合一维规律。采用油流试验进行三维喷管自成型流动状态进行流谱显示证明:尽管在不同子午面上的静压不同,但这些喷管超声速段上的流动还是十分均匀的,没有出现任何明显的横向流动,也没有涡的出现。

即使是具有相同临界截面形状和出口截面形状的喷管超声速段,如图 6 - 15 所示的方形和矩形,它们的压力分布也有更令人好奇的地方。

即使喷口的相对面积与等效的轴对称喷管 ($\bar{F}_c = 2.05$) 的相对面积相同,这些喷管方案的最大开度角与轴对称喷管的开度角 ($\theta_c \approx 10°$) 相同。但是,三元喷管对应角度横截面上的压力分布,与轴对称喷管超声速段的压力分布水平并不一样,除此之外,三元喷管超声速段长度方向的压力分布可能不是单调变化的,例如,图 6-5 中 C-5B 方案子午面处横截面为方形形状时。

横截面为方形和矩形形状的喷管超声速段的压力分布的非单调性变化证明,喷管内出现了气流加速区和阻滞区。

三元喷管亚声速段各子午面的压力分布彼此接近,并且与轴对称喷管的压力分布十分接近,这充分说明,如果各方案出口到临界截面的管道收缩比 $\bar{F}_{入口} \approx 4.3$ 一样,则在亚声速段的管道形状对流动的影响很弱。

三元喷管不同子午面上的压力分布的非单调性变化规律,也可以利用计算这类喷管非黏性流的软件计算得到[85]。通过比较压力分布计算结果与试验测量结果,发现它们的符合性很好,如图 6-16 所示。

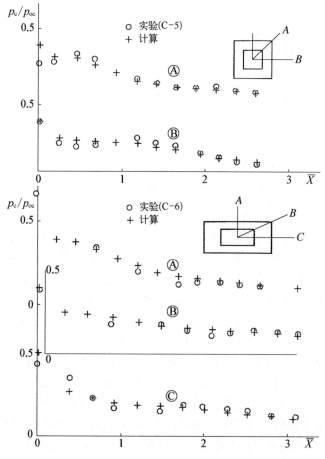

图 6-16   三元喷管压力分布的计算结果与试验结果的比较

6.3　喷管的综合特性

三元喷管空气流量和推力特性的测量所采用的方法,也是圆形喷管试验研究时所采用的方法。采用圆形声速喷管作为研究基准,这类喷管已经在第 2 章研究过。基准喷管的流量特性和推力特性都是根据临界截面参数确定。基准圆形声速喷管的流量系数 $\mu_c = 0.995$,相对冲量 $-\bar{J}_c = 0.997$。所测量的三元喷管流量特性和推力特性包括亚声速段和超声速段的压力损失,这些损失是与基准声速喷管比较后得到的。图 6-4 表中所列举的 9 种喷管方案的流量系数 μ_c,相对冲量 $-\bar{J}_c$ 和推力损失 $\Delta\bar{P}_c$,这些数据不是一次试验的测量结果,它们随喷管落压比 π_c 的变化曲线如图 6-17 和图 6-18 所示。

落压比 π_c 提高后,三元喷管主要综合特性的变化规律与轴对称等效喷管类似。在图 6-17 和图 6-18 中给出的所有喷管方案具有大约相同的喷口相同面积 $\bar{F}_c = 2.05$。对于这些喷管方案,当落压比 π_c 接近该喷口相对面积 $\bar{F}_c$ 的计算值 $\pi_{c计算} \approx 11(k_c = 1.4)$ 时,达到最小推力损失。因此,这些喷管方案的进一步比较需要考虑流量系数 μ_c、相对冲量 $-\bar{J}_c$ 或冲量损失 $\Delta\bar{J}_c = 1 - \bar{J}_c$ 和最小推力损失 $\Delta\bar{P}_{cmin}$,它们分别对应喷管流动的计算状态,即一维状态,$\pi_c = \pi_{c计算}$。

图 6-19 给出了图 6-4 表中所示所有三维喷管方案的流量系数 π_c 及相对冲量 $-\bar{J}_c$。

图 6-19 给出了两组喷管特性:无阴影线的柱状数据对应圆形临界截面,而带阴影线的柱状数据则代表方形和矩形临界截面的喷管。应当指出,所有各方案的喷管都具有相同的临界截面面积值,从入口到临界截面的收缩比 $\bar{F}_{入口} \approx 4.3$,但亚声速段具有不同的收缩形状。尽管如此,图 6-19 给出的试验研究结果足够令人信服的证明,亚声速段具有不同形状的喷管,如圆形、方形和临界截面宽高比($b_{临界}/h_{临界}$)不同的矩形,流量系数 μ_c 并不是它们的决定性参数。对于具有三维临界截面的所有喷管方案,它们的流量系数 μ_c 与具有圆形收缩亚声速段的喷管的 μ_c 值接近,差别在 $\pm 0.5\%$ 范围内,这种喷管亚声速段的结构布局与图 6-19 左边一组喷管一样,其流量系数数据超差也在 $\pm 0.5\%$ 范围内。

喷管相对冲量系数的结果比较表明,如果超声速段的局部开度角的积分值和均值没有明显的差别,则三元喷管的宽高比并不大,$b_c/h_c \leqslant 2$,因此,对于 C-2、C-3、C-5、C-6 的三元喷管方案,超声速段的冲量系数($\bar{J}_c > 0.98$)足够高。三元喷口临界截面过渡段的形状并不是决定性因素:可以是圆形的,如方案 C-2、C-3,也可以是方形的,如方案 C-5,或者是矩形,如方案 C-6。当超声速段局部开度角 $\theta_{max} > 20°$ 与积分值 $\bar{\theta}_c$ 差别明显,喷口相对面积值和超声速段长细比 $\bar{l}_c$ 皆为常值,随着喷管出口截面的宽高比的提高($b_c/h_c > 2$),喷管超声速段的三维性对冲量系数下降才会产生明显的影响。

应更加详细地研究超声速锥形喷管的三维性或非轴对称性的影响,并把这些

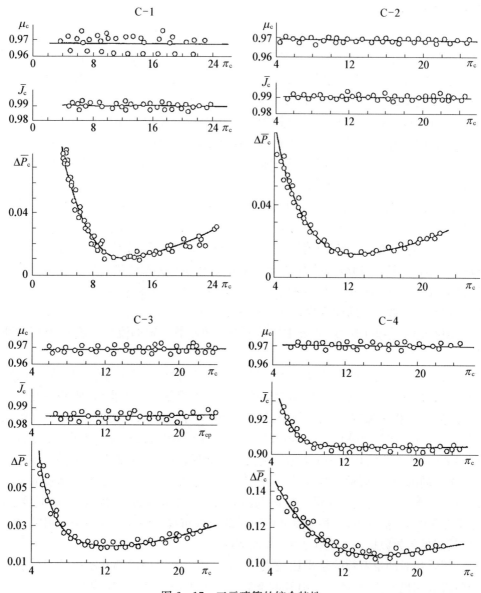

图 6-17　三元喷管的综合特性

影响单独进行专门的分类。

　　对于出口截面为方形或矩形、临界截面为圆形的三元喷管,将它们的特性与等效轴对称喷管相比较,其结果如图 6-20 所示。由于这三个喷管方案的亚声速段都是相同的,它们临界截面的流量系数和速度剖面也是一样的,这三个喷管方案的冲量损失 $\Delta \bar{J}_c = 1 - \bar{J}_c$ 或最小推力损失 $\Delta \bar{P}_{cmin}$ 是有差别的,是根据超声速段的气流不均匀性和局部锥形流确定的。虽然这种差别接近于试验误差的边界值,但是,喷

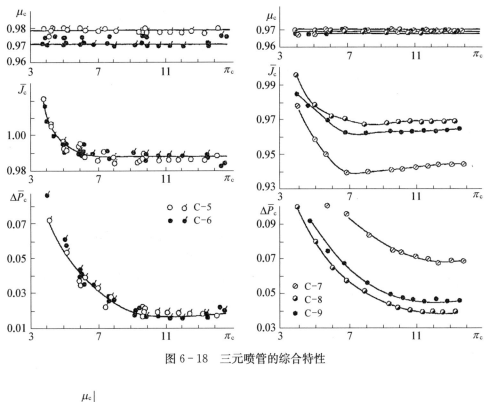

图 6-18　三元喷管的综合特性

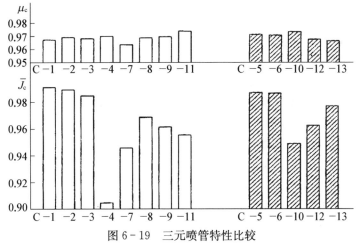

图 6-19　三元喷管特性比较

管的这些地面试验是多次重复的结果,因此可以证明,如果喷口的相对面积值相同 $\bar{F}_c = 2.05$,超声速段的长细比相同 $\bar{l}_c = 2.44$ 也不变,超声速段的锥度角 $\bar{\theta}_c \approx 10°$,则方形出口截面的超声速喷管的冲量损失和最小推力损失大约等于 $0.3\% \sim 0.4\%$,而具有三角形出口截面的喷管损失值大约等于 $0.6\% \sim 0.8\%$,高于等效的超声速轴对称喷管。

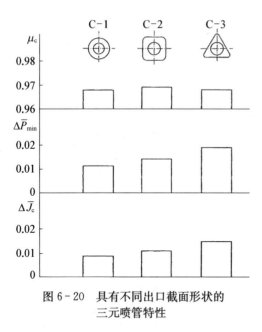

图 6-20　具有不同出口截面形状的
三元喷管特性

这些喷管的冲量损失和推力损失之所以提高不大,最可能的原因是超声速段的锥度角喷管的积分值 $\bar{\theta}_c$,或者与等效轴对称超声速喷管的锥度角 $\theta_c = 10°$ 相比较,其局部锥度角更大:方形出口截面的最大锥度角 $\theta_{max} = 15.7°$,三角形出口截面的 $\theta_{max} = 21.7°$。

由图 6-20 中给出的数据可以得出这样的结论,由于三元喷管超声速段的长细比较大,因此超声速段的局部最大锥度角减小,尽管由于管道变长增加了摩擦阻力,造成冲量或推力损失有所增加,但仍然可以得到与等效轴对称喷管冲量和推力损失相当的 $\Delta \bar{J}_c$ 和 $\Delta \bar{P}_{cmin}$ 值。

其他一组三元喷管的特性数据比较在图 6-21 中给出,这些喷管具有不同的临界截面形状:圆形、方形和矩形,但从入口到临界截面之间的亚声速段的收缩比大约相同 $\bar{F}_{入口} \approx 4.3$,亚声速段的积分收缩角也相同 $\bar{\theta}_{入口} \approx 20°$。由于这些喷管超声速段的局部最大锥度角的差别处于一个相对不大的范围内($\pm 5° \sim 6°$),因此,方案 C-5 和方案 C-6 的推力(冲量)损失差别相对不大,而且这两种喷管的喷口面积与超声速段的长度分别比 C-2 方案大 20% 和 35%。

图 6-21 给出的数据证明,如果保持相同的喷口相对面积和超声速段的积分锥度角,则三元喷管的横截面形状不是保证较低推力损失的关键因素。

三元喷管冲量损失和最小推力损失数据的汇总在图 6-22 中。根据图中所给出的试验研究数据结果可以得出如下结论。喷管方案 C-1、C-2、C-3、C-5、C-6 的结果证明,如果喷口的相对面积值相同 $\bar{F}_c = 2.05$,超声速段的积分锥度角 $\bar{\theta}_c \approx 8.5° \sim 10°$,而喷口的扁平度(宽高比) $b_c / h_c \leqslant 2$,并且最大和最小锥度角没有较大差别,则三元喷

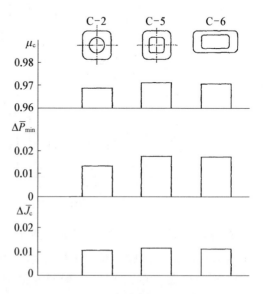

图 6-21　具有不同临界截面形状的
三元喷管的特性

管的冲量或推力损失与等效轴对称超声速喷管相当。三元喷管管道的横截面形状也不是决定性的因素,但是在其他条件下,采用各种方法完成喷管圆形入口截面向三元出口截面转换时,能够急剧使三元喷管推力特性变差的主要因素就是横截面的形状。因此,临界截面形状与出口截面形状的结合可以是多种多样的:圆形、方形、矩形和三角形。

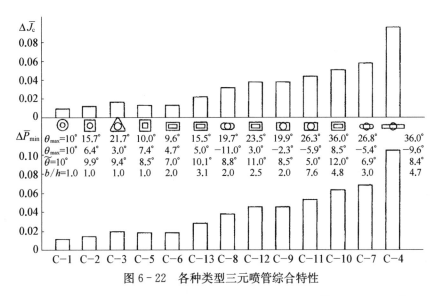

图 6 - 22　各种类型三元喷管综合特性

图 6 - 22 中其他喷管方案的特性比较结果表明,当 $\overline{F}_c = \mathrm{const}$, $\overline{l}_c = \mathrm{const}$ ($\overline{\theta}_c = \mathrm{const}$) 时,又出现了几个能够决定三元喷管冲量或推力损失的几何参数:出口截面的扁平度(宽高比) b_c/h_c,超声速段局部最大锥度角 θ_{max},以及超声速通道锥度角出现的负值 $\theta_{min} < 0$。图 6 - 22 右侧图像表明,如果将这些几何参数综合在一起,即提高 b_c/h_c、θ_{max}、θ_{min},则可能导致喷管冲量或推力损失增大 9%～10%。方案C - 4 的喷管特性可以证明这一点,在所研究的喷管方案中,它的超声速段具有最大的局部最大锥度角和最小负锥度角($\theta_{max} = 36°$、$\theta_{min} = -9.6°$),而且超声速段在 $\overline{l}_c = 2.44$ 的有限长度上具有最大的宽高比 $b_c/h_c = 4.7$。

图 6 - 22 中给出的数据还可以得出这样的结论,出口截面的非轴对称度或扁平度参数,即宽高比 b_c/h_c,是非轴对称喷管或三元喷管冲量或推力损失的一个决定性的参数。在图 6 - 23 中,给出了两种喷管方案的最小推力损失随宽高比 b_c/h_c 变化的曲线:从圆形或矩形临界截面转换到矩形或椭圆形出口截面。很显然,当喷口相对面积 $\overline{F}_c = \mathrm{const}$ 时,决定推力损失水平的参数除了宽高比 b_c/h_c 外,还有超声速段的长细比,从图 6 - 23 中的数据曲线可以看出:随着 b_c/h_c 的提高,三元喷管的推力损失增加,但是,随着喷管超声速段长细比的提高,宽高比 b_c/h_c 的影响变弱。还应当指出重要的一点,当宽高比值 $b_c/h_c \leqslant 2$,超声速段的三维性对 $\Delta\overline{P}_{cmin}$ 的影响相对不大,这一点在图 6 - 19 中已经指出,并且在图 6 - 23 再次看到,但是,随着出

口截面非轴对称度（"扁平度"）的提高，从临界截面到喷口之间转换管道的形状，即宽高比值 b_c/h_c 的影响开始逐渐显著起来。如果喷管的横截面形状相似，如临界截面为矩形，喷管出口也为矩形情况下，当宽高比值 b_c/h_c 达到 8，$\bar{l}_c \approx 2.5$ 时，推力损失不超高理想喷管的 4%，如图 6-23(a) 所示。因此，正如图 6-23(b) 所示的那样，当宽高比 $b_c/h_c \geqslant 5$ 时，在同样的 $\bar{l}_c$ 值情况下，从圆形临界截面转换到矩形或椭圆形的喷口截面时，推力损失比截面形状相同情况下增大 1~2 倍。

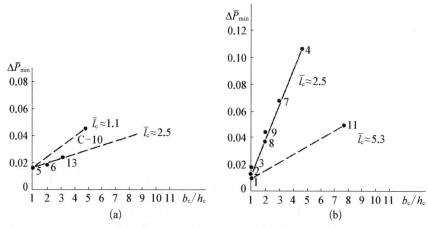

图 6-23　三元喷管出口截面相对宽度对最小推力损失值的影响
(a) 矩形临界截面　(b) 圆形临界截面

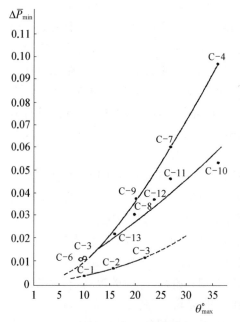

图 6-24　三元喷管超声速段最大局部锥角对最小推力损失值的影响

当 $\bar{F}_c = \text{const}$，$\bar{l}_c = \text{const}$ 时，喷口宽高比 b_c/h_c 的提高与超声速段局部最大锥度角 $\theta_{\max}$ 的增大有关。因此 $\theta_{\max}$ 也可以看做是三元喷管推力损失水平的调整参数。这在图 6-24 中进行了图解说明。在这张图上还分离出三条关系曲线：$\Delta\bar{P}_{c\min} = f(\theta_{\max})$，这些曲线近似线性。

第一条曲线（最下面的曲线）代表宽高比不大（$b_c/h_c \approx 1$）的三元喷管的特性。第二条曲线，也就是更陡的曲线，代表临界截面与喷口截面形状（矩形）相似的喷管。第三条变化最陡的曲线，这条曲线所对应的喷管，其临界截面为圆形，然后转换到矩形或椭圆形的出口截面，即超声速段的流动不均匀性最大。因此，针对超声速段 $\bar{l}_c$ 存在某些限制的三元喷管，可以这样选择长细比、出口截面形状和扁平度,以保证所得到的冲量和推力损失水平不逊色于等效的轴对称超声速喷管。因此,如果 $\bar{l}_c$ 有限制,则"扁平度" $b_c / h_c > 2$ 的提高程度可能导致推力特性的明显变差,这与超声速段局部锥度角过大有关。

上面给出三元喷管所对应的是计算的流动状态,此时喷管内没有推力损失,即没有考虑喷口处喷流过膨胀或膨胀不足造成的推力损失,而超声速段的流动则是无分离流。超声速喷管喷流过膨胀状态可以产生局部气流分离,而且对于具有较大超声速段局部锥度角的喷管更甚,这一现象在前面研究超声速段压力分布和流谱分析时已经研究过,如图 6-5～图 6-13 所示。在不同形状的三元喷管中,当落压比 π_c 值相同时,过膨胀状态的气流分离线的位置是不同的。对于不可计算度数值 $n < 1$ 或落压比小于计算值情况 $\pi_c < \pi_{c计算}$,比较这些喷管的推力损失是有意义的,这样可以得到这种差别对推力损失影响的印象。

在图 6-25 中,给出了某些三元喷管方案喷口后喷流过膨胀导致推力损失的比较结果。这些数据针对两个不可计算性数值给出,计算值分别是这两个数值的 2 倍 $(n = 0.56)$ 和 2.3 倍 $(n = 0.44)$。实际上,这两个数值对于所有喷管都是一样的 $(\pi_{c不可计算} = 11)$,因为这些喷管喷口的相对面积都一样 $(\bar{F}_c = 2.05)$。喷管相应方案具体 π_c 数值下的推力损失与最小推力损失 $\Delta \bar{P}_{min}$ 之间的差值就是 $\delta \Delta \bar{P}_c$,如图 6-22 所示。图 6-25 相当明确地表明,尽管超声速段表面上的气流分离线的形状和位置不同,三维喷管内气流过度膨胀导致的推力损失彼此接近,并且实际上与等效超声速喷管的推力损失相符。

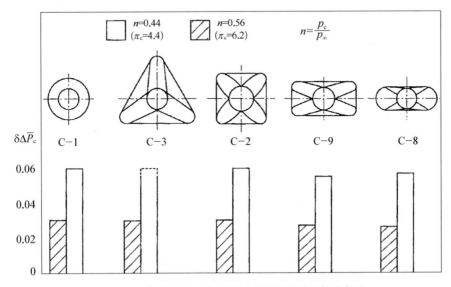

图 6-25　各种布局三维喷管过度膨胀导致的推力损失

这表明,分离状态下的局部流动特点,对三维喷管综合特性的影响小于计算状态,也就是小于无分离流动状态。

7 具有推力矢量偏转、反推力和消音功能的喷管特性

对各种用途先进飞机提出的要求越来越高,这导致喷管功能增多,亦即喷管变成了多功能装置。这些功能包括:使推力矢量偏转一个较小角度($\gamma \approx 20°$),以便提高战斗机的机动性,并在起飞时缩短滑跑距离;而对于垂直起降飞机,则需要推力矢量偏转 90°;实现推力反向,则可以缩短着陆滑跑距离;旅客机使用喷管消音装置,则可以降低起飞和着陆时机场区域内的噪声水平。

本章含有三节内容,主要包括推力矢量偏转、反向和使用消音装置状态下喷管燃气动力学特性的分析。尽管已对消音喷管内的流动特性开展了一些理论和数值研究工作,推理矢量偏转和反向时,上述问题的主要信息来源,仍然是在各种装置上进行实验研究。

俄罗斯国内及国外的现有专题论著及出版物,可使我们大致了解实现喷管上述功能时的空气燃气动力特性,还将在本章的相应章节内使用很多文献的数据。

7.1 推力矢量偏转时的喷管特性

喷管的推力矢量偏转属于可拓宽现代及先进歼击机机动性边界的技术方案。

各种公开出版物中研究的推力矢量偏转方式既包括亚声速级别的飞机,也包括安装了圆形或二元可调喷管的超声速飞机[42,46,47,49,61,68,89,93,94,103]等。根据对飞机提出的要求,原则上,可将推力矢量喷管划分成两个级别:垂直起降飞机的喷管,它可保证将推力矢量偏转 90°或更大,短距滑跑起降飞机的喷管,保证在 $\gamma \approx 20°$ 的范围内偏转推力矢量。

所进行的研究表明,飞行速度不大时,推力矢量偏转是极其高效的飞机控制方式,这时的常规操纵面效率不高。此外,推力矢量偏转可代替舵面控制,并可保证在飞行中稳定飞机,此时机翼在大迎角下会产生气流分离,按照空气动力学定律,飞机将变得不可控。当机场跑道局部破损时,推力矢量控制可缩短飞机的起飞-着陆滑跑距离。

对短距起降飞机的起飞-着陆距离的要求尚不十分明确,然而,在很多文献中,在起飞时使用推力矢量偏转、着陆时使用反推力的情况下,飞机短距起飞和着陆的跑道长度在 300~400 m 的量级上。

喷管是飞机动力装置的组成部分,它综合了保证巡航飞行及推力矢量偏转等要求,是研制先进飞机排气装置的关键要素。对推力矢量偏转系统方面提出要求,应与保证排气装置在其他主要飞行状态下的高性能要求相结合。此时,对垂直起降飞机的转动喷管及高机动战斗机的推力矢量偏转喷管的要求,既具有相同之处,也有不同点。

对推力矢量喷管的综合评估,应包括研究如下要素:

(1) 亚声速或超声速巡航飞行状态下对排气装置的要求;

(2) 推力矢量偏转系统的要求;

(3) 结构及喷管控制机构:

(4) 飞机配平;

(5) 喷管间隙,即喷管最低点到地表面的距离;

(6) 机体因地表面附近喷流干扰造成的机体升力损失。

可用如下方式形成对垂直起降飞机转动喷管的要求[46,133]。

喷管最佳结构应可保证:

— 推力矢量在所要求的偏角变化范围内连续变化,

— 在飞行中可实现推力矢量偏转,

— 在发动机加力和非加力工作状态下,高效地转动气流,

— 推力矢量偏转快速响应传动系统的动作。

对于战术飞机,对推力矢量偏转系统形成如下形式的要求[49,122]:

— 在 $Ma_{飞行} = 0.1 \sim 0.6$ 飞行马赫数下使用推力矢量偏转系统是最合理的;必要时,可在起飞和着陆状态下使用推力矢量偏转;

— 推力矢量偏转系统应在发动机的所有工作状态下发挥功能,此时,喷管的临界截面面积的调节,应与推力矢量偏转系统无关;

— 推力矢量偏转系统工作时间较短,根据作战机动时的估算,约为 1 min,在整个战斗状态下约为 3 min,在起降状态下约为 5 min;

— 飞机在垂直平面内机动时,推力矢量偏转频率可为每分钟运动 50 次,而在水平平面内机动时,为每分钟运动 25 次;

推力矢量在水平和垂直平面内的最大偏转角为 10°,推力矢量最大偏转角变化速率约为 48~60°/s;

水平飞行时,可关断或收起推力矢量偏转系统,喷管处于常规姿态下;

— 为在水平面和垂直面内改变推力矢量的偏角,飞机上只需要发出两个简单的飞行操纵信号。

对推力矢量喷管的补充要求如下:

— 推力矢量偏转不应改变喷管临界截面的面积;

— 重量不大;

— 因推力矢量偏转系统活动元件中的泄露导致的推力损失最小;

— 传动装置上具有可接受的推力矢量偏转系统操纵力;

— 推力矢量喷管具有型面化的气动外形;

— 所有飞行状态下的可靠性均很高;

— 系统的制造和使用成本可接受;

— 推力矢量偏转状态下具有可接受的推力损失。

下面研究圆形和二元推力矢量喷管的一系列布局,并主要根据喷管推力矢量的偏角,列举其气动特性。

7.1.1 推力矢量喷管的布局

不分析垂直起降及短距起降飞机动力装置及所用发动机,这些已在文献[49,61,146]中研究过。主要研究圆形及二元推力矢量偏转喷管的典型布局,如图 7 - 1

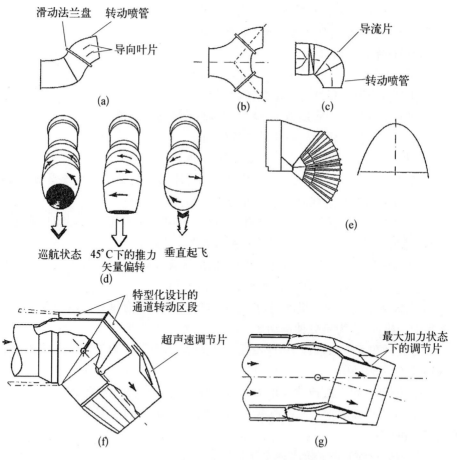

图 7-1 圆形推力矢量偏转喷管的布局[46,49]

(a) 曲柄型转动喷管[113] (b) 两个曲柄型转动喷管[142] (c) 带柔性导流片的喷管[61]

(d) 使用三个铰接悬挂装置的喷管[155] (e) D 型喷管[150] (f) 正在配平的可偏转圆形喷管[89]

(g) 使用球形悬挂装置的圆形喷管[111]

和图 7-2 所示。这些图上所示喷管布局远未穷尽现有推力矢量喷管公开文献中所研究的所有布局形式，然而，这些喷管布局足以让我们了解圆形及二元喷管中实现推力矢量偏转系统的研究情况。

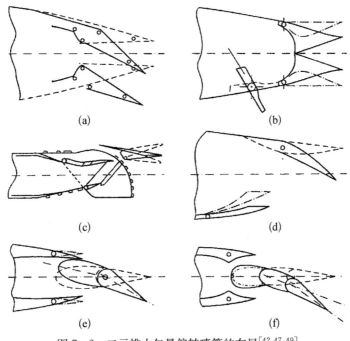

图 7-2　二元推力矢量偏转喷管的布局[42,47,49]

(a) 二元可偏转超声速喷管[162]　(b) 具有推力矢量偏转调节片的二元超声速喷管[89]　(c) 具有伸缩式导流片的二元喷管；ADEN 喷管[134,117,94]　(d) 具有斜截面和可偏转壁板的喷管[162]　(e) 具有可偏转中心体的喷管[152,162,4]　(f) 具有可偏转楔形中心体后部的喷管[152,162,94]

前 5 个布局形式用于垂直起飞的飞机，如图 7-1(a)～(e)所示，并可保证将推力矢量偏转 90°或更大。

两个二元喷管用于短距起降飞机，如图 7-1(f)，(g)，并可保证将推力矢量偏转一个小角度，一般不大于 20°～30°。

升-推发动机的曲柄型转动喷管，如图 7-1(a)所示，出口（声速）截面既可以是圆形的，也可以是椭圆形的。可转动的喷管固定在专用的法兰盘上，具有滑动吊挂装置，将喷管从推力状态下的位置转动到垂直起飞的位置或反向转动。可在转动喷管中安装专用导向叶片，使喷管出口上的气流更高效地转动。在滑动法兰盘上旋转的转动喷管，可将喷流转动至给定角度。

该布局喷管的特点是在任何工作状态下都存在双向转动的气流。在垂直起飞状态下，气流首先在涡轮喷气发动机涡轮后喷管通道内的弯管式紧固短管内，向远离发动机纵轴的方向转动约 50°～60°，随后，再在转动喷管内补充转动 90°。

平飞状态下，首先在那个弯管式紧固短管内，将气流转至约 50°～60°的角度，随后,在转动喷管内,将气流向发动机轴方向,向后偏转同样的角度。这样的气流转动,会在排气装置中引起附加的推力损失。

图7-1(b)上的布局形式与前一个布局形式的区别在于,两个转动喷管对称于发动机轴安装在向两个方向扩宽的弯管式短管内。该布局的特点与前一个布局相同,并在垂直起降飞机上只安装一台发动机时具有重要意义。

具有柔性导流片的转动喷管,可利用导流片的可伸缩过渡区段,在一个平面内将喷流转至给定的角度,如图7-1(c)所示。

导流片的上部可绕轴伸缩,该轴穿过导流片下部并垂直于发动机轴。该布局中的喷管出口的喷嘴,类似于前两个喷管布局的转动喷嘴。

使用三铰接悬挂装置的喷管布局中,如图7-1(d)所示,利用三个在不同方向内独立旋转的喷管部件,如图7-1中箭头所示,实现气流的转动。喷管的出口部分是可调的,利用图上所示专用作动装置进行调节。正如文献[100]、[155]、[46]所指出的,使用三铰悬挂装置的喷管,可以是声速喷管、超声速喷管及具有调节片的喷管。超声速喷管既可以具有一个互联式临界截面和喷口面积调节系统,也可以是内、外面积(指临界截面和喷口面积)按飞行航迹进行调节的独立调节系统。图7-1(d)示出了转动喷管的三个姿态:平飞(巡航状态)、推力矢量偏转45°及垂直起飞状态。该布局喷管的优点是在喷流水平流动(巡航飞行)状态下,没有转动引起的推力损失。

D形喷管布局中,如图7-1(e)所示,直接利用弓形转动装置来转动气流。活动的弓形装置相对于垂直于发动机纵轴的轴转动。

可配平的超声速可调喷管,如图7-1(f)所示,可保证将喷流最大转动70°[89]。喷管具有流线型设计的转动通道,利用轻型转动环来实现其各段的运动。型面化设计良好的整流罩可保证在气流流过转动装置结构时,平稳地将其转向。对亚声速调节片和超声速调节片独立进行调节的超声速喷管,位于转动段后面。

该喷管布局中,还可以利用位于喷管超声速调节片前方的截流板,实现反推力。

图7-1(g)[111]示出了使用球形悬挂装置的轴对称可偏转喷管。

超声速可调喷管可保证在从非加力到加力的发动机工作状态下,改变临界截面和喷管切口。对该推力矢量偏转喷管布局的基本要求是:平飞状态没有附加阻力,对发动机的热动力工作状态没有影响,推力矢量偏转时没有燃气泄漏。

可实现推力矢量偏转的二元喷管的布局,可划分成三种类型:超声速喷管[见图7-1(a)、(b)]、具有斜切口的超声速喷管[见图7-1(c)、(d)]、具有中心体的喷管[见图7-1(e)、(f)]。

在二元超声速可调喷管[见图7-2(a)]中,通过将喷管的上、下调节片向一个方向移动来转动推力矢量。这样做可保证喷流不在水平方向上流动,而是根据喷管调节片的移动方向,向下(见图7-2)或向上流动。该布局喷管的结构,可保证推力矢量偏转的角度较小(20°~30°)。

平飞状态下,通过对称地移动彼此铰接的上、下亚声速和超声速及外部调节片,其中上、下调节片组是独立的,以此来调节该布局喷管临界截面及切口的面积。

在具有一个可偏转导流片的二元超声速喷管[见图7-2(b)]中,喷管临界截面和喷口面积的调节与前一个布局一样,而推力矢量偏转则通过打开下部转动调节片的方式来实现。

具有下部转动调节片的二元喷管布局,可保证使推力矢量偏转的角度大于起一个布局,并且适用于垂直起降的飞机。

具有斜喷口和伸缩式调节片的二元喷管(ADEN喷管),如图7-2(c)所示,可保证转动推力矢量(转动角等于或大于90°),并在垂直起降的飞机上使用。二元喷管可用于在飞行中偏转推力矢量,偏转角度小于90°。平飞状态下,只在该喷管内调节临界截面面积,并且根据发动机的无加力或加力工作状态,利用上、下调节片调节喷管出口截面的面积。在垂直起飞状态下,导流片(斗形调节片)顺时针移动,使喷流指向下方。此时,喷管的亚声速调节片开度角最大,以便降低燃气流在靠近转动导流片时的速度。平飞状态下,伸缩式导流片收入喷管内部,不破坏内部燃气流的流动及喷管的外部绕流。平飞状态下,利用上壁板的可偏转后部(转动斜板),将推力矢量偏转25°~30°。

具有斜喷口及可偏转壁板但没有伸缩导流片的二元喷管,与图7-2(d)所示前一布局的喷管一样。

平飞中,下壁板未偏转时,通过移动下部调节片来调节发动机的加力或不加力工作状态。推力矢量偏转状态下,下部调节片进入下部极限位置,而上壁板向下偏转,如图7-2所示。例如,由美国通用电气公司研制的这种布局的喷管——ALBEN喷管,可通过调节上壁板来偏转推力矢量,范围为-20°(向上)~+55°(向下)。该喷管也具有推力反向装置[49]。

图7-2仅示出了可保证推力矢量偏转的带中心体二元喷管可能布局中的两个布局:偏转整个中心体的布局[见图7-2(b)]及只偏转中心体后部的布局[见图7-2(f)]。还可能有将整个尾部与外部调节片及中心体一起向下或向上偏转的布局,以及使用位于中心体上/下表面上的活动式可偏转控制板的布局。

利用各种方式来调节如图7-2(e)、(f)所示带中心体喷管布局临界截面面积。在偏转整个中心体的布局中,如图7-2所示,在中心体厚度不变的情况下,通过打开或关闭加力状态喷管外部调节片的方式,实现临界截面调节。在偏转中心体后部的布局[见图7-2(f)]中,平飞状态下,不调节喷管的外部调节片,而是通过改变中心体可偏转前部的厚度,改变喷管临界截面的面积。

通过偏转中心体的双链环铰接壁板,并且在每个布局中,最后一个链环的偏转角度都比前一个链环大,可改变所研究二元喷管布局中的推力矢量。

在两个所研究的布局中,中心体后部轴的最大几何偏角,对于发动机的无加力

工作状态为 $30°$，对于加力工作状态则小于该数值。

7.1.2　推力矢量偏转时喷管通道内的压力损失

相当明显，推力矢量偏转时，亚声速或超声速气流的转向，因喷管通道或流通部分的弯曲、可偏转机构，如叶片、转动格栅、导流片等偏转造成的流场各类阻塞而伴有总压损失。图 7-3 示出了喷管通道内安装阻塞度不同[46,154]的格栅时的压力损失量级。图 7-3 的上部是根据该图下部重新绘制的曲线，是总压损失 $\Delta \bar{p}_0 = 1 - \dfrac{p_{02}}{p_{01}}$ 与喷管通道阻塞度及节流格栅后方气流 Ma_2 的关系曲线。

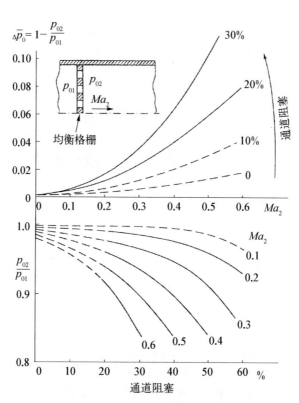

图 7-3　通道内的压力损失[154]

所示数据表明，当通道内的气流 Ma 数 $Ma_2 \approx 0.5$ 且流通部分的壅塞度为 20% 时，压力损失明显（约占喷管通道内总压值的 5%）。根据图 7-4（表示的是两个曲柄型转动喷管通道内的压力损失）[46,142]，当分离区段入口上的 Ma 数 $Ma_a \approx 0.5$ 时，通道分离区段内气流转动引起的压力损失量级也大致如此[见图 7-1(b)]。

$\pi_c \approx 2$ 时，在喷管本身的推力损失量级约为理想推力的 4.4% 的情况下，这些压力损失的数值大约相当于曲柄型喷管理想推力损失的 3.3%。

图 7-3 和图 7-4 表明，随着喷管通道入口上气流 Ma 数的增长，当通道阻塞或气流转向时，喷管通道内的压力损失增长严重。

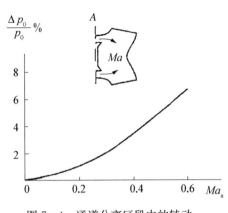

图 7 - 4　通道分离区段内的转动
压力损失[142]

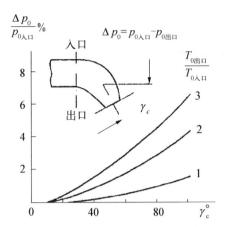

图 7 - 5　使用三铰悬挂装置的喷管推力
矢量旋转时的压力损失[155]

　　气流转向时,压力损失的增大情况也与推力矢量偏转角 γ_c 及喷管出口和入口截面内的气流阻滞温度差增大时一样。这对图 7 - 5 上利用三铰悬挂装置的喷管[见图 7 - 1(d)布局]进行了图解说明。该图是在喷管入口气流 Ma 数 $Ma_{入口}=0.2$、气流阻滞温度 $T_{0入口}\approx670$ K 的条件下得到的。

　　喷管(喷管轴或喷流)的推力矢量偏转,可导致喷管基本综合特性的变化。上述综合特性包括推力系数 $\bar{P}_c$ 或推力损失 $\Delta\bar{P}_c=1-\bar{P}_c$、喷管流量系数 μ_c 及推力矢量等效偏转角 $\gamma_{等效}$ 等于喷管轴的几何偏转角 γ_c。下面将针对圆形喷管和二元喷管的各种布局来单独研究这些特性。

7.1.3　圆形喷管的特性

　　与推力矢量偏转时通道弯曲有关的压力损失,会导致喷管推力损失的相应增大。

　　除了前一节中所述因素,这些损失的量级还取决于这样一些参数:通道形状(回路弯曲半径)、弯曲区段长度、喷管内的落压比及其他一些参数。

　　图 7 - 6 图解说明了声速喷管轴相对于通道入口区段轴的偏移对喷管推力损失 $\Delta\bar{P}_c$ 的影响[46,146]。喷管从入口截面到出口截面的长度恒定时($L=$ const),轴偏移量 Δr 的增大,即通道弯曲度的增大,会导致喷管推力损失的增大,并且随着落压比的增大,由于推力损失量级中压力损失的相对作用增大,通道弯曲度的影响也将增大。

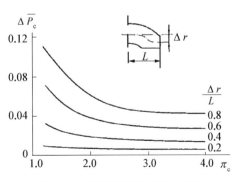

图 7 - 6　喷管轴偏移对推力损失
数值的影响[146]

　　在文献[111](亦见文献[49])所示的收缩声速喷管的实验研究结果中,给出了推力矢量偏转对喷管流量系数及推力的影响,如图 7-7 和图 7-8 所示。针对所研究的锥形声速喷管方案,无加力与加力工作状态的区别是从喷管入口到其临界截面的通道收缩度 $F_{入口}/F_{临界}$ 不同,亦即入口截面内的速度值不同,并且加力状态对应通道入口的较高速度。文献[111]中所示针对发动机无加力工作状态进行的流量及推力系数的理论估算,与实验数据的相符程度令人满意。在 $\gamma_c = 0 \sim 20°$ 的推力矢量偏转范围内进行的实验结果,表明发动机工作状态对喷管流量系数及推力系数的影响程度存在差异。

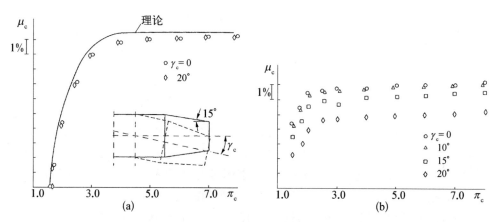

图 7-7　推力矢量偏转状态下声速喷管的流量系数[111]

(a) 无加力状态　(b) 加力状态

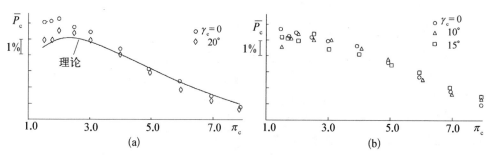

图 7-8　推力矢量偏转状态下声速喷管的推力系数[111]

(a) 无加力状态　(b) 加力状态

对于非加力状态,当通道内的气流速度较小时,从喷管中流出的燃气为超声速流,$\pi_c \geqslant 1.89$,流量系数和推力系数实际上并不取决于推力矢量偏转角,即 $\gamma_c = 0$ 及 $\gamma_c = 20°$ 时的数值,也就是说,这些数值的差异位于单次实验的误差范围内,如图 7-7(a) 和图 7-8(a) 所示。对于加力工作状态,当喷管内的气流速度增大时,推力矢量偏转 15° 和 20°,与 $\gamma_c = 0$ 时[见图 7-7(b)]相比,会导致流量系数分别下降 1% 和 2%,然而,推力系数的差异仍然处于实验误差范围内,因为这里的实际推力和理想推力都对应于流过喷管燃气的实际流量。

按照各参考文献的数据,文献[89](亦见文献[49])中,针对带推力矢量偏转的喷管不同布局,对从入口到临界截面的通道收缩度的影响结果进行了汇总。图 7-9 以推力系数 $\bar{P}_c$ 与通道入口相对面积,即入口面积 $F_{入口}$ 与临界截面面积 $F_{临界}$ 比值的关系曲线形式给出。$F_{入口}/F_{临界}$ 减小会导致喷管入口气流速度的增大,导致压力损失和推力损失的增大,并且在收缩度 $F_{入口}/F_{临界} \approx 1.2 \sim 1.3$ 时,$\gamma_c = 80° \sim 90°$ 时的气流转动推力损失,可达喷管理想推力的 $6\% \sim 8\%$,数值是相当大的。

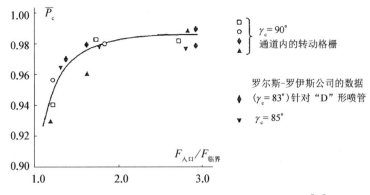

图 7-9　喷管收缩度对喷流转动时推力损失的影响[89]

接下来,针对图 7-1 所示各种布局喷管,图 7-10～图 7-16 示出了不同推力矢量偏转角下的特性。

图 7-10[89] 示出了出口截面面积较小 ($\bar{F}_c = 1.1$) 的超声速轴对称喷管的推力系数 $\bar{P}_c$ 及冲量系数 $\bar{J}_c$。此处,喷管轴的偏转如图 7-10 所示,并在喷管通道轴的折断截面中形成拐点。喷管轴偏转 $\gamma_c = 70°$ 时,在平飞状态下 [$\gamma_c = 0$,见图 7-10(a)],当推力损失量级约为 1% 时,这会导致最大推力系数下降,这与超声速喷管中的计算流动状态一致,数量约占喷管理想推力的 3%。

推力系数 $\bar{P}_c$ 的变化特点也和冲量系数 $\bar{J}_c$ 一样,在推力矢量偏转角增大时,与罗斯-罗伊斯公司的亚声速可偏转喷管数据相符,也与文献[89]中估算的推力矢量偏转的影响情况相符[见图 7-10(b)]。

具有柔性导流片的喷管的推力系数,在不同推力矢量偏转角 γ_c 下的推力系数示于图 7-11[112] 上。与之前研究的所有喷管布局一样,增大喷管的推力矢量偏转角 γ_c,会导致推力系数单调下降。此时,计算研究与实验研究表明,随着从入口截面到出口截面的喷管相对长度 L/D(D 为出口截面直径)的减小,推力系数明显下降,见图 7-12($\gamma \approx 90°$),这与转动通道曲率增大、气流出现分离及因此导致的喷管压力损失和推理损失增大有关。

与前面研究的带柔性导流片的喷管相比,推力矢量偏转状态下,使用三铰悬挂装置的喷管,即三铰接环喷管,其布局示于图 7-1(d)上,它的推力系数量级更高。

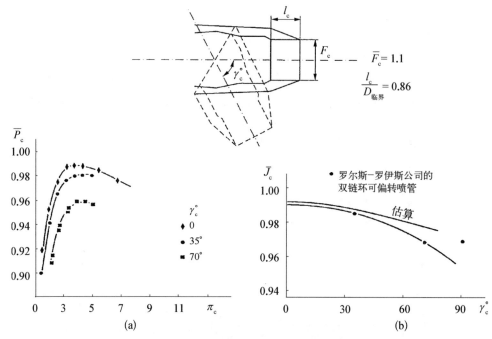

图 7-10 推力矢量偏转时的超声速喷管特性[89]

（a）喷管推力系数 （b）喷管冲量系数

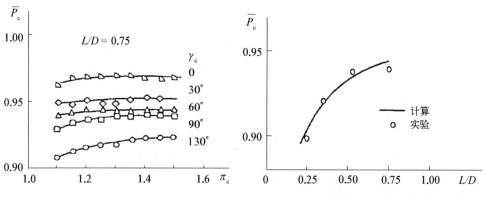

图 7-11 推力矢量偏转对带柔性导流片喷管　图 7-12 带柔性导流片喷管扩散段长度对推力
　　　 推力系数的影响[112]　　　　　　　　　 矢量偏转状态推力系数的影响[112]

该布局喷管的推力系数与不同推力矢量偏转角下的喷管内落压比 π_c 有关,示于图 7-13(a)上,而相对推力的关系式(用百分数表示,$\gamma_c \neq 0$ 时的推力除以 $\gamma_c = 0$ 时的推力),则示于图 7-13(b)上。从定性角度看,推力矢量偏转角 γ_c 增大时,推力系数 $\overline{P}_c$ 的变化特点与其他喷管布局一样,然而,从定量的角度看,这种影响要小得多。这样,图 7-13(a)表明,推力矢量偏转角从 0 增至 90°时,最大推力系数 $\overline{P}_c$($\pi_c \cong$ 2~2.5时)的变化范围只有 1%,而随着 π_c 的增大,这种差异减小至约为 0.5%。显然,可通过选择相应的结构方案,选择喷管推力矢量的偏转方式,在喷管通道

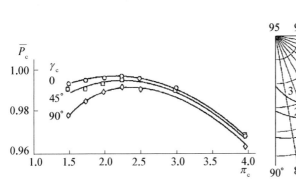

图 7 - 13(a)　使用三铰悬挂装置的
喷管特性[155]

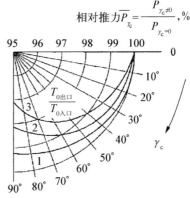

图 7 - 13(b)　针对推力矢量偏转状态使用
三铰悬挂装置的喷管特性[155]

内建立平稳的流动,从而得到类似的结果[155]。

喷管入口和出口上阻滞温度差值的增大,会导致喷管推力损失的增大,并且随着喷管推力矢量偏转角的增大,推力损失的增量也增大,如图 7 - 13(b)所示。这一现象反映了压力损失随推力矢量偏转角及入口和出口上阻滞温度差值的增大而增长的情况,如图 7 - 5 所示。

文献[15]、[16]中研究的布局,正好处于前面研究的柔性导流片喷管布局[见图 7 - 1(c)]和使用三铰接悬挂装置喷管或三链环喷管布局[见图 7 - 1(d)]之间的中间状态,其喷管有两个斜旋转表面,在一定程度上类似于使用三铰接悬挂装置的喷管。有两个斜旋转表面的喷管特性(及其针对垂直起飞状态的布局),示于图 7 - 14 上,属于存在两个推力矢量偏转角 $\gamma_c = 0$(平飞)和 $\gamma_c = 100°$(垂直起飞状态)的情况。尽管在所研究的 π_c 区间内,$\gamma_c = 0$ 及 $\gamma_c = 100°$ 时的喷管流量系数 μ_c

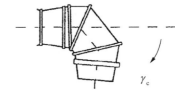

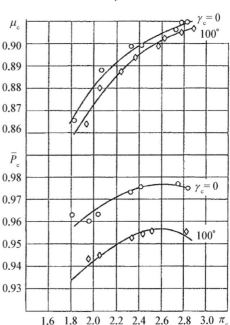

图 7 - 14　有两个斜旋转表面的喷管特性[15,61]

的差值较小(在 1%的范围内),在垂直起飞状态下,推力系数的下降量约占喷管理想推力的 2.5%～3%,这与通道转动区段(无论是内回路曲率半径小些的那一侧,还是内回路曲率半径大些的那一侧)拐点内的气流分离有关。

文献[15]、[61]详细研究了垂直起飞状态下该布局喷管内的流动特点。

曲柄型喷管[见图 7-1(a)]的类似特性示于图 7-15[46,113]上。该型喷管的特征状态是喷管内的亚声速压差,落压比 $\pi_c < 1.5$。

由于从该喷管入口截面到出口截面的通道收缩比较小,$F_c / F_{入口} = 0.9$,则通道内的气流速度相当高,针对平飞状态($\gamma_c = 0$)和垂直起飞状态($\gamma_c = 90°$)的喷管流量系数和推力系数的数值差相当大:例如,针对垂直起飞状态的推力损失,与 $\gamma_c = 0$ 时相比,超过该状态的数值为喷管理想推力的 $4\% \sim 5\%$。

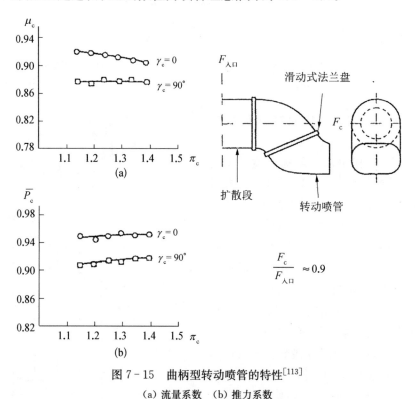

图 7-15　曲柄型转动喷管的特性[113]

(a) 流量系数　(b) 推力系数

图 7-15 所示为曲柄型转动喷管的数据,是根据模型研究结果得到的。落压比 $\pi_c = 1.2$ 时的小比例模型与全尺寸曲柄型喷管实验研究结果的比较情况,示于图 7-1(b)上,以随喷管推力矢量偏转角 γ_c 关系曲线的形式给出[46,113]。从定性研究的角度看,随着 γ_c 的增大,小比例模型与真实喷管流量系数 μ_c、推力系数 $\overline{P}_c$ 的变化特点是相同的:随着 γ_c 的增大,μ_c 和 $\overline{P}_c$ 的数值减小。

模型上获得的推力系数数值与进行真实喷管试验时获得数值的相符情况,也同样令人满意。然而,根据小比例模型的试验结果,其流量系数数值比全尺寸喷管的流量系数数值高 $4\% \sim 5\%$。这与文献[113]中小比例模型及真实喷管入口上的温度计压力剖面的差异有关,在第一种情况下为均质剖面,在第二种情况下,不均匀性很大。所示结果表明,宜在进行模型试验时,模拟气流中的实际温度剖面。

在前面研究的圆形喷管布局中,有效的、现实推力矢量的偏转角度,接近于喷管轴的几何偏转角。另外,正如文献[61]所指出的,在某些喷管布局中,气流的转动角比喷管的几何转动角大。

然而,可能会存在气流转动角(推力矢量的有效偏转角)与喷管轴几何偏转角相比明显减小的情况。可在 D 形喷管中观察到这种情况,其布局如图 7-1(e)所示。

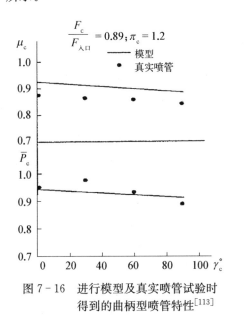

图 7-16　进行模型及真实喷管试验时
得到的曲柄型喷管特性[113]

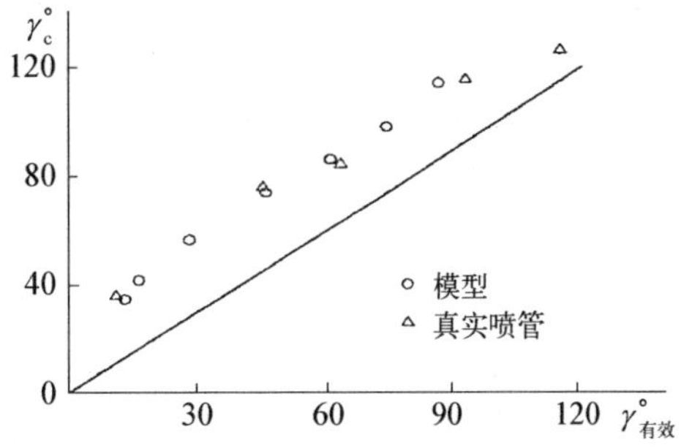

图 7-17　D 形导流片式喷管的效率[150]

根据喷管小模型及大尺寸喷管的研究结果[150],该布局喷管推力矢量的有效偏转角 $\gamma_{有效}$ 与导流片轴几何偏转角 γ_c 的关系曲线,示于图 7-17 上。

图上直线表示的是 $\gamma_c = \gamma_{有效}$ 的条件。D 形喷管两种类型的试验结果表明,与喷管轴的偏转角 γ_c 相比,推力矢量偏转角($\gamma_{有效}$)的变化,仍保持为约等于 20°。

上述所示数据可使我们了解与圆形喷管推力矢量偏转较小角度有关的附加推力损失量级,对于短距滑跑飞机,$\gamma_c \leqslant 20°$,对于垂直起降飞机,$\gamma_c \geqslant 90°$。良好的布局可保证推力损失的增加量不大于喷管理想推力的 1%～2%。

7.1.4　二元喷管特性

在先进超声速飞机上使用二元喷管时,与轴对称喷管相比,其优点之一就是在起飞、着陆和飞行中,可以较简单地实现推力矢量偏转。

所进行的研究表明,飞机的飞行速度不高时,其操纵面效率不高,推力矢量偏转是极其高效的。然而,如果喷管在推力矢量偏转状态下的推力损失相当高,二元喷管在这方面的优点可能会消失殆尽。因此,应像平飞状态一样,必须在推力矢量偏转状态下,保证较高的气动特性水平。

图 7-2 示出的带推力矢量偏转的二元喷管布局中的 4 个布局,在平飞状态下的特性与轴对称喷管特性进行了比较,在第 4 章内进行了研究。图 4-18 示出了这些喷管在平飞状态下的布局,并给出了其推力损失。图 7-2 针对推力矢量偏转状态,示出了这 4 个喷管的布局:(a) 超声速二元喷管;(d) 带斜切口的喷管;(e) 带可偏转中心体的喷管;(f) 带可偏转中心体后部的喷管。图 4-18 分别用代号 2、3、4、5 标出了这些布局。

图 4-18 和图 7-2 所示这四个布局中的每个布局,都可适度偏转推力矢量,在所研究的情况下,等效轴对称喷管不具备这种能力。二元超声速喷管 2[见图 7-2 (a)]具有独立的上、下壁板作动器,这些壁板可保证向上或向下偏转,并在喷管的"斗"形临界截面内转动亚声速流。在带斜切口的二元喷管 3[见图 7-2 (d)]内,可通过偏转上壁板后部来转动临界截面后方的超声速气流。

在带楔形中心体的二元喷管 5[见图 7-2 (f)]中,通过转动中心体后部来实现推力矢量偏转;此时,可使用中心体上表面上的附壁效应,实现中心体下表面上超声速气流的转动。

带中心体的二元喷管 4[见图 7-2(e)]结合了二元喷管 5 的推力矢量偏转优势,可通过偏转整个中心体来高效地转动喷管临界截面前方的亚声速气流。

图 7-18 和图 7-19 针对推力矢量偏转状态示出了所研究的二元喷管布局特性。这些特性包括推力矢量偏转时,实际(测得的)喷管推力矢量偏转角及推力损失增量与二元喷管调节片或元件几何偏转角 γ_c 的关系曲线[42,162]。

所示结果表明,首先,所研究布局中的大部分布局,推力矢量偏转都是有效的(所测得的推力矢量偏转角接近于几何偏转角)。其次,正如文献[162]中指出的,从推力矢量偏转及推力特性的角度看,15°的偏转角是最佳的。此时,推力矢量偏转时,增大喷管的推力损失(增量为理想推力的 2%),不能通过偏转推力矢量来增大升力的正效应进行补偿。等于理想推力 2%的推力损失数值,就是喷管推力特性下降的极限边界,此时,可在喷管中使用推力矢量偏转[42,162]。

因此,图 7-18 和图 7-19 图解说明了在喷管通道中转动亚声速气流的优点(布局 2 和 4),在这种情况下,推力矢量偏转角度 $\gamma_c \leqslant 15°$ 时,推力损失增量不超过喷管理想推力的 2%[42,162]。

由于大部分二元喷管的布局都可在偏转推力矢量时保证其偏转角接近喷管轴的几何偏角($\gamma_{\text{有效}} \approx \gamma_{\text{几何}} = \gamma_c$),则推力的垂直分量数值大致正比于推力矢量偏角。

从喷管上作用力垂直分量的角度看,带斜切口的喷管布局[见图 7-2 (d)]具有某些特点。一般而言,平飞状态下,若上壁板未偏转,带斜切口的喷管可具有其上作用力的垂直分量,因而,也就具有了有效的推力矢量偏转角($\gamma_{\text{有效}} \neq 0$)。图 7-20

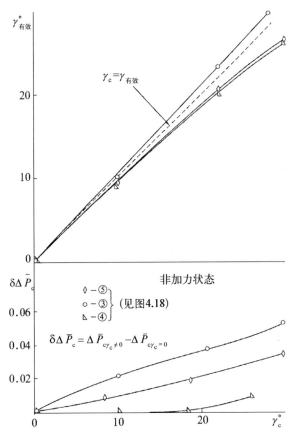

图 7-18 推力矢量偏转状态下的二元喷管特性，$Ma_\infty = 0$，$\pi_c = 3.5$[162]

示出了带两个斜切口二元喷管的飞机布局主要特性：轴向推力系数 $\overline{P}_x$、垂直推力系数 $\overline{P}_y$、总推力系数 $\overline{P}_c$（$P_c = \sqrt{P_x^2 + P_y^2}$）及有效推力矢量偏角 $\gamma_{\text{有效}}$，它们随壁板后部几何偏角 γ_c 的变化情况。所研究的布局用于研究左、右喷管壁板后部偏角的各种组合情况，但图 7-20 示出的是每个喷管偏角都相同情况下的试验研究结果。也就是说，图 7-20 上的数据（为直观起见，图 7-20 上的照片是翻转的），可在估算推力矢量的偏转效率时，归并到一个带斜切口的喷管上。

研究内容包括评估壁板后部向下（＋γ）或向上（－γ）偏转及是否存在楔板对喷管特性的影响。研究结果表明，在推力矢量偏转状态下（$\pi_c \approx 3.5$），无论是对推力矢量偏角数值 $\gamma_{\text{有效}}$，还是对喷管各推力分量数值，楔板的影响都很小。还有一个特点，上壁板偏度为零时（$\gamma_c = 0$，楔形壁板是特型化设计的，临界截面内的回路初始倾角 $\gamma_0 = 20°$，边缘上的末端倾角 $\gamma_k = 9°$），存在喷管上作用力的非零垂直分量，约占喷管理想推力的 10%。对于所研究的 $\pi_c \approx 3.5$ 数值，当后部壁板向上偏转 $\gamma_c \cong -10°$ 时，该垂直分量变成零值。后部壁板从上向下的偏转角度变化时，力的

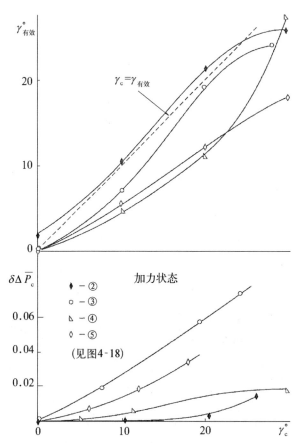

图 7 - 19　推力矢量偏转状态下的二元喷管特性，$Ma_\infty = 0, \pi_c = 5.0$[162]

垂直分量 $\overline{P}_y$ 单调增大，然而，由于向下偏转的壁板对从喷管流出的喷流产生阻力，推力损失只在 $\gamma_c > 0$ 时才开始增长。

　　可使用几何偏转角 $\gamma_\sum$（壁板几何偏转角与上壁板边缘上回路倾角 γ_k 的差值，见图 7 - 21），对带斜切口喷管推力矢量有效偏角 $\gamma_{有效}$ 和推力损失 $\Delta \overline{P}_c$ 方面的实验数据进行修正。$\gamma_{有效}$ 及 $\Delta \overline{P}_c$ 与参数 $\gamma_\sum$ 的关系曲线，对于带斜切口喷管的两个不同布局来说，是彼此接近的，其数据示于图 7 - 18～图 7 - 20 上。

　　带推力矢量偏转的二元喷管布局中，图 7 - 2(b)和(c)所示的两个布局用于将推力矢量偏转较大的角度，亦即用于垂直起降的飞机。这两个喷管布局在推力矢量偏转状态下特性的研究结果，示于图 7 - 22～图 7 - 24[46,49,61,89,94,134]。

　　推力矢量偏转状态下，超声速二元喷管（见图 7 - 22）的临界截面，通过接近喷管主调节片而关闭，并在给定的 γ_c 下打开下部附加转动调节片，如图 7 - 22 所示。该喷管的推力系数 $\Delta \overline{P}_c$ 及推力矢量有效偏转角 $\gamma_{有效}$ 示于图 7 - 22 上，形式为与落压比 π_c 在转动调节片的三个不同偏转角 γ_c 下的关系曲线。$\gamma_c = 0$ 的数值对应于平飞状态，此时，转动调节片被关闭，与喷管表面（图 7 - 22 上喷管布局的上部）齐平。

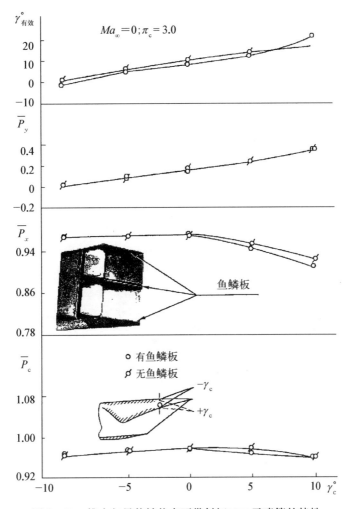

图 7－20　推力矢量偏转状态下带斜切口二元喷管的特性

　　推力矢量偏转角数值 $\gamma_{\text{有效}}$ 约比转动调节片的几何偏转角大 5°，但是，在推力矢量偏转 60°～70°时，由于发生气流转动通道区段的长度短，回路不平缓，喷管推力损失明显，约占喷管理想推力的 5%～7%。

　　具有伸缩式斗形转动导流片的喷管[ADEN 型喷管，见图 7－2(c)]，当导流片伸出时，可发挥垂直起降飞机排气装置的作用，当其完全向内收起时，可通过调节壁板后部来保证偏转推力矢量。对该喷管特性进行的研究相当详细[15,93,94,117,134]，而部分研究结果示于图 7－23～图 7－25 上。

　　文献[15]、[61]中所示二元喷管转动导流片的研究结果，可解释喷管内的流动特性及导流片主要特性随其偏转角 γ_{c} 的变化情况(见图 7－23)。使用炭黑-滑油涂层法对流动进行显形，以及对不同截面内的静压和总压进行的测量表明，在喷管和

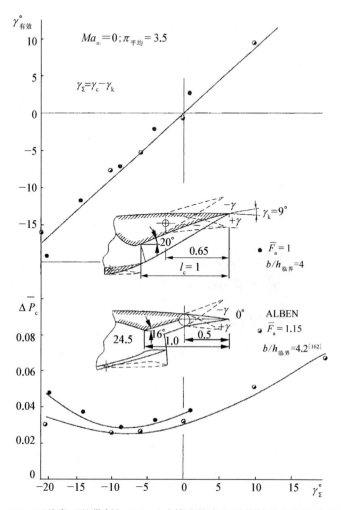

图 7-21 两种类型的带斜切口二元喷管在推力矢量偏转状态下的性能比较

斗形导流片的相当长的区段内,静压都是恒定的,也就是说,流动是相当平稳的。喷口导流片后方的喷流从下部调节片开始收缩,并从导流片表面向气流轴收缩;喷流在距喷口的一定距离上开始膨胀,这个距离约与二元喷管等效,而且具有相同出口截面积的圆形喷管出口截面直径的 $25\% \sim 30\%$。具有斗形导流片的二元转动装置内的这种流动特点可导致推力矢量有效偏转角 $\gamma_{有效}$ 小于转动导流片的几何偏转角 γ_c,亦即气流转动量不够。气流转动不足的数量与导流片的转角有关,并且与图 7-23 所示情况一样,在导流片偏转 $\gamma_c = 90° \sim 100°$ 时,可达到约 $15°$。这意味着,为使气流严格垂直向下偏转 $\gamma_{有效} = 90°$,导流片需要转动的角度约为 $105° \sim 107°$。随着导流片转角的增大,喷管流量系数 μ_c 明显减小,这与前面所述喷流在喷管出口截面内的收缩有关。

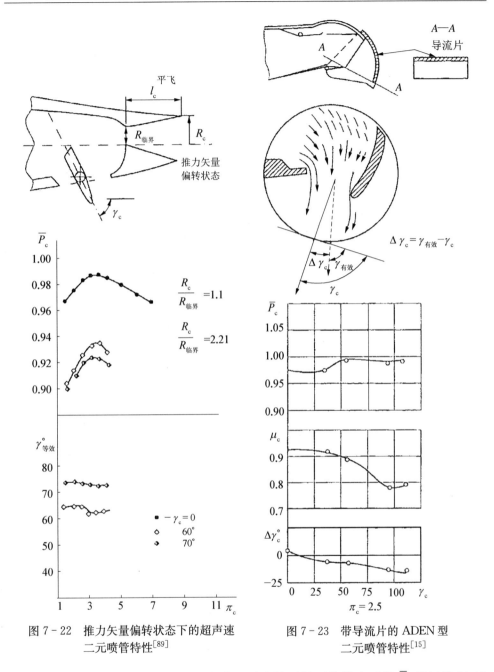

图 7-22 推力矢量偏转状态下的超声速
二元喷管特性[89]

图 7-23 带导流片的 ADEN 型
二元喷管特性[15]

转动装置中使用斗形导流片,流动的平稳性可保证使推力系数 $\bar{P}_c$ 量级较高,这样,在整个导流片偏转角范围内($\gamma_c = 0 \sim 100°$),推力损失都不超过喷管理想推力的 2% ~ 3%。文献[15]、[61]中的结果与导流片(ADEN)型喷管的数据相符,图 7-24(a)针对该型喷管示出了 $\gamma_c = 0 \sim 110°$ 范围内导流片伸出时的相对推力[与导流片收起($\gamma_c = 0$)时的喷管推力相比]。

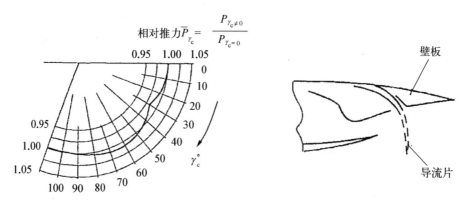

图 7 - 24(a)　使用导流片的 ADEN 型喷管在推力矢量偏转状态下的特性[134]

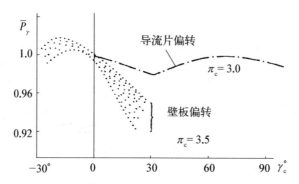

图 7 - 24(b)　使用上壁板的 ADEN 型喷管在推力矢量偏转状态下的特性[94]

如果利用上壁板后部来实现 ADEN 喷管内推力矢量的偏转（导流片收起），则根据发动机的工作状态（无加力工作状态或加力工作状态），壁板向下偏转 $\gamma_c =$ $25° \sim 30°$ 时的推力损失，可达到理想推力的 $4\% \sim 6\%$[见图 7 - 24(b)]。这表示超声速气流的转动（偏转时壁板后部转动的就已经是超声速喷流了）与斗形导流片中（推力损失不超过喷管理想推力的 $2\% \sim 3\%$）的亚声速转动差异极大。

还应当指出表示偏转带斜切口二元喷管壁板后部时的推力矢量偏转效应的两个特点（见图 7 - 24）。

向上偏转壁板后部（γ_k 为负值）时，该喷管推力效率最大，并且推力可高于未偏转壁板时（$\overline{P}_\gamma > 1$）的推力。该布局喷管的第二个特点是无论是向上偏，还是向下偏，超声速气流的有效偏转角均比壁板后部的几何偏转角略小[94]。

7.2　反推力状态下的喷管特性

将具有空气喷气发动机的动力装置的反推力装置，作为缩短战斗机、运输机及客机滑跑长度的手段之一加以研究。使用反推力时，飞机滑跑长度明显比使用常规设备（机轮刹车、减速板或减速伞）时短。当飞机在复杂气象条件下着陆在潮湿或结冰的跑道上时,反推力尤为高效。也可在飞行中使用反推力,用于提高飞机的机动性。可以在从慢车道最大加力的发动机任何工作状态下使用反推力装置。

反推力装置问题包括使用理论和实验方法来描述反推力装置中的流动、反推力流域来流的相互作用,确定反推力装置的空气燃气动力特性及推力特性,调试具体飞机的反推力装置的结构等。

7.2.1 反推力装置的主要特性

与反推力装置类型、结构、流动特性和特点的确定有关的所有主要问题,都在文献[66]、[68]中使用国内外文献作者的研究成果进行了汇总。根据这些文献,反推力装置的主要推力特性,要么是发动机的反向负推力系数 $\overline{P}_{反}$,要么是喷管的反向负推力系数 $\overline{P}_{反}$,其为发动机或喷管的反推力与相应发动机或喷管正向推力的比值。根据第 1 章中给出的发动机及喷管推力的一般定义,可以很容易地得到这两个系数之间的关系。

本节研究的不只是各种型号的反推力装置,而是这样一些装置的特性,利用这些装置可在喷管回路内实现反推力,也就是说,反推力装置的结构是喷管本身的组成部分。反推力装置的推力特性,既见诸于俄罗斯国内文献[61]、[66]、[68],也见诸于国外文献[42]、[47]、[49]中。因此,针对喷管反推力装置的特性,使用反推力系数 $k_{反} = \dfrac{P_{反}}{P_c}$,其为喷管反推力 $P_{反}$ 与喷管正向推力 P_c 的比值。应当指出,在某些文献中,作者将反推力系数数值取为反推力与喷管在相应 π_c 值下理想推力的比值。然而,由于现代飞机的喷管正向推力系数较高(约为 $0.98 \sim 0.99$),则使用正向推力和理想推力时的反推力系数差别不大。反推力装置的另一些特性是:反推力状态下的喷管流量系数 μ_c(按照不同文献作者的数据,其为流过反推力装置的燃气流量与正推力状态下流过喷管的理想流量或实际流量的比值[66]、[68])、反推力装置喷流轴倾角(或反推力装置调节片倾角)$\psi_{反}$ 等。

7.2.2 反推力装置的布局形式

由于文献[66]、[68]已对各种布局的圆形反推力装置(或圆形喷管的反推力装置)进行了详细研究和总结,则本节主要研究先进圆形及二元喷管反推力装置某些布局的特性。本节研究的反推力装置的布局示于图 7 - 25 上,针对的是超声速二元或圆形(轴对称)喷管。通常,在这些布局中,反推力装置与推力矢量偏转装置是同时兼容的。其原则性的差异在于,气流逆反要么在喷管的亚声速段(临界截面之前)实现,要么在超声速段(临界截面后方)实现。

图 7 - 25(a)和图 7 - 25(b)示出了通用电气公司和普拉特-惠特尼公司(美国)超声速二元喷管中的两种不同的结构布局[61,162]。两种布局中,二元壁板遮蔽了燃气的正向运动,使亚声速气流在喷管的临界截面前方逆反,燃气流域喷管轴成 $90°$ 角,反向流出。

在带中心体的喷管中,实现反推力的方式之一是在中心体上安装普通平板[见图 7-25(c)]或斗形调节片[见图 7-25(d)]式的调节板[42,47,49,61,104]。

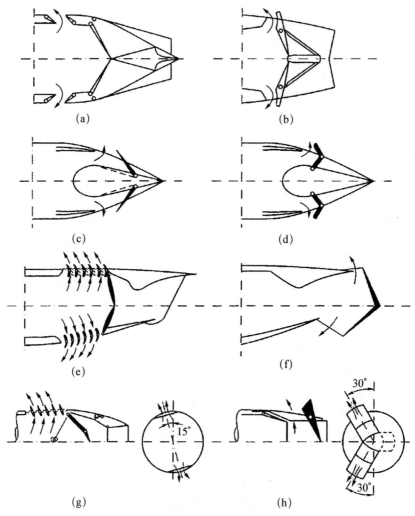

图 7-25　反推力装置的布局[42,47,49]

(a) 通用电气公司的二元超声速喷管[162]　(b) 普拉特-惠特尼公司的二元超声速喷管[162]　(c) 具有中心体和反推力调节板的二元喷管[162]　(d) 具有中心体和斗形反推力调节片的二元喷管[104]　(e) 带斜切口的 ADEN 二元喷管[117]　(f) 带斜切口的二元喷管(SERN)[104]　(g) 对亚声速流进行逆反的圆形喷管[129]　(h) 对超声速流进行逆反的圆形喷管[129]

很显然,在所研究的带中心体二元喷管的反推力布局中,可在喷管的临界截面后方实现超声速气流的转向。

在具有一个气流膨胀调节壁板的二元喷管布局中(喷管具有斜切口),使用壁板或斗形调节片(切断正向喷流中的燃气气流路径),既可以逆转亚声速气流[见图

7-25(e)],也可以逆转超声速气流[见图 7-25(f)][104,117]。

如果在二元喷管布局中实现反推力,通常会沿垂直线严格向上或向下,则在圆形或轴对称喷管中,反推力装置轴经常会向垂直轴倾斜。例如,图 7-25(g)和图 7-25(h)所示情况[88,96,97,129]。这里的主要目的是使逆反喷流落入机身及其构件上的数量最小。在圆形喷管中,要么利用两个斗形装置[见图 7-25(g)]来实现亚声速气流的转动,要么利用遮断正向气流的涡轮整流窗,在喷管临界截面后方转动超声速喷流[见图 7-25(h)]。

所有上述反推力装置布局的结构,都是为了在正向推力状态下,在反推力装置收起的情况下,使推力的附加损失实际上为零[47,49]。

7.2.3 喷管反推力装置的特点

反推力装置特性屈居于对其提出的要求及一系列影响这些特性的因素。例如,如果以现代飞机为例,则其形状已确定,放置反推力装置时应考虑已给定的形状。如果飞机为现代飞机,则可在考虑放置反推力装置的情况下改变其形状。影响反推力装置布局选择及特性的因素包括飞机的稳定性和操纵性、其重量及是否可实现给定推力的反向等。

国外针对两架超声速歼击机——现代歼击机 F-15 及先进歼击-轰炸机 ATC[47,96,97]等,进行了确定各种类型反推力装置特性的综合研究。所有已选择的反推力装置布局,针对的都是同一个条件:

— 飞机着陆速度约为 200 km/h;

— 反推力系数 $k_{反}$ =-0.5 或更佳;

— 局部反向时,工作时间为 0.5 s,完全反向时,工作时间为 1 s;

— 起降距离应一样,并且在土跑道上不超过 400 m。

对未来飞机二元喷管反推力装置的要求,除了保证上述反向系数之外,还包括:

(1)可在地面和飞行中工作;

(2)可改变反推力的数值;

(3)可在平飞状态下,在合并反推力装置的情况下,保证很高的喷管内部特性;

(4)作用速度快;

(5)可保证结构的可靠性(生存力);

(6)重量不大;

(7)放置在具体的喷管及发动机中时容易更改。

接通反推力装置时,关键步骤之一是针对从轴向流动向反向过渡的喷流更改临界截面面积。对于涡扇发动机,流通截面的变化可导致流量系数及通道横截面有效面积的变化,导致风扇通道内的气流加速,导致发动机工作失稳或喘振。图 7-26 和图 7-27 示出了针对发动机不同工作条件的推力反向程度对整个系统

(喷管和反推力装置)流量系数 μ_{Σ} 变化的影响。这些结果是根据文献[153],亦见文献[47]的数据得到的,针对的是 F-100 发动机 1:5 超声速二元喷管模型在模拟主回路中的热喷流及发动机风扇回路中为冷喷流时的试验。

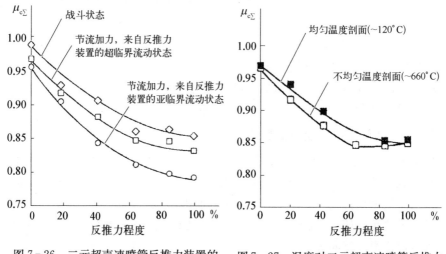

图 7-26　二元超声速喷管反推力装置的
　　　　　流量系数[153]

图 7-27　温度对二元超声速喷管反推力
　　　　　装置流量系数的影响[153]

　　针对发动机的三个工作状态(战斗状态、完全遮蔽喷管临界截面的反向状态及不完全遮蔽喷管临界截面的反向状态)实现喷流反向(见图 7-26)。

　　图 7-28 示出了三个二元喷管布局在反推力状态下的流量系数,其中包括:通用电气公司的超声速二元喷管,如图 7-25(a)所示,普拉特-惠特尼公司的超声速二元喷管,如图 7-25(b)所示,以及普拉特-惠特尼公司和 NASA 研制带中心体的二元喷管,见图 7-25(c)所示。形式为与落压比 π_c 的关系曲线,并与这些喷管在正向推力状态下的流量系数进行了比较[42,162]。所示数据针对的是发动机的无加力工作状态,并且所有喷管临界截面宽度与高度的比值均约等于 4。可以看出,排气装置中为超声速压差 ($\pi_c > 2$) 时,流量系数与喷管中落压比的关系不大,反推力装置的工作不会明显降低流量系数,其量级处于 $0.95 \sim 0.99$ 的范围之内。这些数据证明,反推力装置可以这样设计和实现,即使喷管的流量系数,更确切地说是使喷管-反推力装置构成的系统,在局部或完全反推力的状态下保持不变,使反推力装置的工作实际上不影响发动机的工作状态。

　　图 7-29 示出了上述三个类型二元喷管的反推力系数 $k_{反}$ 与落压比 π_c 的关系曲线,其流量系数示于图 7-28 上。特殊之处是两个超声速二元喷管的反推力装置反推力系数差异极大,其布局示于图 7-25(a)和图 7-25(b)上。文献[162]的作者将普拉特-惠特尼公司超声速喷管内的反推力系数,与推力反向时因喷管夹板的尺寸不大导致的严重侧向散流联系了起来。

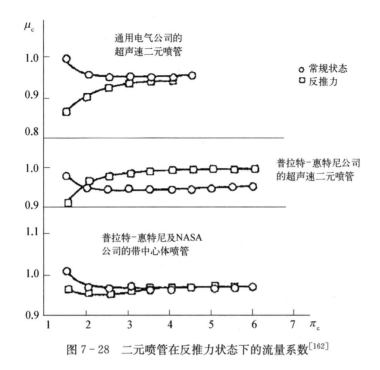

图 7-28 二元喷管在反推力状态下的流量系数[162]

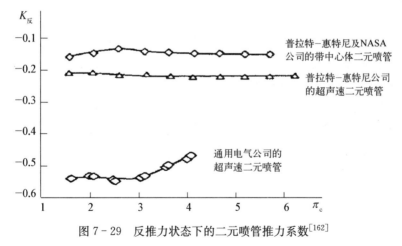

图 7-29 反推力状态下的二元喷管推力系数[162]

文献[162]也将带中心体布局[见图 7-25(c)]中反推力效率较低与夹板被缩短联系了起来,尽管这可能不仅与夹板的影响有关,还与带中心体的该喷管内实现了超声速喷流的反向有关。在通用电气公司的超声速二元喷管[见图 7-25(a)]中,喷管的侧壁板可促使气流完全转动,并且因此而大致使一半的正向推力都发生了反响($k_{反} \approx -0.5$)。

根据文献[126,153](亦见[47])中的数据,图 7-30 示出了在很宽的落压比变化范围内两种类型的二元超声速喷管的反推力装置特性与圆形超声速喷管反推力装置特性的比较。对于文献[153]中的二元超声速喷管,反推力系数的最大量级可达到 $k_反 \approx -0.6$,但应当指出,有可能还会更大,而在文献[126]中,$k_反 \approx -0.7$。在轴对称喷管中,利用偏转 30° 的转动短叶片来实现反推力,反推力最大系数可达 $k_反 \approx -0.38$。我们认为,反向时,这些短叶片使喷流偏转 20°,也就是说,与转动叶片的几何偏转角相比,反向喷流的有效偏转角大约滞后 10°。使用更长些的转动叶片,大概更有利于提高超声速喷管反推力装置的效率。图 7-30 还表明,超声速二元喷管反推力装置的特性,实际上可保证理想的反推力系数值,这一数值对该喷管为 $k_反 \approx -0.707$,对于轴对称喷管的反推力装置,该理想数值为 $-0.5^{[126,153]}$。

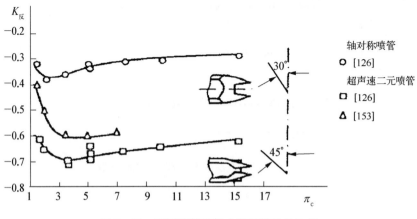

图 7-30 不同喷管反推力装置特性的比较

根据文献[104](亦见[47])中的数据,图 7-31 示出了针对二元超声速喷管的反推力装置通道及安装在该装置出口上的风挡长度,对反推力系数数值的影响。对于反推力装置的不同方案,横截面面积恒定时,反推力装置出口截面的相对宽度为 $b/h_反 \approx 6$。实验研究结果表明,反推力装置通道长度 $l_反/h_反$ 可明显影响其特性,特别是喷管内的落压比值不大时。由于曾认为增大反推力装置的相对延长比将有利于反推力喷流轴的有效偏转角接近于反推力装置通道轴的几何倾角(等于 30°),

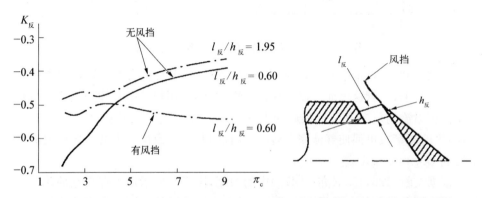

图 7-31 超声速二元喷管反推力装置排气设备的形状对反推力特性的影响[104]

根据文献[104]中的现有信息，无法解释在所研究方案中最大的相对延长比（$l_反/h_反 \approx 1.95$）下，反推力装置效率下降的现象。不同延长比（$l_反/h_反$）下，反推力装置的效率下降与文献[104]中从反推力装置中流出的喷流不均匀性有关。

在通道的平均延长比（$l_反/h_反 \approx 0.6$）下，研究了安装在反推力装置出口上的风挡对其效率的影响。存在这样的风挡对反推力系数具有明显影响，并且该系数值实际上已经与落压比 π_c 无关了（见图 7-31）。

$\pi_c \approx 2.5$ 时，带中心体二元喷管[见图 7-25(d)]的带斗形调节片的反推力装置特性示于图 7-32 上[104]（亦见文献[47]）。对于局部反推力（50%），此处的反推力系数 $\psi = -27$，对于完全反推力（100%），$\psi = 45$。此时，带中心体二元喷管临界截面的相对宽度 $b/h_反 = 3.71$ 及 $b/h_反 = 11.64$，并且存在或者没有喷管夹板。100% 反推力时，存在喷管夹板会提高反推力装置的效率，然而，该效率取决于楔板高度：在同样的喷管临界截面面积下，当 $b/h_反 = 11.34$ 时，喷管楔板的高度约为 $b/h_反 = 3.71$ 时的二分之一，这会导致这些楔板效率的下降。

对于带斜切口或有一个气流膨胀壁板的二元喷管，推力方向调节片伸出至喷管临界截面后方的后位中[见图 7-25(f)]。上、下推力反向通道流通截面的面积及壁板倾角是不同的，但是，平飞状态下，推力反向通道横截面的总流通面积大于喷管临界截面的几何面积。这种喷管反推力装置特性，示于图 7-33 和图 7-34 上[104]（也见文献[47]），对于三种反推力装置方案——偏后位置的反推力装置、中间或基准位置的反推力装置、不同的反推力系数（$k_反$），流通截面、反推力装置偏转角及壁板长度的差异（见图 7-33），导致作用在喷管上的垂直分量力（$P_y/P_{c理想}$）的数值各异（见图 7-34）。

一般认为，为满足对先进飞机喷管反推力装置提出的要求，必须保证使反推力等于平飞状态下喷管推力的一半，也就是说，反推力系数值为 $k_反 = -0.5$。所列数据表明，在所研究的二元喷管布局中，可保证所需反推力装置的效率。

根据不同文献的数据，图 7-35 给出反推力系数 $k_反$ 随反推力装置排气通道或喷流轴的倾角变化关系曲线，这些是不同布局喷管的各类反推力装置的效率研究结果汇总。图上根据现有试验数据线性回归出一条曲线 $|k_反| = \sin\psi$。应当指出，图 7-35 所示数据来自图 7-32[104]，针对的是带中心体的二元喷管，这些数据表明，如果将局部反推力的研究结果（$\psi = -27°$）以绝对值形式表示，即 $\psi = 27°$，并且按照 $k_反$ 数值，以相反的规律从图 7-32 取数据，则这些数据与曲线 $|k_反| = \sin\psi$ 相符情况良好。还可以看出，反推力装置或反推力喷流的轴倾角值 ψ 是决定性的参数之一，反推力系数值就与其相关。对于所需反推力量级（$k_反 = -0.5$），必须将喷流轴偏转 $\psi = 30°$。然而，反推力装置的完美程度，还取决于通道内部的几何形状、反推力调节片或斗形调节片的类型和形状、是否存在喷管的楔板等。

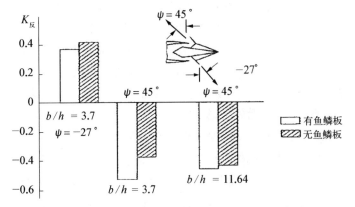

图 7-32　带中心体的二元喷管特性，$\pi_c = 2.5$[104]

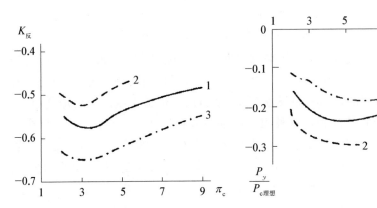

图 7-33　带一个调节板的喷管(SERN)　　　图 7-34　带一个调节板的喷管(SERN)
　　　　　反推力装置的反推力系数[104]　　　　　　　　反推力装置的法向分量[104]

1—反推力装置的中间(原始)位置；2—　　　　　1—反推力装置的中间(原始)位置；2—
反推力装置后移；3—反推力装置前移　　　　　反推力装置后移；3—反推力装置前移

　　图 7-35 所示的针对圆形及二元喷管各种布局的反推力装置的数据，尽管在很大程度上处在低于曲线 $|k_反| = -\sin\psi$ 的范围内，然而，实际上，无论是在圆形喷管中，还是在二元喷管内，都有可能可以保证给定的反推系数（$k_反 = -0.5$）。

7.3　具有消音功能的喷管特性

　　减弱喷气发动机及某些元件源于喷管射流的噪声，如压缩机、涡轮、燃烧室等，是现代先进飞机设计的重要任务之一。超声速客机的研制使降噪问题变得更加尖锐和迫切。现有的实验数据表明，喷气发动机的最大噪声与喷管排出的气流有关。在这种情况下，产生噪声的原因，包括喷管射流的湍流混合、周围空气和超声速气流内的激波波动。所以，近十年来，寻找用于飞机上的喷气式发动机的有效的消音装置的研究一直在进行。消音装置的效率，一方面，由降低噪声水平(噪声声压级，

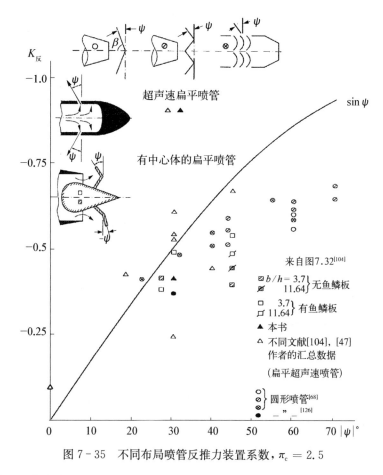

图 7-35　不同布局喷管反推力装置系数，$\pi_c = 2.5$

简称噪声级）来确定，另一方面，由与消音、消音装置的较小重量相关的较小的推力损失来确定。

7.3.1　喷管喷流噪声特性

虽然上文已给出喷气发动机消音方法，与喷流气动噪声源相关联的一系列问题和属于喷气式发动机噪声的其他问题也已在文献[55,76]内分析研究过。需要指出，根据对现代飞机噪声级的国际标准要求，这一噪声级取决于飞机的类型或重量，约为 90~105 dB，而喷气发动机喷管喷流的噪声级可达到约 110~130 dB，这就有必要制订措施，使喷气发动机喷管噪声级降至标准所要求的噪声级。

在降低喷管喷流噪声级方面所进行的实验研究包括评价这些措施的效能，如，使用管形延伸段样式的机械消音器、使用带有波纹面的复杂形式的喷管和机械消音器、安装用于掺和周围空气的引射器、向喷流混合区补充注入空气、使用格状护板、选配出口处气流速度的相应型面并使用具有同轴射流的圆形喷管等。噪声级降低值既取决于消音装置的类型和形状，也取决于喷流的主要参数，如全压、温度、喷口上的气流速度,以及一系列其他因素,该问题曾在各种频率或斯德鲁哈尔数范围内分析研究过。

在图 7-36 中,对于不同斯德鲁哈尔数 Sh、观测角 θ 和喷口气流速度 U_c 情况,等温射流无量纲噪声谱[55]。噪声特性是各种参数的综合:$L-10\lg D_c/r$,其中,L 为分布在距喷口直径为 D_c 的喷口 r 距离处的各点上的总的噪声级。所列数据表明,射流噪声级首先由喷口射流速度来确定,并可能是超出机场区域内对客机所规定的国际噪声标准,甚至大出足够大数值。由此可见,使用不同方法降低噪声级和选择最合理的降噪方法是问题所在。本节的主要任务是给出关于不同方法推力损失级的概念,以及喷气发动机喷管消音装置系统的概念。

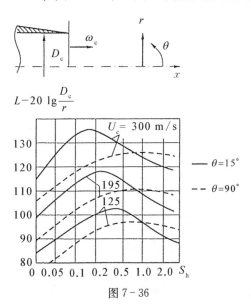

图 7-36

属于消极降噪方法的主要是不同吸音层的使用。

属于对源于现代发动机尾部喷出的射流进行降噪的积极方法有多管喷管、波纹或波瓣式消音器、柱形引射器和格状挡板的使用以及向射流混合区吹风。

积极方法消音是基于强化过程和缩短混合有效容积的持续时间,即缩短最强声音传播区段[55]。关于柱形引射器、多管喷管、向射流混合区吹风和格状挡板的使用方面的信息见文献[55],其中所列举的数据表明,这些消音方法能够保证将噪声级降至 8~10 dB。大量的消音工作由波音公司(美国)来完成。管状消音器的某些研究照片如图 7-37 所示。

(a)

(b)

图 7-37　管状消音器图片

选择与射流轴成45°角的点进行研究尾喷口形状对噪声级的影响,频率范围约300~1 000 Hz,并且同模型的系列实验结果相比较,如图7-38[76,149]所示。从中可以看出,与常规标准圆形喷管相比较,综合考虑喷管形状可以保证噪声级降至～20 dB。

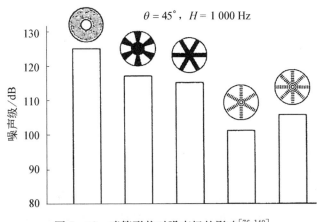

图7-38　喷管形状对噪声级的影响[76,149]

文献[66]中所著的对有关喷流消音方面不同工作的评论表明,在喷口位置或某一距离处,使用管状喷管、格状挡板、开缝喷管和十字形喷管甚至可使噪声级降低10~20 dB[见图7-39和图7-40][118]。

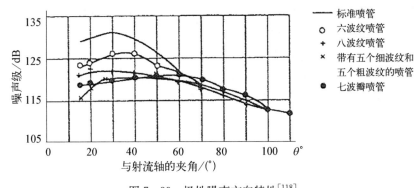

图7-39　极性噪声方向特性[118]

不同消音装置的使用可导致尾喷推力损失的增大,所以,这些装置或者应是可调的(即在巡航飞行状态收起和在起飞状态伸出),或者具有尽可能小的喷管推力损失级(在消音效能最大情况下),如果这些装置不从发动机系统或飞机处于巡航状态的喷管内收起的话。下一章节主要是对消音喷管推力损失进行分析。

7.3.2　消音喷管的推力损失

消音喷管的内部推力损失可能与下列因素有关:消音装置内通道形状急剧变化情况下的喷管内部气流不足,例如,在膨胀波中;射流内的消音装置底部阻力增

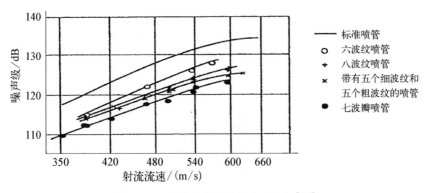

图 7-40　极性方向特性最大噪声级[118]

大和消音装置出口截面上喷流内的气流不平行。这些推力损失还与射流脱离通道壁有关,这取决于通道内的气流速度并且可能达到最小值,如果喷管通道内的气流速度不大($Ma_k < 0.5$)并且气流转弯平滑的话。鉴于消音装置形状的多样性,要弄清楚喷管推力损失和降噪级的一般性的关系曲线是相当困难的,然而,现有的数据表明,消音喷管的推力损失可以超过普通(标准)圆形喷管推力损失级 2～3 倍[66]。作为可能的损失级的实例,图 7-41 列出了文献[149]中的不同类型消音喷管的推力损失情况,该文献包含有不同作者的数据。如果在某些波形喷管或分段式喷管(方案 1～3)能够保证推力损失级 1.5%～2%左右的话,那么,其他三个方案表明,在消音喷管(方案 4)内的气体流动不够完善或由于在起波纹作用的各齿之间存在侧向的气体溢出(方案 5 和 6)情况下,喷管内的推力损失可能变得令人无法接受。显然,后三个喷管方案的特性可以得到改善,然而,所列举的实例表明,在研制消音喷管时,由于结构和重量的限制,在保证喷管推力效能时可能会遇到极大地困难。在这种情况下,困难可能会随着由声速喷管向超声速喷管的过渡和喷管内增

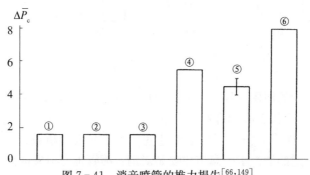

图 7-41　消音喷管的推力损失[66,149]

1—六波纹喷管(格里特列克斯喷管);2—三分段喷管;3—九(矩形)分段喷管;4—十二分段喷管;5—带有 24 个"齿"和侧壁的喷管;6—带有 24 个"齿"且无侧壁的喷管[66,149]

压比的增大等情况而变得更大。具有不同出口截面形式的消音喷管的效能已在文献[146]中进行了有意义的概括性总结，参见文献[46]，针对所研究喷管射流设计状态相对应的最大推力系数值——$\bar{P}_{\max}$，对它与某一参数使用相关性进行了研究，该参数与喷管流体直径相关联。根据流体直径 $D_{流体}$ 与利用喷管出口截面面积 F_c 和周长 Π_c 所求出的等效的 $D_{等效}$ 之比 $\left[\bar{D}_d = \dfrac{D_{液压}}{D_{等效}} = \dfrac{\sqrt{4\pi F_c}}{\Pi_c}\right]$，在图 7-42 上给出了针对不同形状喷管的数值 $\bar{P}_{\max}$ 的相关结果。不同形式喷管推力的最大系数值可由下列关系式求出：

$$\bar{P}_{\max} = 1 - \left(\frac{1-\bar{P}_{\max c}}{\sqrt{\bar{D}_d}}\right) \tag{7-1}$$

式中：$\bar{P}_{\max c}$ 为标准收敛形喷管的推力系数。

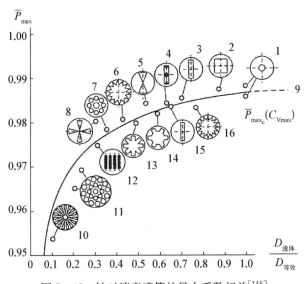

图 7-42　针对消音喷管的最大系数相关[146]

1—标准收敛式喷管；2—正方形出口截面；3—矩形出口截面(1×4)；4—矩形出口截面(1×6)；5—扇形出口截面(2 个扇面)；6—有限的星形物(40%渗透)；7—分段式喷管(9 个喷口)；8—扇形出口截面(4 个扇面)；9—最大速率 $C_{v\max}$；10—20 个扇形出口装置；11—分段式喷管(21 个喷口)；12—4 个矩形出口截面(1×5)；13—8 波瓣喷管；14—6 波瓣喷管；15—矩形出口截面(1×5)；16—有限的星形物(15%渗透)

根据关系式(7-1)所求出的最大推力系数值包括的仅是与摩擦相关的推力损失。

近年来，鉴于在航空发动机领域内的二元喷管的研制，正在对有关将其应用于第二代先进超声速客机上的问题进行研究，其中比较尖锐的问题是降低机场附近的噪声级。鉴于此，一系列评价带有消音装置的二元喷管气动力效能的工作正在进行，其中，研究了带有波纹式消音器的二元引射喷管内的流谱、引射器从周围介质中吸入空气的数量、使用引射器情况下增加推力的能力等一系列其他问题[130,136,147,157~159]。图 7-43 所示的是带有引射器和波纹消音器的二元喷管方案之一,该二元喷管是在中央 H. E. 茹科夫斯基空气流动动力学研究所研制的。所研究的尾喷系统的主要元件包括:平面尾段 1(其上固定有引射器平面侧鱼鳞板 2)和依次置于平面侧夹板上的平面或成型引射器壁板 3。在引射器内部分布着具有不同出口截面几何参数(宽度和高度比、出口相对面积、角度和喷管出口上的 Ma_c 数等)的声速或超声速二元喷管 4 和具有不同波形板数目及其不同几何形状(高度、宽度、出口孔的形状、长度以及波纹板张角和波纹板出口面积等)的消音装置 5。类似的带有引射消音器的尾喷系统的研究也可针对圆形声速或超声速喷管来进行。

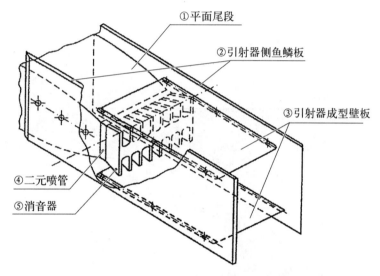

图 7-43 带有消音器的二元引射喷管

很显然,评定图 7-43 上所示系统的主要元件相互位置及其系统元件本身几何形状的几何参数的数目是极其庞大的,所以,其最优化是一个复杂的劳动强度大的过程,同时需要投入大量实验研究经费。因此,下文所给出的仅是某一具体的未对所研究的尾喷系统的某些几何参数进行最优化的模型方案的研究结果。

某些带有平面和圆形波纹消音装置的喷管模型方案的照片和布局如图 7-44～图 7-49 所示。根据图 7-43 上的示意图,带有引射和波纹消音器的二元喷管模型具有透明的平面侧夹板和成型的引射器上、下壁板,它们可被固定在不同位置和距波纹板喷口的不同距离上(沿长度和高度)。

图 7-45 所示的是平面波纹消音器(ГГШ)方案之一的布局、主要几何参数和尺寸,而图 7-46 所示的是在波纹板数目、高度及其之间的距离不同的平面波纹消音器的三个方案的照片和几何形状。图 7-45 和图 7-46 上所列的所有波纹消音器均被置于具有相同临界截面有效面积($\mu F_{临界} = 14.35 \, \text{cm}^2$)的二元喷管上,但它

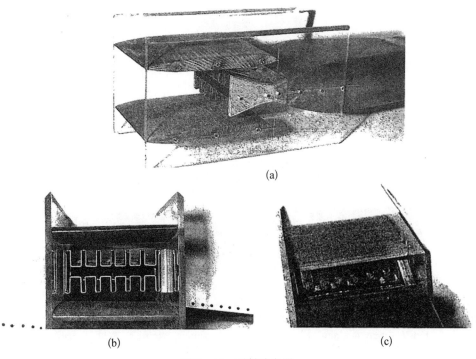

图 7-44 引射消音器

(a) 侧视图 (b) 后视图 (c) 前视图

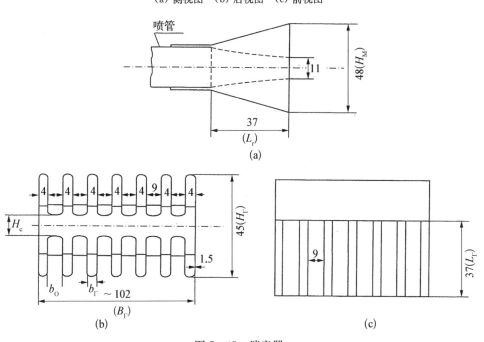

图 7-45 消音器

(a) 侧视图 (b) 后视图 (c) 前视图

方案	L_r/ mm	H_M/ mm	H_r/ mm	H_c/ mm	B_r/ mm	b_o/ mm	b_r/ mm	波纹板 数目	μF_{kR}/ cm^2	F_r/ cm^2
1	37	48	45	~11	~102	~9	~4	7	14.35	20.5
2	37	48	45	~10	102	~9	~2	8	14.35	14.5
3	37	36	33	~7.5	102	~5	~5	8	14.35	16.5

图 7-46　波纹板方案

们之间是有区别的,除了上文所指出的不同之外,还有波纹板出口截面的总面积 F_r。该数值 F_r(见图 7-46 上的表格一栏)表明,波纹板出口总面积 F_r 与二元声速喷管临界截面有效面积 μF_* 的比值与等效的超声速喷管一致。

　　除了二元声速喷管,在尾段喷口上安装的是二元超声速喷管(见图 7-47)和带有中心体的二元喷管(见图 7-48)。中心体的制造有两套方案:根据直径 $D = 2\ mm$ 的凿孔(其间距沿中心体的长和宽超过 $4\ mm$)分布示意图(见图 7-48),有实心(非通透)的和通透(空心)的两种。在图 7-48 上甚至用图示法展示了三个垂直塔座,用于在每一个塔座上分布(喷管临界截面前的)两个全压管。

　　在图 7-49 上所给的安装于图 7-44 上所示的同样的二元引射喷管内的圆形消音器方案上,喷管临界截面位于波纹板出口截面,即该方案与波纹板出口处声速喷管的排气流($\mu F_* \approx 8.5\ cm^2$)对应。根据在压缩冷空气中进行的模型实验研究结果,取决于尾喷内落压比 π_c 的该圆形消音器特性与存在和没有引射器情况下的等效的圆形喷管特性如图 7-50 所示。除了针对所研究的四种喷管方案的通常的推力内部损失之外,图 7-50 上还列举了由不带消音器和带有消音器的圆形喷管的喷流在有平面引射器和没有引射器情况下吸入的空气的相对耗量值。实验研究

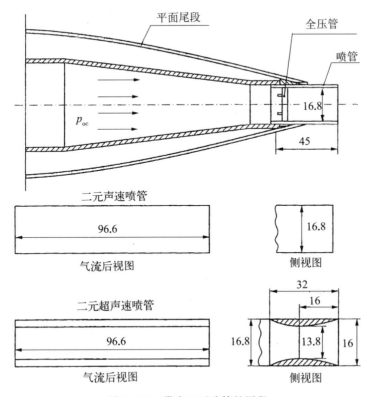

图 7 - 47　带有二元喷管的尾段

时,由喷流吸入的空气值 G_n 可通过测量静压和全压平均值(利用置于模型垂面引射器入口截面上的梳状管和喷管)来求出。射流从周围介质中吸入的空气的近似值属于在喷管内落压比 π_c 为相应值(分别对应的是带有消音器和无消音器)情况下经过喷管的空气耗量 G_c。对射流所吸入的周围大气的数值的近似评估使我们注意到了消音喷管的引射器内部流动的下列特点。首先,在没有引射器情况下,在整个所研究的区间 $\pi_c \approx 2 \sim 5$,无论是声速喷管,还是带有波纹消音器的喷管的喷流吸入都相当的小并且在测量误差范围内数值 $\overline{G}_n = 0$。其次,在安装有平面引射器(平面侧壁和成型的上、下壁,见图 7 - 49)情况下,由于喷流周围的空间限制,在壁板位置固定(其间沿入口截面的距离约为 70 mm)情况下,会发现从大气中吸入的空气流的耗量明显增大。对于圆形喷管而言,吸入的空气的相对耗量值为经由喷管的空气耗量的 40%～60%。

　　第三,圆形波纹消音器(其在引射器位置相同且无消音器情况下的照片见图 7 - 49)的安装会导致 $\overline{G}_n$ 的明显增大,这至少是由两个因素(因出口截面处的波纹板的最大直径大于喷管临界截面直径而引起的射流直径的增大,即出现射流有效直径的增大和射流在波纹板喷口后面较强烈的混合)影响的。可能的情况是,如果相对于引射器入口截面的圆形波纹板出口截面和无波纹板的等效声速喷管出口

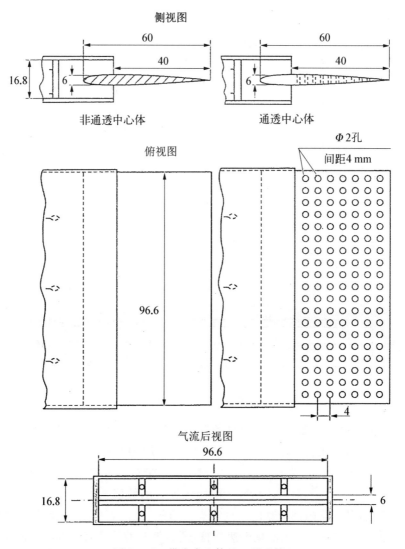

图 7 - 48 带有中心体的二元喷管

截面的位置一样的话,这两个方案中的数值 $\bar{G}_n$ 的差别会很大。然而,波纹消音器在结构上是被固定在声速喷口上并且相对于引射器入口截面被置于深处。对于无消音器和带有消音器的喷管而言,引射器壁板长度和引射器内的喷流长度的比是不同的,该长度对所吸入的空气流的耗量值是有影响的,这一切就是该结构不同导致的结果。

所以,这几个最简单的试验表明,射流吸入的(由波纹消音器流向喷管、引射器周围的)气体值可以是流经尾喷的气体耗量级数。显然,数值 $\bar{G}_n$ 取决于波纹板和引射器的尺寸及其相互位置和喷流参数等。图 7 - 49 所示的整个喷管-波纹板-引射器系统在实验研究时被置于应变测量元件上,所以在吸入的空气流动情况下,除了

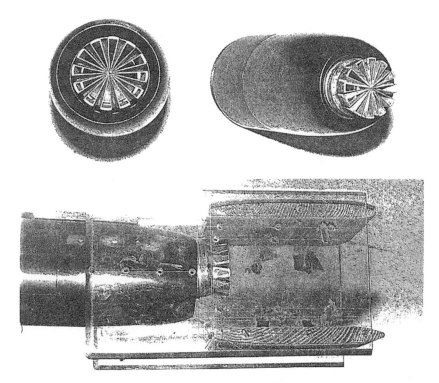

图 7-49 圆形消音喷管

波纹板阻力之外,属于图 7-50 上所列的喷管内部推力损失的还有引射器壁板的外部阻力(压力和摩擦阻力)和侧夹板的外部阻力(摩擦阻力)。

无波纹消音器的声速喷管推力损失指的是由于膨胀不足(包括在所设定的具体的引射消音器方案存在情况下)和因该引射器和侧夹板阻力所造成的某一数目的空气被吸入引射器内而产生的声速喷管推力损失。

波纹消音器的存在导致喷管推力损失出现明显增大,尤其是在落压比很小($\pi_c < 3$)的情况下,而引射器的安装对推力损失级的影响相对不大。带有所研究类型的波纹消音器的喷管的推力损失在 $\pi_c \approx 2 \sim 5$ 范围内处于喷管理想推力的 $4\% \sim 6\%$ 级别上,就是说,对于 $F_r = F_{临界}$ 的圆形声速喷管而言,这样的推力损失是相当大的了。

接下来,为了简化分析,在某一具体的喷管内落压比值($\pi_c \approx 4$)情况下,对图 7-43 和图 7-44 上所列的带有消音装置的喷管方案进行比较。比较结果如图 7-51~图 7-53 所示。

平面引射器的安装(其示意图和照片见图 7-43 和图 7-44)对平面声速、超声速喷管和带有中心体的喷管推力损失的影响如图 7-51 所示。平面引射器入口平面大致分布在喷管出口截面平面上,而引射器壁板距离喷管轴线大致为喷管出口截面高度的两倍。

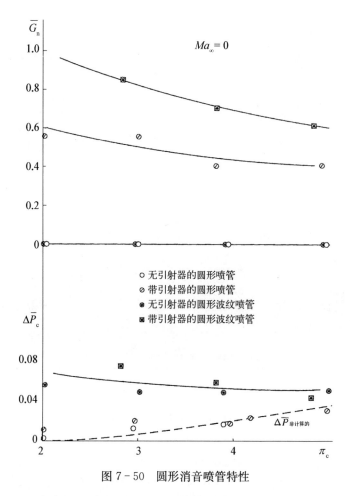

图 7-50　圆形消音喷管特性

　　显然,对于所研究的所有圆形和二元喷管而言,在所研究的其位置情况下,引射器的影响实际上是不存在的。

　　图 7-51 图解说明的还有一个在使用消音装置情况下的气动力效能——利用垂孔穿透二元喷管中心体。穿孔方法如图 7-40 所示。图 7-51 所给出的数据表明,由于中心体表面阻力的增大(与非穿孔喷管相比),在中心体穿孔大致在 15% 情况下,喷管推力损失会增加 0.5%。可见,在先进飞机上使用带有中心体的二元喷管来降噪时,可以再对穿孔形式进行优化,以使损失级降至 0.2%~0.3%,这将使我们对穿孔变得不可调并使其在所有的发动机工作状态和飞机飞行状态上使用。

　　波纹消音器和平面引射器的结合对不同布局的喷管推力损失的影响如图 7-52 所示。根据图 7-51,针对每个喷管方案,使用虚线展示了无波纹消音器情况下的推力损失级。根据图 7-46 上的表格,三个平面波纹消音器方案的推力损失级的不同(在喷管理想推力的 1%~1.5% 范围内)与波纹板出口截面面积 F_r 和喷管临界截面有效面积 $\mu F_{临界}$ 的不同比值相关。

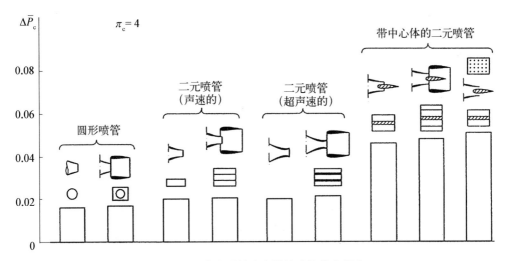

图 7 - 51　带有引射消音器的喷管推力损失

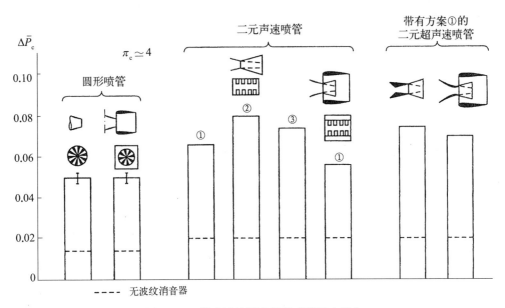

图 7 - 52　带有波纹消音器的喷管推力损失

图 7 - 52 指出了引射器对喷管 3 个不同方案的推力损失级的影响。带有波纹消音器的圆形喷管具有最小的相当于喷管临界截面有效面积的波纹板出口截面面积 ($\mu F_{临界} = F_{\mathrm{r}} = 8.5\,\mathrm{cm}^2$)。平面引射器在该方案喷管上的安装实际上不会导致推力损失级的改变,尽管测量并展示射流所吸入的流经引射器的某一数目的空气是在流经喷管的空气耗量的 50% 范围内(见图 7 - 50)。

对于平面波纹消音器(方案 1)而言,射流器的安装无论是对声速二元喷管,还是对超声速二元喷管都能得到推力损失减低效应(对于声速喷管推力损失减低

1％,对于超声速喷管推力损失减低0.6％)。由引射器对推力损失级降低的影响所产生的效应,在引射器壁板膨胀情况下变得更加强烈(见图7-53),对于无波纹消音器的二元声速喷管而言,相当于喷管理想推力的1％左右,而对于带有波纹消音器的二元声速喷管而言,则相当于喷管理想推力的2.5％左右。

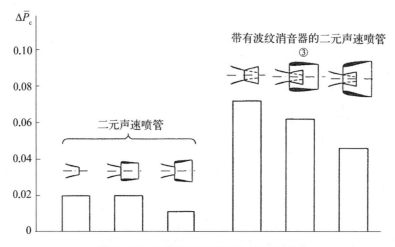

图7-53　引射器对喷管推力损失的影响

上文所给出的图解展示的远不是减少带有(用于消音的)引射装置的不同方案的二元喷管推力损失的全部能力。

在尾喷内或喷管后安装滤网或格栅是对流自喷管的喷流进行消音的另一种方法[55]。为了促成喷流与周围空气的较快混合,滤网或格栅将其分成几股,这样一来,一方面,导致噪声级降低,另一方面,也导致喷管推力损失增加。

滤网或格栅的使用并未仅停留在降噪层面,该装置还用于研究喷管的推力损失级。图7-54所示的是在与 K. Ф. 波波维奇和 Д. B. 梅列金一同得到的实验数据基础上,对 $\pi_c = 3$ 情况下带有某些类型的滤网或格栅的圆形声速喷管的推力损失数值的评价。

图中用虚线表示的是无滤网和格栅的圆形声速喷管(方案1)的推力损失级,包括 $\pi_c = 3$ 情况下尾喷膨胀不足时的推力损失。方案2和4表示的是置于喷管临界截面前的弯曲的隔板(格栅)的不同数目和长度。

方案3表示的是置于喷口后的滤网,而方案5指的则是该滤网和四个弯曲隔板中的格栅的结合(方案2和3的结合)。单独使用格栅或滤网的喷口的阻塞度(值)不大:处于喷管临界喷口面积的百分之几的水平上。所研究的格栅和滤网(方案2~4)的效应处于喷管理想推力的1％~1.5％水平上,而弯曲隔板中的格栅和滤网的结合(方案5)大致使推力损失增加一倍(单独与方案2或3的每一个比较)。

阻塞度 $\left(\Delta\bar{F} = 1 - \dfrac{F_{格栅}}{F_c}\right.$,式中: $F_{格栅}$ 为滤网或格栅"遮住"的喷管或射流的截面

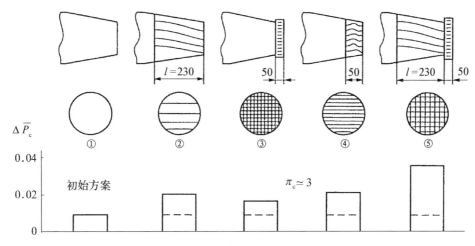

图 7 - 54　滤网和格栅对声速喷管推力损失的影响

面积)是修正使用滤网或格栅的尾喷横截面或喷管通道的阻塞效应的几何参数之一。具有其通道不同阻塞度的圆形声速喷管推力损失值（$\pi_c = 3$ 情况下）如图 7-55 所示。上文所给出的参数（数值为 1）与无滤网或格栅的声速喷管对应。图 7-55 所列举的基于试验数据所得到的关系曲线表明，通道阻塞较大（$\Delta \bar{F} \approx 0.2 \sim 0.3$）情况下的喷管推力损失非常大，并且该阻塞允许值小于喷管出口截面面积的 10%，在这种情况下，在安装滤网或格栅时的推力损失超出量处于喷管理想推力的百分之几的水平上。

在现有的文献中，已经给出了使用不同消音装置情况下的尾喷降噪级关系曲线的数据和与这些消音装置的安装有关的推力损失值[130]。这些数据以某些广义

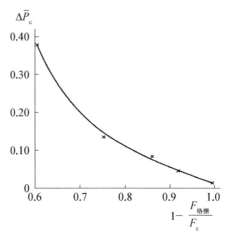

图 7 - 55　声速喷管横截面阻塞度的影响

的关系曲线 $\Delta P_{NdB} = f(\Delta \bar{P}_c)$ 的形式给出（见图 7 - 56）。根据不同作者的数据，噪音下降值 ΔP_{NdB} 主要分布在两条直线性关系曲线 $\dfrac{\Delta P_N}{\Delta P_c} = 1.2$ 和 2.1 区域内，这分别代表了过去几十年和最近几年来所达到的水平。最近几年所取得的成果表明，使机械消音器损失减少一半左右是能够达到的，噪音降低一个分贝可使喷管推力损失增加理想推力的 0.5%，这还不是消音喷管的效能极限。

图 7 - 56 甚至给出了文献[130]在借助不同型号的引射器来高效降噪方面的数

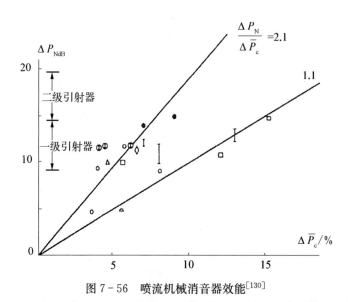

图 7-56　喷流机械消音器效能[130]

据,此种情况下,降噪 10~15 dB 会导致推力损失的增加不大于理想推力的 1%,这一点证明了引射消音器的使用前景广阔。

8 高超声速飞行器的喷管

8.1 喷管效率

在研制 $Ma_\infty > 3 \sim 4$ 的超声速或高超声速飞行器时,不仅喷管的作用增加了,喷管气动特性的确定过程也变得十分复杂[19,71]。当飞行器高速飞行时,发动机的推力是两个近似值的差:喷口燃气气流的冲量与发动机入口处冲量之差。如果按照第 1 章的式(1-63)将喷管推力损失转换成发动机推力损失,当放大系数 $K_{放大}$ 增大时,即使是不大的喷管推力或冲量变化,都将导致发动机推力的明显变化。由于这个原因,有必要提高喷管推力或冲量的确定精度。

另一方面,由于高超声速喷管的作用逐渐提高,也需要研究这类喷管的特性,既研究单独元件,也研究提供发动机给定冲量和推力的动力装置。

除此之外,安装了空气喷气发动机的飞行器飞行速度的提高,伴随着发动机入口处总温的提高,结果导致喷管前燃烧物的总温达到 2 500~3 000 K。在中等压力下喷管入口达到这样高的温度后,燃烧物将会发生局部电离。在具有极高温高压的液体喷气发动机喷管内,这一过程还会加剧。

气体的电离过程是分子分解成更简单元素的过程,包括分解成原子状态,其典型特征是分子的动能转变成原子的振动能和转动能。火箭发动机的喷管内也会发生类似过程,里面的实际流动是高速、高温的介质反应,这一过程的描述相当复杂。喷管内高温燃烧物膨胀时,燃气在喷管内的停留时间等于燃气特有的化学反应时间。如果燃气温度降低,膨胀过程中化学反应的速度急剧下降,由于化学反应速度限制,喷管内的复合过程来不及完成,在喷管入口处消耗的那部分气体电离能量超不过喷流的动能。由这一现象决定的喷管推力损失或冲量损失称为化学不均匀性造成的损失。

在上一章分析具有中等超声速飞行速度飞行器的喷管空气燃气动力学特性时,可以不考虑其中的物理化学过程,此时喷管内的燃气膨胀发生时,流量系数 μ_c、速度 φ_c、相对冲量 $\bar{J}_c$ 都是不变的,而对于高温状态下发生化学反应的气流,这些系数将取决于燃料种类、温度、压力、氧化剂剩余系数、喷管绝对尺寸等因素。

进行各种高超声速飞行器发动机的喷管试验研究时,由于喷管内所发生的一切过程十分复杂,不可能实时模拟燃气气流的所有真实参数,因此,考虑喷管内燃气化学运动后再进行燃气动力学计算时,大量参数被省略。

本章并不打算描述非均匀燃气化学流动的计算方法。考虑各种燃烧物化学反应的喷管燃气流动计算方法在[9,19,11,12,13,64,65,71]等文献中都有详细描述。本章只是给出了化学不均匀性对喷管主要燃气动力学特性的影响研究的某些结果。

化学不均匀性造成的损失是喷管总推力损失或冲量损失的一部分,是摩擦损失、气流的锥形流动性、流动不均匀性造成损失的补充,这些损失在前面几章已经研究过。

由于高温气流的实际变化过程极其复杂,只能采用简化的流动模型,近似考虑化学不均匀性问题[12,64,71]。在计算燃气的化学反应时,作为一阶近似可以研究两种特例情况:物理化学过程渗透速度等于无穷大或等于零。当化学反应的渗透速度为无穷大时,流动是均匀流,当渗透速度等于零时,是阻滞气流。

均匀流时,沿着整个流管的焓是保持不变的,喷管的每一个截面都有自身的相互关系,自身的电离程度,即具有相等的热力学燃气成分,分别与该截面的压力值和温度值相对应。这意味着所有复合化学反应的渗透速度无限大,整个喷管长度方向的燃气成分都在变化。如果存在可逆过程,应当可以利用最大做功原理,喷管内的等焓流动是一种极限流动,对于具有相同几何形状的喷管,而且喷管出口处的阻滞气流的参数相同,此时在喷管出口截面处所获得喷出气流速度、压力和温度,与其他过程相比是最大的。即等焓膨胀过程所对应的是喷管最大可能冲量和推力。

另外一种极限情况是完全的阻滞气流,此时燃烧物各成分的膨胀过程认为是恒定的,即燃烧物在整个喷管长度方向上的质量和容积的组成成分与压力和温度无关,与喷管入口处阻滞气流的压力和温度一致。这种流动也是一种等熵流。在完全阻滞的气流中,保持不变的有分子振动自由度的能量,粒子速度和温度,也没有发生结晶和冷凝。在极限阻滞流动过程中,在给定形状和给定阻滞气流参数的喷管出口处,如果是极限阻滞流动,则入口得到的压力比其他任何喷流情况都小,因为在静止的燃气中储存的电离能和分子振动自由度能量,以及粒子的热能并没有传递给平动和转动的分子自由度,即随后没有转换成燃气的定向运动能。这意味着对应阻滞膨胀过程的喷管推力和冲量值将比其他流动情况要小,而阻滞流动中的冲量或推力损失值是流动的化学不均匀性造成的损失估算值的上限。决定这些值的因素包括喷管入口处燃烧物的压力和温度、氧化剂剩余系数,还有喷管的几何膨胀率[13]。

喷管内高温燃气的实际喷出过程,常伴随着化学反应的不均匀渗透,因此,流动介于两种极限情况之间,而实际喷管的燃气动力学特性则介于这两种极限情况之间,即流动的化学不均匀性将大于等焓膨胀,但低于完全阻滞流动过程水平。下面给出的结果可以获得喷管内存在流动化学不均匀性产生的推力或冲量损失,这种流动介于等熵流动和阻滞流动之间,还可以得到喷管入口处阻滞气流参数、喷管几何参数和燃烧物成分对这些损失值的影响[13~15,19,64,65,71]。

正如前面指出的那样,由于高超声速飞行器喷管内存在物理化学过程,其空气动力学特性取决于一系列关键参数的绝对值,如喷管的压力、温度、长度等。喷管入口处的压力和总温首先与飞行器的飞行速度和高度有关,也与燃料及氧化剂的比例有关。因此,比较和归纳总结这些喷管的特性十分困难,其难度远超过中等飞行速度($Ma_\infty \leqslant 3$),它们的特性也不用相对值表示,而是用具体条件下的绝对参数值表示或计算。

至于高超声速飞行器喷管的布局形式,根据第 2 章的分类可以确定,最可能的布局形式是圆形或二元对称喷管,或者是二元带斜切口的喷管。高超声速飞行器上的冲压发动机最有可能使用最后一种形式的喷管布局,因为飞行器尾部如同是喷管壁板的延伸,可以保证燃烧物的进一步膨胀,为发动机产生附加推力。考虑气流的化学不均匀性时计算喷管特性的一系列方法中,大部分采用一维近似方法,这些结算结果适用于上面提到的所有喷管布局形式。

下面给出的结果解释了高超声速喷管存在的一系列条件和所具有的特性,以及喷管冲量或推力损失不同分量值的量级。

为了说明了冲压发动机燃烧室内燃烧物的温度和压力水平,即喷管入口处的压力和温度,在图 8-1 中给出这两个参数随高超声速飞行器飞行马赫数的变化关系[12,144,160],也可参见文献[19,71]。随着飞行 Ma 数的提高,由于气流在进气道内减速阻滞,因此进入到冲压发动机燃烧室内的空气的温度急剧提高,当 $Ma_\infty \approx 10$ 时,空气温度等于燃烧室内燃烧物的温度,如图 8-1(a)所示。$Ma_\infty \approx 10$ 时,空气冷却的喷管表面的温度接近这个水平,而在不大的高超声速下($Ma_\infty < \approx 5 \sim 6$)时,喷管表面的温度明显低于喷管入口处燃烧物的温度。

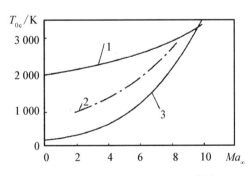

图 8-1(a) 冲压发动机的总温[144]

　　1—燃烧物;2—空气冷却的喷管表面[121];
　　3—空气

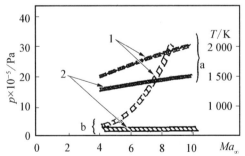

图 8-1(b) 亚声速和超声速燃烧发动机燃烧室内的温度和压力

　　(a) 温度 (b) 压力:1—亚声速燃烧;2—超声速燃烧

另一方面,冲压空气发动机的温度和压力,即高超声速飞行器喷管入口处的气流参数,完全取决于这一点:燃烧室内的气流以什么样的速度实现燃油燃烧过程——亚声速还是超声速[见图 8-1(b)]。对于燃烧室内以亚声速状态进行燃烧的空气冲压发动机,当飞行 Ma 数提高时,将导致燃烧室内压力急剧增大,当 $Ma_\infty \approx 7 \sim 8$ 时,压力可能升高到不可接受的程度。对于燃烧室内以超声速状态进行燃烧的高超声速空气冲压发动机,燃烧物的温度和压力低于亚声速燃烧状态,尤其是当 $Ma_\infty \approx 8 \sim 9$ 时的燃烧室内压力水平。

对于燃烧室具有亚声速和超声速燃烧状态的空气冲压发动机,在不同的喷管冲量系数 $\bar{J}_c$ 下,比冲 $J_{单位}$ 值随喷口面积与进气道入口面积比值的变化关系在图 8-2 中给出[19,115]。

从图 8-2 曲线中可以明显看出,燃烧室内从超声速燃烧状态过渡到亚声速燃烧状态时,发动机的冲量或推力下降,喷管对发动机的影响作用提高。

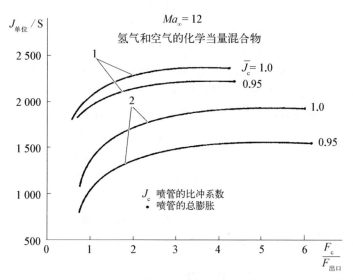

图 8-2　喷管效率对具有亚声速和超声速燃烧状态的发动机特性的影响

不同发动机的冲量和推力数据在图 8-3 中给出,其中包括不同研究人员归纳总结的氢燃料发动机和碳氢燃料发动机的工作数据[19,59,107,108,120,132]。

液体燃料喷气发动机与空气冲压发动机相比较,可以保证获得更高的推力,但在燃料方面具有最低的冲量值 $J_{单位}$,因为液体燃料喷气发动机的燃料和氧化剂位于飞行器内部,而空气冲压发动机所使用的氧气来自周围大气,飞行器上装载燃料。

使用氢燃料的发动机与使用常规碳氢燃料(航空煤油)的发动机相比较,它可以保证得到更大的 $J_{单位}$ 值,由此可见,氢燃料更有应用前景。

喷管几何形状对其特性的影响,可以利用各种计算方法,按照文献[108]中的数据,求解化学运动方程得到,这些计算工作所取得的结果在图 8-4 和图 8-5 中给出,所举的例子是采用圆形喷管的液体燃料喷气发动机,使用的是氢燃料加氧

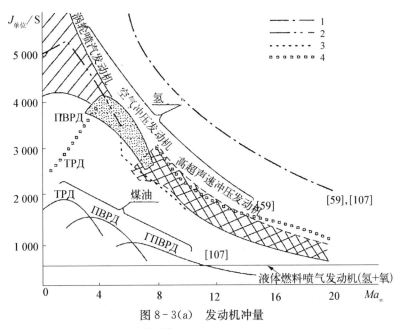

图 8 - 3(a)　发动机冲量

1—氢燃料的最大 $J_{单位}$ [59,107]；2—空气冲压发动机 [132]；3—高超声速冲压发动机 [132]；4—固体火箭发动机、空气冲压发动机、高超声速冲压发动机 [120]

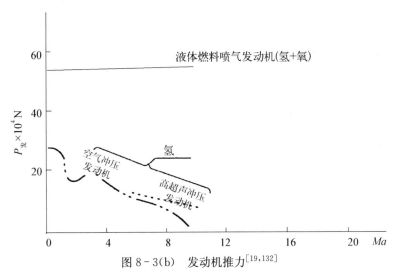

图 8 - 3(b)　发动机推力 [19,132]

气。计算时所采用的喷管具体尺寸如下：喷管临界截面直径 $D_{临界} = 25.4 \text{ mm}$，入口压力为 $p_{0c} = 70 \times 10^5 \text{ Pa}$，采用一维流理论和特征性法，考虑了燃气的化学反应运动。在图 8 - 4 中，对于圆形喷管出口相对面积 $F_c / F_{临界} = 1000$ 的液体燃料喷气发动机，给出了其相对位移厚度 $\delta^* / D_{临界}$、冲量损失厚度 $\delta^{**} / D_{临界}$ 和摩擦系数 $C_{x摩擦}$ 沿喷管超声速段长度方向的变化曲线。在喷管出口截面处，根据所使用的计

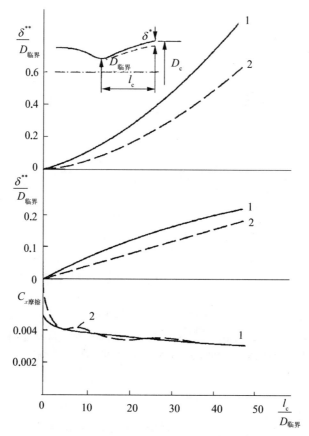

图 8-4 考虑了燃气（$H_2 + O$）的化学反应运动的液体燃料喷气发动机的喷管特性

$D_{临界} = 25.4\ mm$，$p_{0c} = 70 \times 10^5\ Pa$[108]

———维流法计算结果；－－－特征性法计算结果，$F_c / F_{临界} = 1\,000$

算方法得到的附面层位移厚度已经达到了 $0.6 \sim 0.8\,D_{临界}$，或者等于所研究喷管出口截面直径的 $2\% \sim 2.5\%$。随着喷管长度方向上气流 Ma 数的提高，喷管壁上的气流摩擦系数 $C_{x摩擦}$ 随着喷口的临近而减小，唯一例外情况是当 $l_c / D_{临界} \approx 0$ 时，它的初始值与所使用的计算方法关系不大。上述两种计算方法得到的喷管比冲的变化 $J_{单位}$ 在图 8-5 中给出，计算分为两种情况：考虑附面层厚度对 $J_{单位}$ 的影响和不考虑这种影响。不考虑附面层厚度对 $J_{单位}$ 的影响时，在 $F_c / F_{临界} = 1\,000$ 情况下，两种计算方法的最大差别是只有约 $1\% \sim 1.5\%$，考虑附面层厚度的影响时的结果表明，同不考虑喷管壁面附面层厚度情况下比较，此时喷管的比冲值下降了 $5\% \sim 6\%$。

8.2 流动化学不均匀性的影响

考虑到各种类型燃料的化学反应不同，不同文献分别计算了喷管内的流动，结

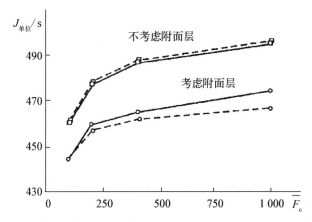

图 8 - 5　考虑了燃气的化学反应运动的圆形喷管液体燃料喷气发动机的冲量
喷管临界截面直径 $D_{临界} = 25.4\,\text{mm}$, 入口压力为 $p_{0c} = 70 \times 10^5\,\text{Pa}$
——一维流法计算结果；– – –特征性法计算结果

果表明,喷管的最大静温、最大总温和最大冲量是在氧化剂剩余系数接近 1 的时候达到的[64,71,135]。

对于圆锥形喷管,其临界截面直径 $D_{临界} = 2\,\text{cm}$, 喷管超声速段锥度角 $\theta_c = 13.5°$, 当喷管入口处总温 $T_{0c} = 3\,000\,\text{K}$、氢氧燃料的剩余系数 $\alpha = 1$ 时,喷管内燃气化学运动对其静温变化的影响结果在图 8 - 6 中给出,图中两条曲线所对应的喷管入口总压分别为: $p_{0c} = 0.1 \times 10^5\,\text{Pa}$ 和 $100 \times 10^5\,\text{Pa}$。

当喷管入口处总压相对不大情况下,即 $p_{0c} = 0.1 \times 10^5\,\text{Pa}$, 在近似等焓流或阻滞流动中得到的气流温度明显不同,由此可以得出这样的结论,考虑化学运动时得到的准确的计算结果与完全阻滞的流动计算结果相当接近,如图 8 - 6(a) 所示。

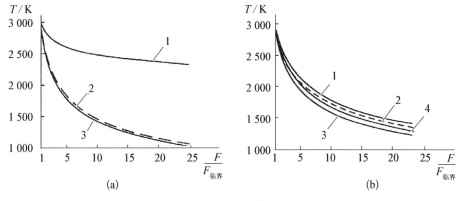

图 8 - 6　化学运动对喷管特性的影响
$D_{临界} = 2\,\text{mm}$, $\theta_c = 13.5°$, $V_{临界} = 5 \times 10^5\,\text{cm/s}$, $\alpha = 1$[135]
(a) $p_{0c} = 0.1 \times 10^5\,\text{Pa}$　　(b) $p_{0c} = 100 \times 10^5\,\text{Pa}$
1—等焓流；2—考虑化学运动的准确计算；3—阻滞流动；4—考虑化学运动的近似计算结果

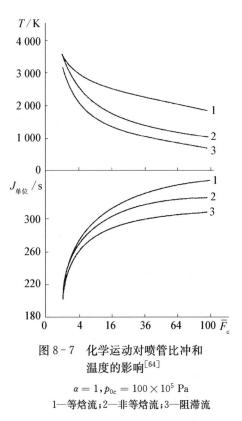

图 8-7　化学运动对喷管比冲和
温度的影响[64]

$\alpha = 1, p_{0c} = 100 \times 10^5 \text{ Pa}$

1—等熵流；2—非等熵流；3—阻滞流

当喷管入口处总压处于高压时，即 $p_{0c} = 100 \times 10^5$ Pa，等熵流和阻滞流的计算结果彼此接近，而考虑化学运动的准确结果和近似结果则大约位于等熵流与阻滞流之间，如图 8-6(b) 所示。

对于采用非对称二甲肼和氧化剂（二十四碳烷）作为燃料的液体燃料喷气发动机，考虑化学运动时的喷管特性计算结果在图 8-7[64] 中给出，氧化剂的剩余系数 $\alpha = 1$，喷管入口压力 $p_{0c} = 100 \times 10^5$ Pa。正如图 8-6 给出的氢氧混合物的结果一样，考虑化学运动时喷管内气流的温度位于等熵流和阻滞流之间。液体燃料喷气发动机的比冲值在完全等熵流时达到最大，而在完全阻滞流时最小；考虑化学运动后的比冲值则位于两种极限情况之间。考虑化学运动情况时，冲压发动机喷管内从完全阻滞流转换到完全等熵流过程中比冲值的变化规律在图 8-8(a) 中给出[71,135]。在这张图中所给出的结果，针对飞行马赫数 $Ma_\infty = 8$ 的高超声速飞行器，其发动机采用氢氧混合物作为燃料，燃料的剩余系数 $\alpha = 1$，当喷管内气体完全膨胀，喷管速度系数 $\varphi_c = 0.98$。图 8-8(a) 下面虚线对应的是发动机燃烧室出口气流为完全阻滞流的情况。随着喷管超声速段气流阻滞点的移动，比冲值逐渐增加，逐步接近等熵流动，即图 8-8(a) 中上面的虚线。

很显然，图 8-7 和图 8-8(a) 中给出的等熵流、阻滞流和化学反应流之间的比冲值具有类似的比例关系，发动机的相对推力 $\overline{P}_\text{单位}$ 数值也相似，如图 8-8(b)[71,144] 所示。这些都是空气冲压发动机的计算结果，采用的是碳氢燃料，飞行高度 $H = 40$ km，所构建的相对推力 $\overline{P}_\text{单位}$ 曲线采用 $Ma = 1$ 时的单位推力 $P_\text{单位}$ 比值。完全阻滞流和等熵流之间的曲线对应的冷冻燃料是一氧化碳、氧化氮和氢。

图 8-9 给出的是文献[12]得到的计算结果，考虑了氢燃料燃烧后在空气中膨胀时的化学运动，空气剩余系数 $\alpha = 1.2$。锥形喷管的亚声速段和超声速段的锥度角分别是 $30°$ 和 $15°$，喷管入口总压和总温分别为 $p_{0c} = 1.94 \times 10^5$ Pa，$T_{0c} = 2\,820$ K，每秒质量流量为 $m_c = 98.8$ kg/s，安装了空气冲压发动机的飞行器所对应的飞行速度和高度为 $Ma = 6$，$H = 35$ km（$\pi_\text{喷口} = 337$）。图 8-9 给出了相对横截面积和静压沿喷管长度方向的变化规律。

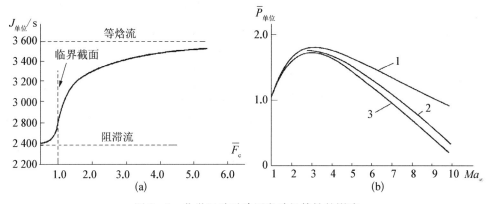

图 8-8　化学运动对冲压发动机特性的影响

(a) 冲压发动机(氢+氧)比冲，$\alpha=1$，$\varphi_c=0.98$[135]

(b) $H=40\text{ km}$ 时，高超声速冲压发动机相对单位推力(碳氢燃料)[144]：
1—等焓流；2—冷冻燃料(CO,NO,H_2)；3—阻滞流

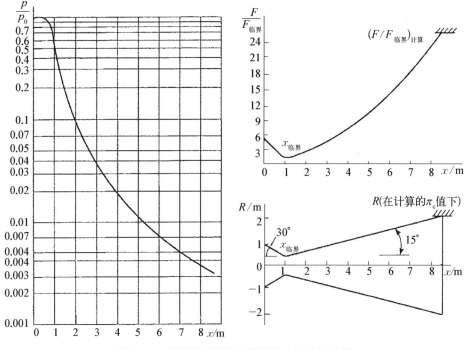

图 8-9　锥形超声速喷管长度方向上参数计算

　　根据文献[12]计算的等焓流、化学非等焓流和阻滞过程中的比冲 $J_{单位}$ 及其数值量级，在喷管长度方向的变化特性如图 8-10(a)所示，这些结果与图 8-7 给出的文献[64]的计算结果接近，后者计算的喷口相对面积 $\bar{F}_c$ 值的范围比图 8-10(a)更大。在文献[12]中还得到了单位推力损失的各种分量值随喷管横截面积的变化关系，对于上述飞行条件的结果如图 8-10(b)所示。所给出的推力损失包括喷管后

非喷流计算状态的推力损失 $\Delta \bar{P}_{非}$，喷管内阻滞气流情况下的损失 $\Delta \bar{P}_{阻滞}$，化学非等焓流的推力损失 $\Delta \bar{P}_{化学}$，以及考虑非设计喷流状态的两种流动情况下的推力损失之和 $(\Delta \bar{P}_{非} + \Delta \bar{P}_{阻滞})$ 和 $(\Delta \bar{P}_{非} + \Delta \bar{P}_{化学})$。因此，随着喷管相对面积的增大，与喷流的过度膨胀有关的非等焓流的损失开始下降并趋近于零，此时 $\bar{F}_c \rightarrow \bar{F}_{c计算} \approx 24.5$，如图 8-9 所示，而与化学非等焓流有关的损失开始约等于常值，约等于喷管理想推力的 3.3%。应当强调指出，正如文献[12]所示，对于所研究的带冲压式空气喷气发动机飞行器的飞行条件，如果将喷管推力损失转换成发动机推力损失，推力损失放大系数约等于 3，发动机单位推力损失约占理想推力 10%。

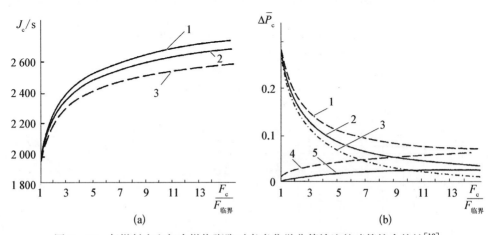

图 8-10 氢燃料在空气中燃烧膨胀时考虑化学非等焓流的喷管综合特性[12]

(a) 1—等焓过程；2—化学非等焓过程；3—阻滞过程

(b) 1— $\Delta \bar{P}_{非} + \Delta \bar{P}_{阻滞}$；2— $\Delta \bar{P}_{非} + \Delta \bar{P}_{化学}$；3—非设计状态损失 $\Delta \bar{P}_{非}$；

4—阻滞过程损失 $\Delta \bar{P}_{阻滞}$；5—化学非等焓过程损失 $\Delta \bar{P}_{x}$

正如前面图 8-6 到图 8-10 给出的计算结果所显示的那样，考虑化学运动所得到的喷管特性，介于等焓和阻滞过程所得到的计算值之间，等焓流动时得到的特性最佳，阻滞流动最差。因此，计算阻滞流动情况下得到的最大可能推力损失和冲量损失是最合理的评估方法。与这些与化学非等焓流有关的推力损失评估的上限值，不仅取决于燃烧物的压力和温度，还取决于空气的剩余系数和喷管的几何膨胀率[13]。对于航空煤油在空气中燃烧时的膨胀过程是化学非等焓流，几何尺寸固定不变的喷管燃料消耗特性和推力（冲量）特性变化的系统评估在文献[13]中给出。计算时，喷管的几何膨胀率在 $F_c / F_{临界} = 1 \sim 14$ 的范围内变化，空气剩余系数 $\alpha = 1.1 \sim 3$，喷管入口处燃烧物的温度和压力分别为 $T_{0c} = 1000 \sim 3000$ K，$p_{0c} = (0.2 \sim 15) \times 10^5$ Pa。计算结果的给出形式包括：燃烧物膨胀完全阻滞过程流量系数变化量 $\Delta \mu_{阻滞}$ 和比冲损失 $\Delta \bar{J}_{阻滞}$，它们是阻滞流与等焓流的比值：

$$\Delta \mu_{阻滞} = \frac{m_{临界_{阻滞}} - m_{临界_{等焓}}}{m_{临界_{等焓}}} \qquad (8-1)$$

$$\Delta \bar{J}_{阻滞} = \frac{J_{等焓} - J_{阻滞}}{J_{等焓}} \tag{8-2}$$

根据公式(8-1)和式(8-2)计算出的 $\Delta \mu_{阻滞}$ 和 $\Delta \bar{J}_{阻滞}$ 值在图 8-11～图 8-15 中给出,图中可以看出上述喷管参数的影响结果。计算结果表明,燃烧物膨胀阻滞过程中喷管临界截面的声速超过了等焓膨胀时的声速。在临界截面不变情况下,这将导致阻滞流中经过喷管的每秒燃气流量增大,而且在喷管入口处阻滞温度 $T_{0c} > 1\,500\,K$ 时,这种增量更加明显,即 $\Delta \mu_{阻滞}$ 开始大于 0.001,如图 8-11(a)和图 8-11(b)所示。

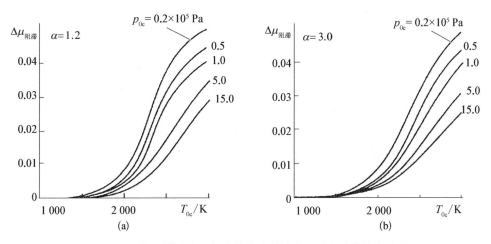

图 8-11 航空煤油在空气中燃烧非等焓膨胀时的喷管综合特性

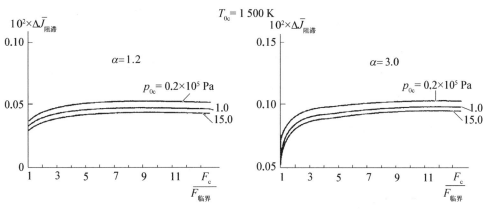

图 8-12 航空煤油在空气中燃烧时非等焓膨胀情况下的喷管综合特性[13]

$$T_{0c} = 2\,000\,K$$

当喷管入口处的燃气温度高时,$T_{0c} \approx 3\,000\,K$,阻滞流动时通过喷管的燃气流量系数提高量达到等焓流的 3%～5%。提高喷管入口处的总压时,$\Delta \mu_{阻滞}$ 值下降,这是因为燃烧物电离程度下降所致。

计算结果还表明,空气剩余系数 α 在很大的变化范围内 $\alpha = 1.2 \sim 3$,对 $\Delta\bar{\mu}_{阻滞}$ 的影响相对很小,如图 8 - 11(a) 和图 8 - 11(b) 所示。在文献[13]中给出的计算结果表明,在阻滞膨胀过程中,对喷管燃气流量产生明显影响的是喷管入口总温 T_{0c},它的影响出现在高温状态 $T_{0c} \approx 2\,000 \sim 3\,000$ K。

燃烧物阻滞膨胀过程中的单位冲量损失值是最大可能损失,而且除了与空气剩余系数、喷管入口温度和压力有关外,还与喷管的几何膨胀比 $F_c / F_{临界}$ 有关。在极限阻滞膨胀过程中,喷管单位冲量损失总是小于等熵过程的比冲。当 $T_{0c} \geqslant 1\,500$ K 时,喷管临界截面处的单位冲量损失 $\Delta\bar{J}_{阻滞}$ 已经不等于零,即不等于几何膨胀比 $F_c / F_{临界} = 1$ 的情况。当阻滞温度足够高时,即 $T_{0c} \approx 2\,000 \sim 3\,000$ K 时,临界截面处的冲量损失可以达到 $0.01 \sim 0.03$,如图 8 - 14 和图 8 - 15 所示。但是应当指出,该截面处化学非等熵流的实际损失相对不大,因为喷管中空气部分的静压和燃气温度与喷管超声速段的参数相比还不算大,而且燃气在亚声速段停留的时间也不算短,基本与喷管超声速段的停留时间相当,复合反应几乎可以在到达临界截面时完成。因此可以预料,发生在喷管亚声速段的过程接近于等熵过程。所给出的数据可以得出这样的结论:与阻滞温度和压力相比,空气剩余系数 α 对 $\Delta\bar{J}_{阻滞}$ 的影响最小。随着 α 值的提高,空气中氮气分子未电离的组成部分提高,喷管入口处已经电离的燃烧物的相对量减少,从而导致冲量损失的下降。例如,对于 $T_{0c} \approx 2\,500$ K,$p_{0c} = 10^5$ Pa,喷管的几何膨胀比 $F_c / F_{临界} = 14$,当 $\alpha = 1.2$ 时,$\Delta\bar{J}_{阻滞} = 0.037$,$\alpha = 3$ 时 $\Delta\bar{J}_{阻滞} = 0.026$,如图 8 - 14 所示。

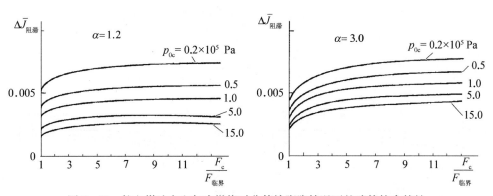

图 8 - 13　航空煤油在空气中燃烧时非等熵膨胀情况下的喷管综合特性

如果喷管的几何膨胀比 $F_c / F_{临界}$ 发生变化,当这个值的变化相对不大时,$F_c / F_{临界} \approx 3 \sim 5$,对 $\Delta\bar{J}_{阻滞}$ 的变化影响最大,而冲量损失的增加速度则随着 $F_c / F_{临界}$ 的提高而变缓,如图 8 - 11 ~ 图 8 - 15 所示。

随着喷管入口处阻滞温度的提高,入口处的温度和总压一样,对 $\Delta\bar{J}_{阻滞}$ 的影响增大。

当 T_{0c} 从 $2\,000$ K 增大到 $3\,000$ K 时,在 $\alpha = \text{const}$ 和 $p_{0c} = \text{const}$ 情况下,冲量

损失值比所有所研究的 α 和 p_{0c} 范围内的增加量高一个数量级，如图 8 - 13 和图 8 - 15 所示。

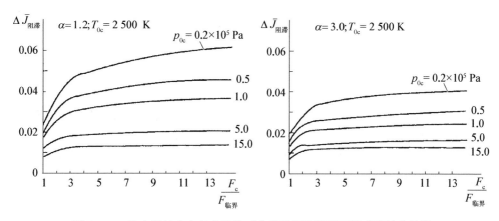

图 8 - 14 航空煤油在空气中燃烧时非等熵膨胀情况下的喷管综合特性

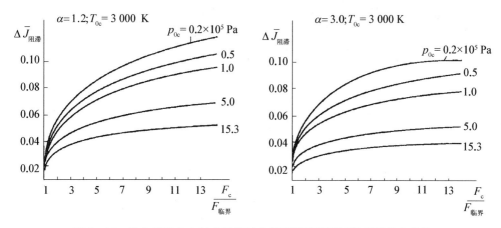

图 8 - 15 航空煤油在空气中燃烧时非等熵膨胀情况下的喷管综合特性

在所给出的数据中，还可以看出，随着喷管入口处总压 p_{0c} 的提高，燃烧物完全阻滞膨胀过程中的冲量损失 $\Delta \bar{J}_{阻滞}$ 下降，这与喷管入口处燃烧物电离程度下降有关。这个结论适用于文献[13]中研究的如下参数的整个变化范围：喷管几何膨胀率、空气剩余系数、喷管入口处阻滞气流压力和温度。

在喷管内燃气的实际膨胀过程中，在喷管入口处将发生电离后燃烧物的粒子复合现象，部分电离能将转入到喷流运动能中。同前面给出的冲量损失极限值 $\Delta \bar{J}_{阻滞}$ 相比较，当存在部分冷冻的燃气成分时，实际的冲量损失将减少。代表流量系数 $\Delta \mu_{阻滞}$ 和推力损失 $\Delta \bar{P}_{阻滞}$ 的那些值所出现的偏差也可以用类似方法解释。由于这个原因，考虑流动的化学非等熵性，实际冲量损失 $\Delta \bar{J}_{化学}$、推力损失 $\Delta \bar{P}_{化学}$ 和流量系数增量 $\Delta \mu_{化学}$ 可以用下面公式表示[11~13]：

$$\Delta \bar{J}_{化学} = \xi_{J} \Delta \bar{J}_{阻滞} \tag{8-3}$$

$$\Delta \bar{P}_{化学} = \xi_{P} \Delta \bar{P}_{阻滞} \tag{8-4}$$

$$\Delta \mu_{化学} = \xi_{\mu} \Delta \mu_{阻滞} \tag{8-5}$$

式中：系数 ξ_{J}、ξ_{P}、ξ_{μ} 在 0 和 1 范围内取值,它们分别代表燃气通过喷管亚声速和超声速段时燃烧物发生复合作用的过程。

这些系数值与喷管几何形状和喷管入口处燃烧物的参数有关。

氢燃料在空气中燃烧后进行一维非等焓膨胀,当 $\alpha = 1.2$ 时所得到的系数 ξ_{P}、ξ_{μ} 随计算结果的变化曲线在图 8-16 和图 8-17 中给出,这是文献[11]针对图 8-16 和图 8-9 所给出的喷管计算的。关系式(8-4)中的系数 ξ_{P} 与化学非等焓流的单位推力损失有关,$\Delta \bar{P}_{化学}$ 和燃烧物完全阻滞膨胀过程的单位推力损失 $\Delta \bar{P}_{阻滞}$,它是这两个值的比值。

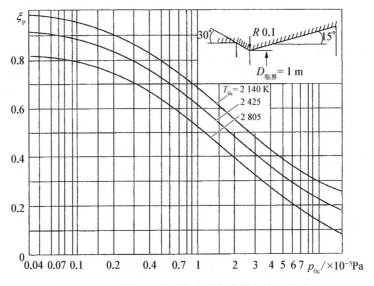

图 8-16　系数 ξ_{P} 随喷管内燃气参数的变化关系

所给出的 ξ_{P} 和 ξ_{μ} 是从喷管计算状态的工作情况得到的,考虑了 14 种不同类型燃气元素所生成燃烧物的膨胀过程,其中发生了 30 种可逆的化学反应。

文献[11]的计算结果表明,ξ_{P} 几乎与喷管的几何膨胀比无关。

除此之外,图 8-16 和图 8-17 给出的结果表明,随着喷管入口处燃烧物阻滞温度和压力的增加,系数 ξ_{P} 和 ξ_{μ} 明显小于 1,因为当总温 $T_{0c} \approx 2\,500 \sim 3\,000$ K,总压 $p_{0c} = 10 \times 10^{5}$ Pa 时,实际的单位推力损失可能比完全阻滞气流情况低 5～10倍。燃烧物高温和高压情况代表的是液体燃料喷气发动机的燃气膨胀过程,因此,图 8-16 和图 8-17 给出的 ξ_{P} 和 ξ_{μ} 将小于空气冲压发动机喷管或高超声速空气冲压发动机的喷管特性值,这些发动机的参数特性已经在图 8-1 中给出。

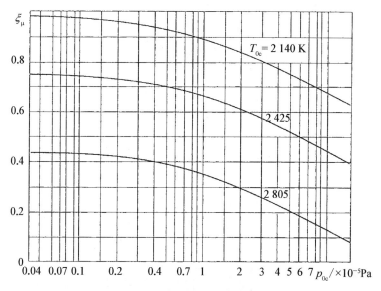

图 8-17　系数 ξ_μ 随喷管内燃气参数的变化关系

通过归纳总结各种文献资料，可以得到各种发动机（液体燃料喷气发动机、空气冲压发动机、高超声速冲压发动机）的喷管在非等焓化学反应过程中的冲量损失数据，这些数据在图 8-18 中给出。非等焓流动中的冲量损失按照下面公式确定：

$$\Delta \bar{J}_{\text{化学}} = \frac{J_{\text{等焓}} - J_{\text{化学}}}{J_{\text{等焓}}}$$

式中：$J_{\text{等焓}}$ 是燃烧物等焓过程中得到的冲量。

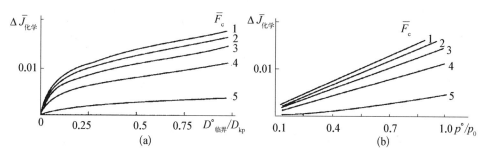

图 8-18　喷管参数对比冲损失的影响（氢＋氧），$\alpha = 0.8$[64]

(a) $D^0_{\text{临界}} = 25 \text{ mm}$，$p^0 = 25 \times 10^5 \text{ Pa}$；$1—\bar{F}_c = 100$；$2—\bar{F}_c = 64$；$3—\bar{F}_c = 36$；$4—\bar{F}_c = 16$；$5—\bar{F}_c = 4$

(b) $D^0_{\text{临界}} = 25 \text{ mm}$，$p^0 = 25 \times 10^5 \text{ Pa}$；$1—\bar{F}_c = 100$；$2—\bar{F}_c = 64$；$3—\bar{F}_c = 36$；$4—\bar{F}_c = 16$；$5—\bar{F}_c = 4$

图 8-18(a)给出的曲线说明，当喷管入口处总压不变 $p^0 = 25 \times 10^5 \text{ Pa}$，喷管临界截面 $D_{\text{临界}}$ 大小变化（与初始值 $D^0_{\text{临界}} = 25 \text{ mm}$ 相比）和喷口相对面积 $\bar{F}_c$ 提高对

$\Delta \bar{J}_{\text{化学}}$ 值的影响,图 8-18(b)表明,当临界截面直径 $D_{\text{临界}}$ 不变时,喷管入口压力改变(与初始值 $p^0 = 25 \times 10^5$ Pa 相比)、喷口相对面积 $\bar{F}_c$ 提高对 $\Delta \bar{J}_{\text{化学}}$ 值的影响,所使用的是氢燃料在氧气中燃烧,氧化剂剩余系数 $\alpha = 0.8$。从图中足够清晰地看出,随着喷口相对面积 $\bar{F}_c$ 的增加,以及喷管入口压力 p_{0c} 下降、临界截面直径 $D_{\text{临界}}$ 减小,非等熵流中冲量损失具有明显增长趋势。应当指出,各种燃料的冲量损失值 $\Delta \bar{J}_{\text{化学}}$ 彼此接近,而且在很大程度上取决于氧化剂的剩余系数。对于使用各种燃料的发动机,其最大冲量损失发生在 $\alpha = 1$ 值附近。可以这样解释这一现象,当 $\alpha \approx 1$ 时,发动机燃烧室内储存了大量的化学能,复合化学反应的非等熵流动性导致了该 α 值情况下的最大冲量损失[64]。

对于高超声速飞行器,其发动机喷管内的冲量损失各分量可以从文献[9,12,19,64]等获得,这些数据在图 8-19 中给出,它们是飞行器在某些 Ma 数下计算得到的。这些损失包括管道损失,及喷管内锥形流动损失和喷口速度不均匀性造成的损失,摩擦损失,以及喷管内燃气膨胀过程中造成温度变化和流动的化学非等熵性造成相关损失。

当 $Ma_\infty = 2 \sim 3$ 时,可以根据上一章所研究结果,很好地给出考虑燃气温度影响的现代超声速飞机喷管的冲量损失特性;而 $Ma_\infty \geqslant 4$ 情况下的数据则表明,随着高超声速飞行器的飞行 Ma 数的提高,冲量损失水平发生变化,而且各组成分量也发生相应变化。

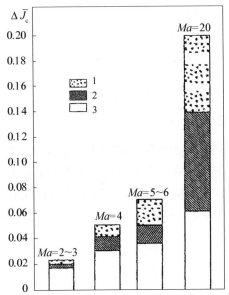

图 8-19　各种飞行 Ma 数下喷管冲量损失
1—总温和化学非等熵性影响；2—摩擦损失；
3—管道损失

从图中可见,在 $Ma_\infty \leqslant 5 \sim 6$ 的情况下,与摩擦和流动的化学非等熵性有关的管道损失分量都提高了,而到了 $Ma_\infty = 20$ 的时候,冲量损失的三个分量的数值大致相当。因此可以认为,随着 Ma_∞ 的提高,喷管推力损失的总水平明显增加,也就是意味着推力损失增加,这说明高超因素飞行器的喷管在推力方面的作用在增加,因此,有必要寻找更好的措施降低每一项推力损失分量。

参 考 文 献

[1] *Абрамович Г. Н.* Прикладная газовая динамика[M]. М. : Наука, 1969.

[2] *Абрамович Г. Н. , Гиршович Т. А. , Крашенинников С. Ю. , Секундов А. Н. , Смирнов И.
П.* Теория турбулентности струй[M]. М. : Наука, 1984.

[3] *Акимов В. М. , Бакулев В. И. и др.* Теория воздушно-реактивных двигателей/Под ред.
С. М. Шляхтенко[M]. М: Машиностроение, 1987.

[4] *Алемасов В. Е. , Дергалин А. Ф. , Тишин А. П.* Теория ракетных двигателей[M]. М. :
Машиностроение, 1969.

[5] *Васильев А. П. , Кудрявцев В. М. и др.* Основы теории и расчета жидкостных ракетных
двигателей[M]. М. : Высшая школа, 1983.

[6] *Глотов Г. Ф. , Мороз Э. К.* Исследование течения в цилиндрическом канале при внезапном
расширении звукового потока[J]. Ученые записки ЦАГИ. 1970. Т. I. № 2.

[7] *Глотов Г. Ф. , Мороз Э. К.* Исследование течения газа в цилиндрическом канале[J].
Труды ЦАГИ. 1970. Вып, 1281.

[8] *Годунов С. К. , Забродин А. В. , Иванов М. Я. , Крайко А. Н. , Прокопов Г. П.*
Численные решения многомерных задач газовой динамики[M]. М. : Наука, 1976.

[9] *Гурылев В. Г. , Дубов Н. А. , Сабельников В. А. , Старухин В. П.* Аэродинамика силовых
установок гиперзвуковых летательных аппаратов с ВРД[J]. Вкн. : ЦАГИ — основные
этапы научной деятельности 1968 - 1996 гг[M]. М. : Наука, 1996.

[10] *Дейч М. Е.* Техническая газодинамика[M]. М. : Энергия, 1974.

[11] *Дубов Н. А.* Корреляция потерь тяги и расхода при химически неравновесном течении в
соплах ВРД[J]. Ученые записки ЦАГИ. 1979. Т. X. № 5.

[12] *Дубов Н. А.* Одномерный расчет потерь тяги в реактивных соплах на химическую
неравновесность и недорасширение струи газов[J]. Труды ЦАГИ. 1960. Вып, 2078.

[13] *Дубов Н. А.* Потери импульса и коэффициент расхода сопла при замороженном процессе
расширения продуктов сгорания керосина в воздухе[J]. Труды ЦАГИ. 1983. Вып, 2192.

[14] *Дубов Н. А. , Лаврухин Г. Н. , Ломакина М. П.* Реактивные сопла гиперзвуковых
летательных аппаратов (по материалам открытой иностранной печати)[J]. Обзор ОНТИ
ЦАГИ. № 629, 1983.

[15] *Ефимов И. А. , Мороз Э. К. , Павленко В. Ф.* Особенности картины течения в
осесимметричном поворотном сопле [M]. М. : ВВИА им. Жуковского, 1981. С.
150 - 167.

[16] *Ефремов Н. Л.* Исследование переходных режимов течения в эжекторных соплах[J].
Техотчет ЦИАМ. № 7289, 1974.

[17] *Ефремов Н. Л. , Тагиров Р. К.* Численное исследование характеристик безотрывного сужающегося сопла[J]. Изв. АН СССР. МЖГ. 1992. № 3. С. 158 – 164.

[18] *Ефремов Н. Л. , Сафонов В. П.* Исследование сверхзвуковых сопел с разрывом контура в критическом сечении и цилиндрической обечайкой[J]. Труды ЦИАМ. 1973. № 592.

[19] *Жданов В. Т. , Фейман М. И. , Курил кина П. И.* Гиперзвуковые прямоточные воздушно-реактивные двигатели (ГПВРД)[J]. (По материалам иностранной печати за 1959 – 1967 гг.): Обзор БНТИ ЦАГИ. № 238, 1968.

[20] *Жданов В. Т. , Соколов В. Д. , Лаврухин Г. Н. , Толчев В. А. , Курилкина Н. И.* Сопла воздушно-реактивных двигателей[J]. (По материалам иностранной печати за 1965 – 1971 гг.): Обзор БНТИ ЦАГИ. № 383, 1972.

[21] *Зимонт В. Л. , Ягудин С. В.* К вопросу об увеличении точности определения интегральных характеристик сопл на основания численных расчетов поля течения[J]. Ученые записки ЦАГИ. 1978. Т. IX. № 3.

[22] *Зимонт В. Л. , Макашева О. В.* Расчет интегральных характеристик турбулентных струйных течений в соплах[J]. Ученые записки ЦАГИ. 1986. Т. XVII. № 5.

[23] *Зимонт В. Л. , Ягудин С. В.* Влияние радиуса кривизны контура сверхзвукового сопла в критическом сечении на расходные характеристики невязкого потока со ступенчатым распределением полного давления[J]. Ученые записки ЦАГИ. 1985. Т. XVI. № 2.

[24] *Идельчик И. Е.* Аэродинамика технологических аппаратов [M]. М. : Машиностроение, 1983.

[25] *Иванов М. Я. , Идиятулина Ф. Л.* К расчету гладких стационарных течений идеального газа методом третьего порядка точности[J]. Ж. вычислит, матем. и матем. физ. 1978. Т. 18. № 4.

[26] *Иванов М. Я. , Крайко А. Н. , Михайлов В. Н.* Метод сквозного счета двумерных и пространственных сверхзвуковых течений[J]. Ж. вычисл. матем. и матем. физ. 1972. Т. 12. № 2.

[27] *Идиятулина Ф. Л. , Лаврухин Г. Н. , Михайлов Б. Н. , Тагиров Р. К. , Ягудин С. В.* Расчетные и экспериментальные исследования влияния радиуса кривизны контура в области критического сечения на характеристики сверхзвуковых сопл[J]. Ученые записки ЦАГИ. 1980. Т. XI. № 4.

[28] *Крайко А. Н. , Соколов В. Е.* Об удслъном импульсе потока в минимальном сечении сопла Лаваля и выходном сечении сужающегося сопла[J]. Изв. АН СССР. МЖГ. 1976. № 1. С. 186 – 188.

[29] *Крайко А. Н. , Ланюк А. Н.* О влиянии неравномерности полей полной энтальпии и энтропии на интегральные характеристики сопла Лаваля[J]. Изв. АН СССР. МЖГ. 1976. № 3. С. 102 – 109.

[30] *Крайко А. Н. , Тилляева Н. И. , Щербаков С. А.* Сравнение интегральных характеристик и формы профилированных контуров сопел Лаваля с «плавным» и «внезапным» сужениями [J]. Изв. АН СССР. МЖГ. 1986. № 4. С. 129 – 137.

[31] *Курочкин Н. Л. , Лаврухин Г. Н.* Характеристики сверхзвуковых сопл с различными выходными сечениями[J]. Труды ЦАГИ. 1986. № 3074.

[32] *Кюхеман Д. , Вебер И.* Аэродинамика авиационных двигателей[M]. М. -Л. , 1956.

[33] *Лаврухин Г. Н. , Ягудин С. В.* Исследование переходных режимов течения в эжекторных соплах от отрывного к автомодельному[J]. Труды ЦАГИ. 1979. Вып. 1995.

[34] *Лаврухин Г. Н. , Шалаев В. Н.* Определение характеристик эжекторных сопл при небольших расходах воздуха во втором контуре[J]. Ученые записки ЦАГИ. 1975. Т. IV. № 3.

[35] *Лаврухин Г. Н.* Трехмерные эффекты в аэродинамике реактивных сопел[J]. Труды Международной конференции по аэродинамике силовых установок летательных аппаратов: Тезисы докладов, г. Жуковский, Россия, 22 – 24 ноября 1993 г.

[36] *Lavrukhin G. N.* Peculiarities of Two-Dimensional Partitioned Nozzles with cut off Exits [J]. Aircraft Flight Safety. Internal Conference Proceedings. Zhykovsky, Russia 31 August – 5 September, 1993.

[37] *Lavrukhin G. N.* Three-Dimensional Flow Effect for Afterbodies and Nozzles [J]. Aviation – 2000. Prospects. Internal Conference Proceedings. Zhykovsky, Moscow Region, Russia August 19 – 24, 1997.

[38] *Лаврухин Г. И. , Павлюков Е. В. , Полищук Г. И.* Проблемы компоновки реактивных сопл на современных сверхзвуковых самолетах. Часть I. Аэродинамика реактивных сопл ВРД[J]. (по материалам иностранной печати): Обзор ОНТИ ЦАГИ. № 533, 1978.

[39] *Лаврухин Г. Н. , Полищук Г. И.* Проблемы компоновки реактивных сопл на современных сверхзвуковых самолетах. Часть II. Вопросы методики исследований реактивных сопл в аэродинамических трубах и в полете[J]. (по материалам иностранной печати за 1971 – 1976 гг.): Обзор ОНТИ ЦАГИ. № 534, 1978.

[40] *Лаврухин Г. Н. , Нецветайлов Е. М. , Павлюков Е. В. , Полищук Г. И.* Проблемы компоновки реактивных сопл на современных сверхзвуковых самолетах. Часть III. Сопла ВРД в компоновке с хвостовыми частями самолетов[J]. (По материалам иностранной печати за 1971 – 1977 гг.): Обзор ОНТИ ЦАГИ. № 546, 1979.

[41] *Лаврухин Г. Н. , Мерекин Д. В.* Влияние формы канала на характеристики выход-ных устройств[J]. Ученые записки ЦАГИ. 2002. Т. XXXIII. № 1 – 2.

[42] *Лаврухин Г. Н. , Полищук Г. И.* Плоские сопла в интегральных самолетных компоновках [J]. (По материалам открытой иностранной печати за 1972 – 1978 гг.): Обзор ОНТИ ЦАГИ. № 586, 1980.

[43] *Лаврухин Г. Н.* Характеристики плоских сопл перспективных и маневренных истребителей [J]. Реферат ОНТИ ЦАГИ. № 587, 1980.

[44] *Лаврухин Г. Н.* Использование плоских сопл на сверхзвуковых истребителях[J]. Реферат ОНТИ ЦАГИ. № 594, 1981.

[45] *Лаврухин Г. Н.* Характеристики плоских сопл в статических условиях[J]. Реферат ОНТИ ЦАГИ. № 598, 1981.

[46] *Лаврухин Г. Н. , Полищук Г. И.* Сопла вертикально взлетающих самолетов и самолетов с коротким взлетом и посадкой[J]. (По материалам иностранной печати за 1970 – 1980 гг.): Обзор ОНТИ ЦАГИ. № 608, 1982.

[47] *Лаврухин Г. Н. , Плоцкий А. И.* Сопла самолетов 90 – х годов[J]. (По материалам открытой иностранной печати за 1978 – 1983 гг.): Обзор ОНТИ ЦАГИ. № 655, 1985.

[48] *Лаврухин Г. Н. , Плоцкий А. И.* Проблемы аэродинамики выходных устройств

перспективных самолетов. Часть I[J]. Расчетные исследования характеристик хвостовых частей летательных аппаратов. (По материалам открытой зарубежной печати за 1981 – 1987 гг.): Обзор ОНТИ ЦАГИ. № 703, 1990.

[49] *Лаврухин Г. Н.*, *Широкопояс Е. П.* Проблемы аэродинамики выходных устройств перспективных самолетов. Часть II[J]. Экспериментальные исследования реактивных сопел современных и перспективных самолетов: Обзор ОНТИ ЦАГИ. № 271, 1993.

[50] *Лапин В. А.* Расчет течения около хвостовых частей обтекателей газогенераторов ТРДД с большой степенью двухконтурности[J]. Труды ЦАГИ. 1983. Вып. 2175.

[51] *Левин М. А.* Перспективные зарубежные истребители[J]. (По материалам открытой зарубежной печати): Обзор ОНТИ ЦАГИ. № 710, 1990.

[52] *Мелькумов Т. М.*, *Мелик-Пашаев Н. И.*, *Чистяков П. Г.*, *Шуков А. Г.* Ракетные двигатели[M]. М.: Машиностроение, 1976.

[53] *Мельников Д. А.*, *Пирумов У. Г. и др.* Руководство для конструкторов по проектированию сверхзвуковых осесимметричных круглых сопел реактивных двигателей [M]. М.: ОНТИ ГКАТ СССР, 1964.

[54] *Мельников Д. А.*, *Пирумов У. Г.*, *Сергиенко А. А.* Сопла реактивных двигателей. — В кн.: Аэродинамика и газовая динамика[M]. М.: Наука, 1976.

[55] *Мунин А. Г.*, *Кузнецов В. М.*, *Леонтьев Е. А.* Аэродинамические источники шума[M]. М.: Машиностроение, 1981.

[56] *Нечаев Ю. Н.*, *Федоров Р. М.* Теория авиационных газотурбинных двигателей. Часть I [M]. М.: Машиностроение, 1977.

[57] *Нечаев Ю. Н.*, *Федоров Р. М.* Теория авиационных газотурбинных двигателей. Часть II [M]. М.: Машиностроение, 1978.

[58] *Нечаев Ю. Н.* Теория авиационных двигателей[M]. М.: ВВИА им. проф. Н. Е. Жуковского, 1990.

[59] *Нечаев Ю. Н.* Перспективы развития силовых установок гиперзвуковых и воздушно-космических летательных аппаратов [M]. М.: ВВИА им. проф. Н. З. Жуковского, 1995.

[60] *Нечаев Ю. Н.* Силовые установки гиперзвуковых и воздушно-космических летательных аппаратов[M]. М.: Академия Космонавтики им. К. Э. Циолковского, 1996.

[61] *Павленко В. Ф.* Силовые установки с поворотом вектора тяги в полете [M]. М.: Машиностроение, 1987.

[62] *Павлюков Е. В.* Номограммы для определения потерь тяги в сверхзвуковых соплах[J]. Труды ЦАГИ. 1973. Вып. 1535.

[63] *Петров В. К.*, *Ромашкин И. К.*, *Кожевникова Г. Я.* Силовые установки с двигателями большой степени двухконтурности[J]. (По материалам иностранной печати за 1965 – 1972 гг.): Обзор ОНТИ ЦАГИ. № 435, 1973.

[64] *Пирумов У. Г.*, *Росляков Г. С.* Течение газа в соплах[M]. М.: Изд-во Московского ун-та, 1978.

[65] *Пирумов У. Г.*, *Росляков Г. С.* Газовая динамика сопел[M]. М.: Физматлит, 1990.

[66] *Поляков В. В.* Реверсивные устройства силовых установок с воздушно-реактивными двигателями[M]. М.: Авиастроение, 1978. Т. 5.

[67] *Рошко А. и Томке Г.* Наблюдение присоединения оторвавшегося турбулентного слоя за осесимметричным уступом в сверхзвуковом потоке[J]. — РТК. № 6. 19S6.

[68] *Святогоров А. А. , Попов К. Н. , Хвостов Н. И.* Устройства для отклонения реактивной струи турбореактивных двигателей[M]. М. : Машиностроение, 1968.

[69] *Седов Л. И.* Механика сплошной среды. Т. I[M]. М. : Наука, 1970.

[70] *Симонов И. С.* Исследование сверхзвуковых реактивных сопл с эллиптическим выходным сечением[M]. Техн. отчет ЦАГИ. 1957.

[71] *Соколов В. Д. , Лаврентьева З. И.* Аэродинамика реактивных сопел ВРД[J]. (по материалам иностранной печати за 1956 – 1964 гг.): Обзор БНИ ЦАГИ. № 116, 1964.

[72] *Соколов В. Д.* Потери импульса в реактивных соплах с разрывом сверхзвукового контура [J]. Ученые записки ЦАГИ. 1971. Т. II. № 6.

[73] *Соколов В. Д. , Ягудин С. В.* Коэффициент расхода осесимметричных сужающихся сопл с произвольным контуром[J]. Ученые записки ЦАГИ. 1975. Т. VI. № 1.

[74] *Соркин Л. И. , Байков В. С.* Исследование течения в начальном участке звукового эжектора при короткой камере смешения[J]. Лопаточные машины и струйные аппараты. Вып. 3. 1968.

[75] *Соркин Л. И. , Сафонов В. П.* Изучение отрывных режимов работы эжекторных сопел[J]. Техн. отчет ЦАГИ. № 6093. 1969.

[76] *Соркин Л. И.* Проблемы уменьшения шума реактивных двигателей: Сб. переводов под ред. Л. И. Соркина[M]. М. : И. Л. , 1961.

[77] *Стечкин Б. С. , Казанджан П. К. , Алексеев А. П. и др.* Теория реактивных двигателей [M]. М. : Гос. изд-во Оборонной промышленности, 1956.

[78] *Тагиров Р. К.* Теоретическое исследование течения идеального газа в сужаю- щихся соплах [J]. Изв. АН СССР. ЖГ. 1978. № 2. С. 198 – 202.

[79] *Тагиров Р. К.* Определение удельной тяги на незапертых режимах и построение безотрывного контура сужающегося сопла[J]. Изв. АН СССР. МЖГ. 1990. № 1. С. 158 – 164.

[80] *Шуякова Р. П. и др.* Экспериментальные зарубежные самолеты[J]. (по материалам открытой зарубежной печати): Обзор ОНТИ ЦАГИ. № 708, 1990.

[81] *Шуякова Р. П. и др.* Перспективы развития зарубежных военных самолетов[J]. (по материалам открытой зарубежной печати): Обзор ОНТИ ЦАГИ. № 711, 1990.

[82] *Щербаков С. А.* О тяге сужающегося сопла[J]. Изв. АН СССР. МЖГ. 1983. № 6. С. 181 – 183.

[83] *Ягудин С. В.* Численный анализ влияния пространственности сверхзвукового сопла на коэффицент импульса[J]. Ученые записки ЦАГИ. 1981. Т. XII. № 1.

[84] *Ягудин С. В.* Численное исследование тяговых характеристик плоских сопл в статических условиях в приближении плоского течения невязкого газа[J]. Труды ЦАГИ. 1983. Вып. 2192.

[85] *Ягудин С. В.* Влияние несимметрии плоского сверхзвукового течения невязкого газа на характеристики плоского сопла в статических условиях[J]. Ученые записки ЦАГИ. 1983. Т. XIV. № 5.

[86] *Ashwood P. P. , Higgins D. G.* The Influence of Design Pressure Ratio and Divergent

Angle on the Thrust of Convergent-Divergent Propelling Nozzles[J]. ARC CP. 1957. No 325.

[87] *Back L. H. , Cuffel R. F.* Flow Coefficient for Supersonic Nozzles with Comparatively Small Radius of Curvature Throat[J]. J. of Spacecraft and Rockets. 1971. II. V. 8. No 2.

[88] *Bavitz P. C.* Future strike fighter options … Concept and technologies[J]. SAE TPS 811099, 1981.

[89] *Barnes G. R. , Gurry S. G. , Wood A. C. R.* Vectoring Exhaust Nozzle Technology[J]. AIAA Paper 84 - 1175. 1984.

[90] *Barts D. R.* An approximate solution of compressible turbulent boundary layer development[J]. ASME Paper No 54 - A - 153. 1954.

[91] *Beheim et al.* Supersonic Exhaust Nozzles[J]. NASA SP - 259. 1970.

[92] *Barrier B. L.* Effect of Plug and Shroud Geometry Variable on Plug-Nozzle Performance at Transonic Speeds[J]. NASA TND. No 5098. 1969.

[93] *Berrier B. L. , Palcza J. L. , Richey G. K.* Nonaxisymmetric Nozzle Technology Program- An Overview[J]. AIAA Paper. No 77. 1977.

[94] *Berrier B. L. , Re J. R.* A review of thrust vectoring schemes for fighter aircraft[J]. AIAA Paper No 78 - 1023. 1978.

[95] *Benedict R. P.* Fundamentals of Pipe Flow[M]. New York and oth. 1980. P. 531.

[96] *Blackman J. P. , Eigenmann M. F.* Axisymmetric approach and landing thrust reversing [J]. AIAA Paper No 81 - 1650. 1981.

[97] *Blackman J. P. , Stumbo P. B.* Axisymmetric approach and landing thrust reverse impacts on usage and LCC[J]. ICAS Proceedings. 1982. V. 2. P. 159 - 167.

[98] *Boerner C. J. , Sparrow E. M.* Compressible Swirling flow through Convergent-Divergent Nozzles[J]. Warme and Stoffuer fragung. 1972. V. 5. No 2.

[99] *Braybrook R. M.* Fighters: the Coming Scene[J]. Flying Review. 1970. V. No 5.

[100] *Caddell W. E.* Design Considerations in formulating V/STOL lift plus lift/cruise supersonic fighter aircraft[J]. SAWE Paper No 1162. 1977.

[101] *Capone F. J.* Supercirculation Effects Induced by Vectoring a Partial Span Rectangular jet [J]. J. of Aircraft. 1975. V. 5. No 8. P. 633 - 638.

[102] *Capone F. J.* The nonaxisymmetric nozzle-it is for real[J]. AIAA Paper No 79 - 1810. 1979.

[103] *Capone F. J.* Static performance of five twin-engine nonaxisymmetric nozzles with vectoring and reversing capability[J]. NASA TP 1224. 1978.

[104] *Capone F. J. , Re R. J. , Bare E. A.* Thrust reversing effect on twin-engine aircraft having nonaxisymmetric nozzles[J]. AIAA Paper No 81 - 2639. 1981.

[105] *Carriere P.* Exhaust Nozzles[J]. Super-Turbo Propulsion and Components. 1969. P. 287 - 373 (AGAR Dograph 120).

[106] *Carson G. T. Jr. , Mason M. L.* Experimental and Analytical Investigation of a Nonaxisymmetric Wedge Nozzle at Static Conditions[J]. NASA TP No 1188, July 1978.

[107] *Currun E. T. , Swithenbank J.* Really High Speed Propulsion by Scramjets[J]. Aircraft Engineering. 1966. 1. No 1. P. 36 - 41.

[108] *Davidian K. J.* Comparison of two procedures for predicting rocket engine nozzle performance[J]. AIAA Paper № S7 – 2071. 1987.

[109] *Devriese J. , Yong P. H.* Olympus in Concorde[J]. Aeron. J. 1972. XII. V. 76. № 744. P. 683 – 694.

[110] *Douglass W. M.* Aerodynamic Installation of High-Bypass-Ratio Fan Engines[M]. Los Angeles, 1966 (SAE Preprint № 660732).

[111] *Drevillon R. F.* Vectored Thrust nozzle for future combat aircraft[J]. JSABE – 83. 1983. P. 510 – 518.

[112] *Esker D. W. , Sedwick A. V.* Thrust stand for evaluation of thrust vectoring nozzle performance[J]. AIAA Paper № 72 – 1029. 1972.

[113] *Federspiel J. F.* Static test of a large-scale swivel nozzle thrust deflector[J]. AIAA Paper № 79 – 1285. 1979.

[114] *Fenain M. , Dutouquet L. , Solignac J. L.* Calcul des performances d une fugere propulsive convergente. Comparison avec 1 experience[J]. Recherche Aerospatiale. V. 162. № 5. 1974.

[115] *Ferri A.* Review of Problems in Application of Supersonic Combustion[J]. RAS. 1964. V. 68. № 645. P. 575 – 595.

[116] *Glidewell R.* Installation trades for axisymmetric and non-axisymmetric nozzles [J]. AIAA Paper № 80 – 1084. 1980.

[117] *Gowadia N. S. , Bard W. D. , Wooten W. H.* YF – 17/ADEN system study[J]. NASA CR 144882. 1979.

[118] *Greatrex F. B. , Brown D. M.* Progress in jet engine noise reduction[J]. Advances in aeronautical sciences. Proceedings of the first congress in the aeronautical sciences, Madrid, 8 – 13 September, 1958. Vol. 1, London, Pergamon press. 1959. P. 364 – 392.

[119] *Grethouse W. K.* Blending Propulsion with Airframe[J]. Space/Aeronautics. 1968. XI. V. 50. № 6. P. 59 – 68.

[120] *Hartung L. C. , Karkow J. M. , Ordway W. L. , Pickett D. C. , Muras A. D.* Orbit-on-demand vehicle propelled by ART/R engines[J]. AIAA Paper № 86 – 1847. 1986.

[121] *Hawkins R.* A Review of Problems and Research on Components for Hypersonic Air Breathing Engines[J]. Aircraft Engineering. 1966. 1. V. 38. № 1. P. 21 – 25.

[122] *Henz E. , Vedova R.* Requirements, definition and preliminary design for an axisymmetric vectoring nozzle, to aircraft maneuverability[J]. AIAA Paper № 85 – 1212. 1985.

[123] *Herbert M. V.* Centre-Body Nozzles for Supersonic Transport Aircraft[J]. RAS. 1966. V. 71. P. 14 – 22.

[124] *Herd R. J. , Golesworthy G. T.* The Performance of a Centre Body Propelling Nozzle with a Parallel Shroud in External Flow. Part I[J]. ARC CP. 1966. № 841.

[125] *Hilley P. E. , Wallance H. W. , Booz D. E.* Study of Non-Axisymmetric Nozzle Installed in Advanced Fighter Aircraft [J]. AIAA Paper № 75 – 1316. V. 13. № 12. P. 1000 – 1006.

[126] *Hilley P. E. , Bowers D. L.* Advanced nozzle integration for supersonic strike fighter application[J]. AIAA Paper № 81 – 1441. 1981.

［127］ Internal Aerodynamics Manual［M］. V. II. Columbus, Ohio, 1970.

［128］ *Kern P. R. A.*, *Paynter G. C.* at al. A review of the status of computational fluid dynamics (CFD) application to the installation and integration of turbofans in subsonic aircraft［J］. AIAA 84 - 1333. 1984.

［129］ *Kitzmiller D. E.*, *Hakin A. D.* Axisymmetric Approach and Landing Thrust Reverse Concepts: In-Ground Effects Wind Tunnel Test Results［J］. AIAA 84 - 1215. 1984.

［130］ *Knowles K.* Combined Noise and Flow Control of Supersonic Jets Using Swirl［J］. DGLR/AIAA 14th Aeroacoustics Conference Proceedings. V. II. May 11 - 14, 1992.

［131］ *Lahti D. J. et al.* Application of Computational methods to the design of large turbofane engine nacelles［J］. AIAA 84 - 0121. 1984.

［132］ *Lane R. J.* A Review of Propulsion for High Mach Number Aircraft［J］. Aircraft Engineering. 1966. 1. № 1. P. 11 - 18.

［133］ *Lander J. A.*, *Palcza J. L.* Exhaust nozzle deflector system for V/STOL fighter aircraft ［J］. AIAA Paper № 74 - 1169. 1974.

［134］ *Lander J. A.*, *Nach D. O.*, *Palcza J. L.* Augmented deflector exhaust nozzle (ADEN) design for future fighters［J］. AIAA Paper № 75 - 1318. 1975.

［135］ *Lezberg E. A.*, *Franciscus L. C.* Effects of Exhaust Nozzle Recombination on Hypersonic Ramjet Performance: I Experimental Measurements; II Analytical Investigation［J］. AIAA J. 1963. № 2. P. 2071 - 2083.

［136］ *Louis J. W.* NASA's High-Speed Research Program［J］. 7th European Aerospace Conference (EAC 94) on the Supersonic Transport of Second Generation, October 25 - 27, 1994.

［137］ *Maiden D. L.* Performance of an Isolated Two-Dimensional Variable-Geometry Wedge Nozzle with Translating Shroud and Collapsing Wedge at Speeds up to Mash 2, 01［J］. NASA TN D - 7906, 1975.

［138］ *Maiden D. L.* Performance of an Isolated Two-Dimensional Wedge Nozzle with Fixed Cowl and Variable Wedge Centerbody at Mash Number up to 2, 01［J］. NASA TN D - 8218, 1976.

［139］ *Massier P. F. and others.* Viscous Effects on the Flow Coefficient for a Supersonic Nozzle［J］. AIAA J. 1970. III. V. 8. № 3. P. 605 - 607.

［140］ *Migdal D.*, *Horgan J.* Thrust Nozzles for Supersonic Transport Aircraft［J］. ASME Publ. 1963. № 63. AHGT - 73.

［141］ *Migdal D.* Supersonic Annular Nozzles［J］. AIAA Paper № 71 - 43. 1971.

［142］ *Miller E. H.* Performance of jet V/STOL tactical aircraft nozzle［J］. ASME 73 - GT - 77. 1974.

［143］ *Norton D. J.* Subsonic, Transonic and Supersonic Nozzle Flow by the Inverse Techniques ［J］. J. Spacecraft and Rockets. 1972. V. 2. № 6. P. 457 - 459.

［144］ *Olson W. T.* Recombination and Condensation in Nozzles［M］. London, 1960 (Second Internal. Congress. Internal. Council of the Aerosciences. Zurich, 1960).

［145］ *Parkinson R. C.* The Effect on the Mass-Flow of Swirl in a Supersonic Nozzle［J］. Spaceflight. 1967. X. V. 9. № 10.

［146］ *Petil J. E.*, *Scholey B. B.* STOL Transport thrust reverser/vectoring program［J］.

AFAPL - TR - 72109. V. I, II. 1973.

[147] *Presz W. M. Jr. , Gousy R. and Morin B. L.* Forced Mixer Lobes in Ejector Design[J]. AIAA Paper 86 - 1614. 1986.

[148] *Reid J.* The Effect of Base Bleed on Plug Nozzles[J]. ARC R. and M. 1967. № 3466.

[149] *Richards E. J.* Some thoughts on noise suppression nozzle design/Combustion and propulsion [J]. Third AGARD Colloquium, London, Pergamon press. Part. III. P. 197 - 223.

[150] *Rolls R. S. , Aoyagi K.* Experimental investigation of thrust vectoring system for a V/STOL aircraft[J]. AIAA Paper № 77 - 805. 1977.

[151] *Sedgwick T. A.* Investigation of Non-Symmetric Two-Dimensional Nozzle Installed in Twin-Engine Tactical Aircraft[J]. AIAA Paper № 75 - 1319. 1975.

[152] *Stevens H. L.* F - 15/nonaxisymmelric nozzle system integration. Study Support program [J]. NASA CR - 135252. 1978.

[153] *Stevens H. L. , Thayer E. B. , Fullerlon J. F.* Development of the multi-function 2 - D/C - D nozzle[J]. AIAA Paper № 81 - 1491. 1981.

[154] *Strough R. I. , Wynosky T. A.* V/STOL deflector duel profile study[J]. AGARD CP - 135. 1974. P. 17 - 1 - 17 - 14.

[155] *Taylor R. P. , Lander J. A.* Recent technology advances in thrust vectoring system[J]. AGARD - CP - 135. 1974. P. 9 - 1 - 9 - 11.

[156] *Tederspield J. F. , Kuchar A. P.* Performance valuation of a Two-Dimensional Convergent-Divergent Ejector Exhaust System[J]. AIAA 88 - 2999. 1988.

[157] *Tillman T. G. , Patric W. P.* Flowfield Measurements for a Supersonic Mixer Ejector in Forward Flight[J]. DGLR/AIAA 14th Aeroacoustics Conference. Proceedings. V. II. May 11 - 14, 1992 (DGLR/AIAA 92 - 02 - 46). P. 852 - 862.

[158] *Tillman T. G. , Paterson R. W. , Presz W. M. Jr.* Supersonic Nozzle Mixer Ejector[J]. J. of Propulsion and Power. V. 8. № 2. 1992.

[159] *Tillman T. G. , Presz W. M. Jr.* Thrust Characteristics of a Supersonic Mixer Ejector [J]. AIAA - 93 - 4345. 1993.

[160] *Viaud L. , Mestre A.* Application of Supersonic Combustion to Ramjets[J]. Aircraft Engineering. 1966. II. № 2. P. 15 - 17.

[161] *Wehofer S. , Matz R. F.* Turbine Engine Exhaust Nozzle Performance[J]. AIAA Paper № 73 - 1302. 1973.

[162] *Willand C. M. , Capone F. J. , Konarski M. , Stevens H. L.* Static Performance of Vectoring/Reversing Non-Axisymmetric Nozzles[J]. AIAA Paper № 77 - 840. 1977.

索　引

大飞机出版工程

书　目

一期书目(已出版)

《超声速飞机空气动力学和飞行力学》(俄译中)

《大型客机计算流体力学应用与发展》

《民用飞机总体设计》

《飞机飞行手册》(英译中)

《运输类飞机的空气动力设计》(英译中)

《雅克- 42M 和雅克- 242 飞机草图设计》(俄译中)

《飞机气动弹性力学和载荷导论》(英译中)

《飞机推进》(英译中)

《飞机燃油系统》(英译中)

《全球航空业》(英译中)

《航空发展的历程与真相》(英译中)

二期书目(已出版)

《大型客机设计制造与使用经济性研究》

《飞机电气和电子系统——原理、维护和使用》(英译中)

《民用飞机航空电子系统》

《非线性有限元及其在飞机结构设计中的应用》

《民用飞机复合材料结构设计与验证》

《飞机复合材料结构设计与分析》(英译中)

《飞机复合材料结构强度分析》

《复合材料飞机结构强度设计与验证概论》

《复合材料连接》

《飞机结构设计与强度计算》

三期书目(已出版)

《适航理念与原则》

《适航性：航空器合格审定导论》(译著)

《民用飞机系统安全性设计与评估技术概论》

《民用航空器噪声合格审定概论》

《机载软件研制流程最佳实践》

《民用飞机金属结构耐久性与损伤容限设计》

《机载软件适航标准 DO‐178B/C 研究》

《运输类飞机合格审定飞行试验指南》(编译)

《民用飞机复合材料结构适航验证概论》

《民用运输类飞机驾驶舱人为因素设计原则》

四期书目(已出版)

《航空燃气涡轮发动机工作原理及性能》

《航空发动机结构强度设计问题》

《航空燃气轮机涡轮气体动力学:流动机理及气动设计》

《先进燃气轮机燃烧室设计研发》

《航空燃气涡轮发动机控制》

《航空涡轮风扇发动机试验技术与方法》

《航空压气机气动热力学理论与应用》

《燃气涡轮发动机性能》(译著)

《航空发动机进排气系统气动热力学》

《燃气涡轮推进系统》(译著)

五期书目(已出版)

《民机飞行控制系统设计的理论与方法》

《现代飞机飞行控制系统工程》

《民机导航系统》

《民机液压系统》

《民机供电系统》

《民机传感器系统》

《飞行仿真技术》

《民机飞控系统适航性设计与验证》

《大型运输机飞行控制系统试验技术》

《飞控系统设计和实现中的问题》(译著)

六期书目(已出版)

《航空发动机高温合金大型铸件精密成型技术》

《民用飞机构件先进成形技术》

《民用飞机构件数控加工技术》

《民用飞机热表特种工艺技术》

《民用飞机自动化装配系统与装备》

《飞机材料与结构检测技术》

《民用飞机复合材料结构制造技术》

《复合材料连接技术》

《先进复合材料的制造工艺》(译著)

《聚合物基复合材料：结构材料表征指南(国际同步版)》(译著)

《聚合物基复合材料：材料性能(国际同步版)》(译著)

《聚合物基复合材料：材料应用、设计和分析(国际同步版)》(译著)

《金属基复合材料(国际同步版)》(译著)

《复合材料夹层结构(国际同步版)》(译著)

《夹层结构手册》(译著)

《ASTMD30 复合材料试验标准》(译著)

《飞机喷管的理论与实践》(译著)

《大飞机飞行控制律的原理与应用》(译著)

七期书目

《民机航空电子系统综合化原理与技术》

《民用飞机飞行管理系统》

《民用飞机驾驶舱显示与控制系统》

《民用飞机机载总线与网络》

《航空电子软件工程》

《航空电子硬件工程技术》

《民用飞机无线电通信导航监视系统》

《综合环境监视系统》

《民用飞机维护与健康管理系统》

《航空电子适航性设计技术与管理》

《民用飞机客舱与信息系统》